鳥の自然史

【空間分布をめぐって】

樋口広芳・黒沢令子 編著

北海道大学出版会

扉　：コハクチョウ（第13章参照，撮影：樋口広芳）
扉裏：メジロ（第1章，第2章参照，撮影：藪原佑樹）

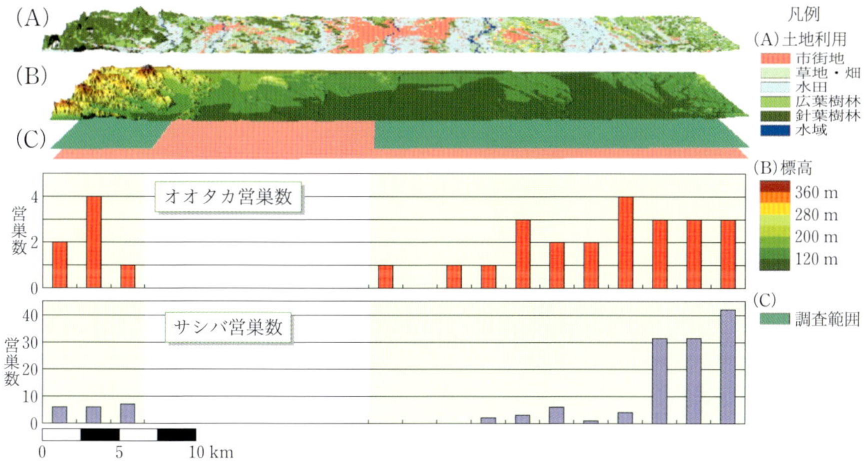

口絵 1　栃木調査地の環境とサシバ，オオタカの営巣数(百瀬 2005 より)

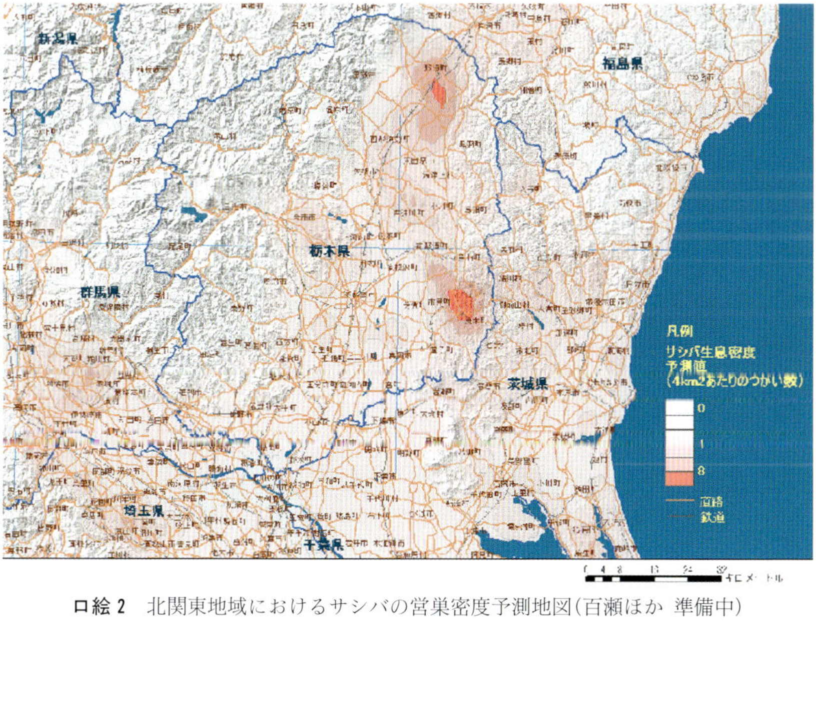

口絵 2　北関東地域におけるサシバの営巣密度予測地図(百瀬ほか 準備中)

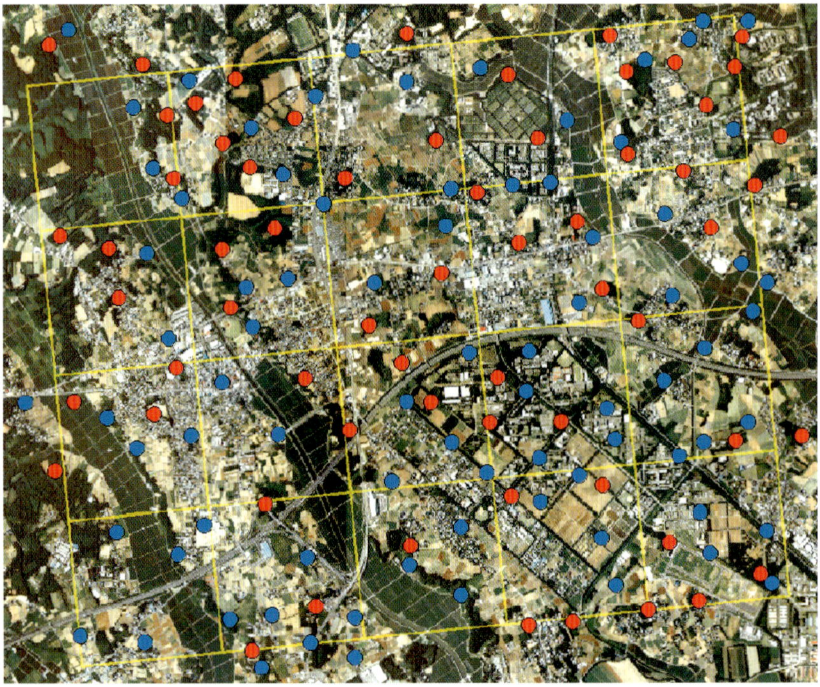

口絵 3　カラス 2 種の営巣場所分布(つくば市農林研究団地付近)。黄色い線は 1 km のメッシュ。青丸がハシボソガラス，赤がハシブトガラスの営巣場所を示す(百瀬ほか 2006 より)。

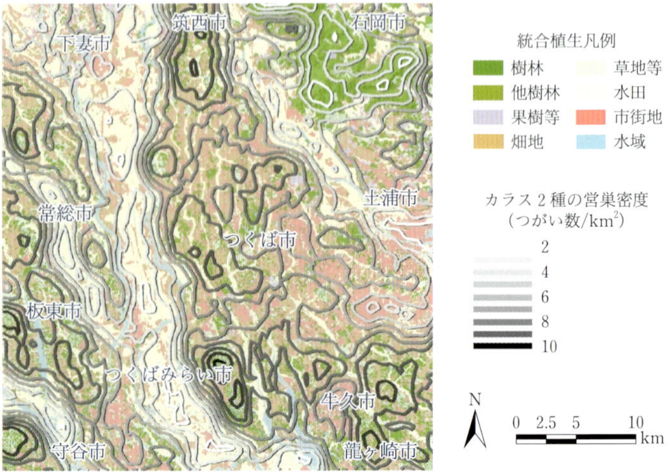

口絵 4　カラス 2 種の営巣密度予測モデルを用いて描いた，つくば市周辺地域でのカラス営巣密度分布予測地図(百瀬ほか 2006 より)。予測値が等しい地点をつないだ等密度線として描いた。

はじめに

鳥類の多くは空を飛ぶことによって，数百キロ，数千キロ，あるいは1万キロを超える長距離の季節的往復移動，すなわち渡りを行っている。しかし，それだけ長距離の移動を行いながらも，これらの鳥のなかには毎年同じ繁殖地や越冬地に戻ってくるものが少なくない。どこにでも「自由に」飛んでいくわけではないのである。また，飛ぶ能力はあっても，ある特定地域にとどまって生活しているものも多数いる。

こうした地域や場所に対する執着性は，他の多くの生物にも見られるものだが，空を飛べる鳥だからこそ興味深いものであるともいえる。いずれにしても，多様な生活を見せながらも，他の生物と同様，鳥類はある広がりのなかに分布し，そこで特定の種類の環境に棲みついている。こうした空間分布をめぐっては，いろいろな疑問がある。個々の種の分布域はどのように決まっているのだろうか。例えば，日本の固有種はどのような由来をもつのだろうか。どのような筋道を経て日本に入り，広がっていったのだろうか。特定の分布域を占めるようになった鳥も，無機的な環境や他種との関わりが変化するなかで，棲む地域や生活のあり方などを変化させてきたはずだ。海洋環境の変化や人間活動の変化，近縁種や競合種の分布拡大は，鳥類の分布や生活に具体的にどのような変化をもたらしただろうか。そもそも，それぞれの種は，どのような環境要素との関わりのなかで生息範囲や棲みつく環境を決めているのだろうか。その生息範囲やそこに棲みつく鳥の個体数は，周辺域の環境によってどのように変化するのだろうか。

本書は，このような鳥類の分布や生息環境など，空間分布に関わることがらに焦点を当て，そのさまざまな側面について見ていくことにする。そこには，鳥類ならではの問題もあれば，他の生物と共通の問題もある。鳥類固有の問題としては，飛翔と関連した広範囲な空間利用や，とりわけ毎年行われる長距離の渡りなどが含まれる。これら鳥類固有の問題は，鳥類という生きものの存続のあり方への理解に貢献すると同時に，その独自の視点から逆に，他の多くの生物を見ているだけでは見逃されがちな生物共通の生き方への理解につながる部分もある。

生物の空間分布をめぐっては，近年，考え方も調査方法も大きく変わってきている。考え方については，同種内の小集団や地域個体群の孤立性と連結性の相互関係，隣接地域間あるいは遠隔地域間の異なる生態系の連結性，分布決定に関わる空間スケールと階層性，異なる生物間の相互作用の重要性などへの理解が含まれる。これらは相互に関わり合いながら，空間分布のあり方への理解をより深めている。詳しくは本文のなかで読みとることができるだろう。

研究方法については，分子生物学的手法の普及，地理情報システムの利用，衛星を利用した追跡手法の発達，高度な統計解析の発達などが挙げられる。分子生物学的方法は，DNA の塩基配列にもとづく種や地域個体群の由来や系統関係についての解析から，骨試料に含まれる古代 DNA にもとづく過去の分布復元や形質変化についての解析にまで及んでいる。地理情報システムや衛星追跡の手法は，広範囲にわたる分布や移動の状況をコンピュータ上で解析することを可能にしている。統計解析の発達は，分子レベルの資料から野外観察結果，衛星関連のデータに至るまで，複雑な関係や傾向を解きほぐすのに効力を発揮している。研究手法の発達は，新たな考え方の創出や発達とも結びついている。

空間分布をめぐる研究は，生態学の中心課題の１つとして位置づけられているが，近年，保全をめぐる動きのなかでも注目されている。特に，希少種の生息条件の解明，生息域の分断・孤立化が個体群の存続に及ぼす影響評価，新たな生息地創出に向けての環境管理，分布や個体数の動向を監視する調査手法の開発などの関わりのなかで重要な役割を果たしている。本書はこうした問題をも視野にいれながら全体を構成している。保全をめぐる研究は応用研究として位置づけられるが，人為による環境破壊は，通常では行えない大規模な野外実験と見ることもできる。しかも，そうした破壊行為は，さまざまな地域，環境で繰り返し行われている。そこでの状況は，ひるがえって基礎科学としての空間分布研究の理解にも関わっている。空間分布をめぐる研究は，基礎と応用双方の連携のもとで発達してきているといえる。本書の内容から，そうした状況をある程度読み取ることができるだろう。

本書は，Ⅰ. 日本の鳥類とその由来，Ⅱ. 分布の変遷とその影響，Ⅲ. 分布のあり方を探る，Ⅳ. 広域分布研究と保全・管理，の4部，全体で13章からなっている。近年の空間分布をめぐる話題をすべて取り扱っているわけではないが，鳥類を対象として行われている主要なことがらを扱っている。章のなかには複数の部にまたがる話題もあるので，ここでの構成は必ずしも厳密な区分にもとづくものではない。

執筆は章ごとに，関連分野で活躍している主に若手から中堅の研究者が担当している。これらにより，読者は鳥類の空間分布をめぐる研究の現時点での到達点を知ることができるだろう。また，章ごとに記述されている課題と展望から，今後の研究の方向性についても知ることができるに違いない。本書が基礎，応用両面で関連分野の発達に貢献できれば望外の喜びである。本書の編集，出版に当たっては，北海道大学出版会の成田和男，添田之美氏にたいへんお世話になった。厚くお礼申し上げたい。

2009年6月7日

樋口　広芳
黒沢　令子

目　次

第II部　分布の変遷とその影響

第 I 部

日本の鳥類とその由来

私たちがふだん見慣れている鳥たちは，いったいいつごろどこから来て，日本に棲むようになったのだろうか？　また，日本の鳥類相は簡潔にいうとどのような特徴をもつのだろうか？　第Ⅰ部では，分布や形態にもとづく情報に，最近進展の著しい分子生物学的手法からの成果を交えてこれらの問いに迫る。

第1章では，日本の鳥類相を概観する。日本で繁殖する鳥類はおよそ250種いるが，隣り合う大陸に位置する中国の約1,000種と比べると明らかに少ない。この違いは，国土の規模と環境の多様性の違いなどに求められる。日本は面積が小さく，主な気候帯は温帯，森林は卓越しているがその他の環境の種類や規模は限られており，結果として生息種数は相対的に少ない。一方，日本は海岸線が長く，島を多くもつので，海鳥の種数は多い。

こうした特徴をそなえた日本の鳥類相は，どのような由来と発達の歴史をもつのか，第2章では，さまざまな種の個体群の遺伝的構造の解析結果を紹介する。例えばセンニュウの仲間では，シマセンニュウとウチヤマセンニュウの繁殖分布はそれぞれ北海道とその北方域と，伊豆諸島以西の日本周辺の島嶼部に分断されている。しかし，分子系統解析の結果，これらを含むシマセンニュウ上種はDNAに驚くべき過去の記録が隠されていた。また，この章では，日本国内に設定される生物地理区のもつ意味についても，種構成や分子系統解析の結果などから考察する。

陸上の生物にとって海は分布の障壁になることが多いが，海陸両方を利用する鳥ではどうだろうか？　第3章では，カモメ類の個体群構造から，その分布は海峡よりむしろ陸地によって決められていることが示される。また，セグロカモメを含む上種は，北半球で連続的に分化してきた環状種と考えられてきたが，遺伝的特徴が2〜3のグループに分かれることから，異なる分化の筋道を考える必要が生じてきていることが紹介される。

第1章 日本の鳥類の分布と独自性

樋口　広芳・黒沢　令子

1. 日本列島の自然環境

鳥類は翼を用いて空を飛ぶ特別な能力を備えている。だが，鳥といえども，卵を産み，子を育てるためには，地上や木の上などの支持組織に頼らなければならない。その意味では，他の地上性の動物と同様に鳥のすみかも環境の構造に左右される。では，鳥類はすみかとなる自然環境にどのような影響を受けるのだろうか。

地域の自然環境は地形や気候によって形づくられ，その地域に生息・生育する動植物の世界は生息地の自然環境の影響を受けて形成される。日本はアジア大陸の縁に弓なりに連なる列島である。九州は朝鮮半島から海を挟んで，わずか 250 km の距離にしかない。日本は火山帯に成立した比較的若い列島なので，地形は急峻で，国土に占める山地の割合は 70%にのぼる。気候帯は主に温帯域に属するが，北緯 24〜46 度まで南北に連なっているので，亜熱帯から亜寒帯までを含んでいる。気候は概して温暖湿潤で，植生は自然にまかせておけば，やがて森林となる。1 つの植生が最終的に行き着く状態を極相というが，日本の主な極相は森林で，国土に占める森林の割合は 68%に達する。

日本は，本土といえる北海道，本州，四国，九州という 4 つの大きな島と，その周辺に点在する 6,800 を超える小さな島々から成り立っている。個々の島の地史は大きく異なっている。例えば，北海道はアジア大陸から離れて，まだ1万年ほどしか経っていないが，小笠原諸島は陸地とつながったことがない(増田・阿部 2005)。また，面積は最大の本州でも22万8,000 km^{2}ほどだが，海岸線は複雑で長く，総延長距離は2万8,000 kmに達する。したがって，こうした日本に棲む鳥たちの主な生息環境は，森林と沿岸・海洋ということがいえよう。

本章では，こうした自然環境の特徴を念頭におきながら，まず，日本の鳥類の水平分布や環境利用について概観する。次に，固有種の固有化の過程を取り上げ，合わせて，同じ種でも地域によって異なる生態・行動形質の変化のあり方について述べる。本章は本書全体の導入部ともいえるもので，分布，固有化，環境利用などについての詳細な記述や考察は，のちに関連する個々の章で取り上げることになる。

2. 日本の鳥類相の特徴

日本では540種ほどの鳥類が記録されているが(日本鳥類目録編集委員会 2000)，繁殖する種はその半数以下の250種ほどでしかない(Higuchi et al. 1995)。一方，例えば隣り合う大陸の中国では，繁殖鳥は1,000種近くにのぼり，日本よりはるかに多い(樋口 1996a)。さらに，中国には日本には自然分布しないオウム目やキヌバネドリ目などの熱帯性の鳥類も棲んでいる。一方，同じ科に属する種の内訳を見てみると，中国の方が種数の多い科はヒタキ科，キジ科，アトリ科，タカ科，ハト科であるのに対して(図1)，日本の方が種数の多い科はアホウドリ科，ミズナギドリ科，ウミツバメ科，ウミスズメ科などの海鳥である。この違いはどこにあるのだろうか。そこから日本の鳥類相の独自性を考えてみよう。

島国，日本

日本と中国の鳥類相に大きな違いがあるのは，両国の国土の広さと環境の多様性が大きく異なるからである。中国の国土面積は日本の26倍で，南北の距離は5,000 kmに及ぶ。気候帯は熱帯から寒帯までを含み，1つひとつ

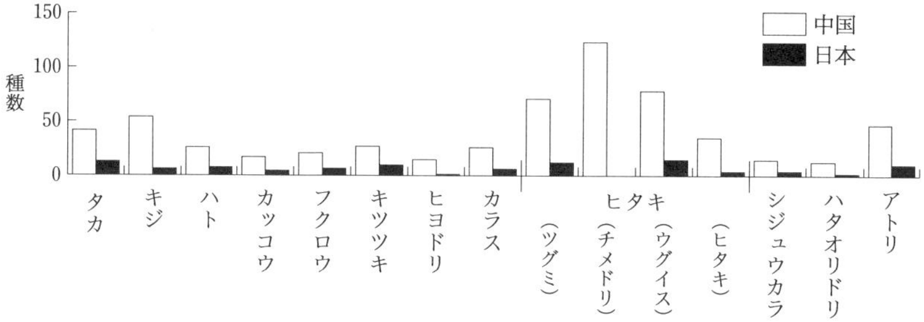

図1　日本より中国に多くの種が繁殖する科の例(Higuchi et al. 1995，樋口 1996a より)

の環境の規模も大きい。さらに，広い国土をもつ中国には，砂漠やステップ，4,000 m を越える高原や 8,000 m 以上の高山帯がある。こうした環境は島国日本には存在しない。

広大な大陸には生息する生物種が多いが，面積が狭い島には生息種数が少ない。この現象は島嶼生物学で詳しく論じられている(MacArthur & Wilson 1967 など)。一般に，環境の多様性が大きいほど，生息する生物種の数は増す。大陸には多様な環境が存在するので，それぞれの環境に適応した種が生息できるのである。また，鳥類は移動能力に優れているとはいえ，どの種も同じように飛べるわけではない。移動能力の劣る種は，種の供給源となる大陸から海を越えて来るのに困難がある。島国日本の方が中国大陸より種数が少ないのはこうした理由による。

日本列島のなかでも，同じようなことがいえる。1つの島に棲みつく鳥の種数は，大きな島ほど多い傾向にあり，一方，本土から遠く離れた小笠原諸島や大東列島では，面積から予測されるよりも少ない種数の鳥しかいない(図2)。また，島の面積や孤立化の程度に応じて種数が増減する場合，鳥の種やグループはその増減にでたらめに関わるわけではない。どういう種から棲み始めるか，あるいはどの種から抜け落ちていくかはかなり規則的に決まっている。そうした状況を，以下にキツツキ類を例にして少し詳しく見てみよう。

日本には11種のキツツキ類が生息している。そのうち分布の広い主な種は，体の大きい順にクマゲラ *Dryocopus martius*，オオアカゲラ *Dendrocopus leucotos*，アカゲラ *D. major*，アオゲラ *Picus awokera*，ヤマゲラ *P. canus*，コゲ

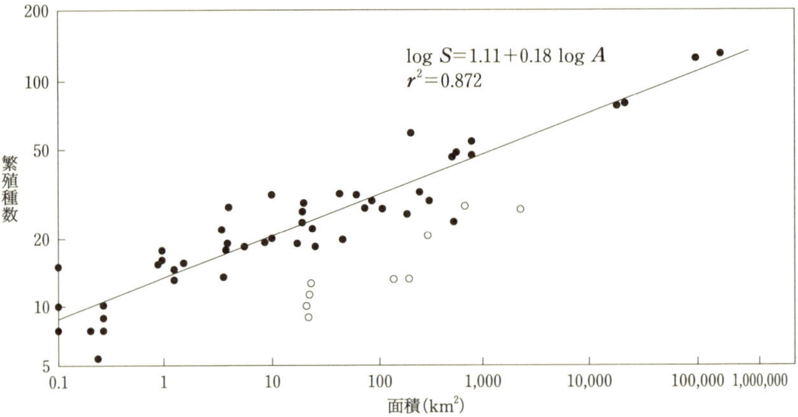

図 2　日本列島における島の面積と鳥の繁殖種数との関係(樋口 1979，Higuchi et al. 1995 より)。●は日本の本土に相当する大きな島(台湾を含む)から 300 km 以内にある島の例，○は本土から 300 km 以上離れた小笠原諸島などの例。回帰直線は●にもとづいて求めてある。

ラ *Dendrocopus kizuki* の 6 種である。日本最大のキツツキであるクマゲラは，北海道北端の利尻島を除いて本土(北海道と本州北部)にしか生息していない。これは，広い行動圏を必要とするので，面積の小さい森では個体群を維持できないためと考えられる(Kurosawa & Askins 2003)。利尻島には大雪山系や阿寒山地に匹敵するような大規模な常緑針葉樹林帯が発達しているため，棲みつくことができているのかもしれない(今野・藤巻 2001)。

アカゲラとオオアカゲラは，供給源となる本土から 100 km 以上離れている島嶼にも生息しているが，面積が 100 km² 以上ある島に限られる(図 3)。一方，最小のコゲラは最も分布が広く，面積が 10〜99 km² 程度の小さな島にも棲んでいる。しかし，本土から 10 km 以上(10〜99 km)離れた島では，その 12.5%にしか生息していない。また，中型のアオゲラは本州以南と，本土と更新世につながっていた島だけに生息している。アオゲラに近縁なヤマゲラは，アオゲラのいない北海道にしかおらず，また北海道本土から離れた小さな島では繁殖していない。

森に恵まれた日本

鳥類はある特徴をもった棲み場所に限って棲む種が多い。例えば，ウグイ

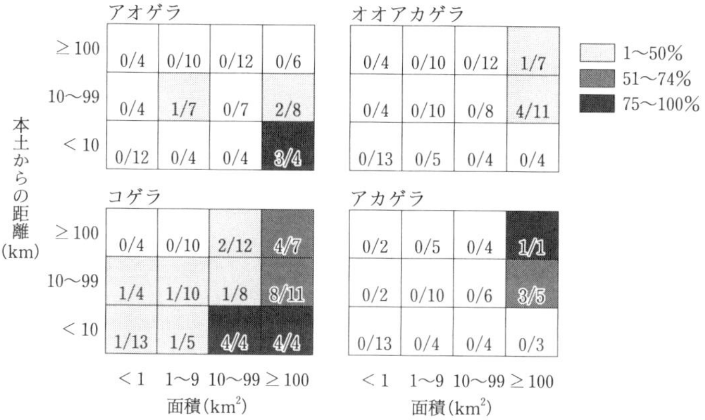

図 3　島の面積，および本土に相当する大きな島からの距離とキツツキ類が棲んでいる島の数(出現率)の分布(Higuchi 1980 をもとに描く)。島は大きさと本土からの距離にもとづいて，12 階級に分けてある。各階級の数字は(キツツキ類が繁殖分布している島の数)/(その階級に属する島の総数)。出現率(%)を濃淡で示してある。

スの声を聞きたければササ薮に，キビタキを見たければササのない明るい林に行けばよい。なかには，海岸から山のなか，都会などのどこにでも見られる鳥もいるが，例外的である。どこにでもいそうなスズメでも，人間が活動する場所を離れると見られなくなる。このように鳥は種ごとに生活上の理由があって，その場所に棲んでいる。鳥の環境利用については，第 7〜9 章で扱う。

日本で繁殖する陸鳥はおよそ 150 種いるが，そのうちなんらかの林に棲んでいるものが 3 分の 2 ほどいる(樋口 1996a)。これは，国土の 3 分の 2 が森林に覆われていることと関係している。日本は南北に細長いので，その地域の気候に応じて森林の種類が地域によって異なる。例えば，西南日本では照葉樹林，関東以北では落葉広葉樹林，また亜高山や北海道の北東部には針葉樹林が出現する。さらに，これらの混合した林(針広混交林など)や，伐採後に二次的に育った二次林や人的な管理によって成り立つ雑木林などがある。由井(1988)は日本の主な林を 20 種類に区分して，森林の類型別に鳥類の種数と生息密度を調べた。その結果，最も種数が多いのは落葉樹林帯北部に当たる冷温帯の針広混交林の壮齢林で，種数は 25 種を超えていた。一方，生息密度が多いのは照葉樹林に当たるシイ・カシ・タブ林で，15 ha 当たり 62

羽程度が見られた。針広混交林では，天然林以外の人工林でも種数は多かった。この研究は一人の研究者が日本全国を歩いて別の時期に行ったものだが，アマチュア研究者による全国一斉調査も行われており，最も多様性が高かったのは落葉広葉樹林だった（金井ほか 1996）。全国モニタリング調査については，第11章に詳しい。

では，なぜ，針広混交林や落葉広葉樹林に鳥類が多いのだろうか？　その理由として，樹種が多様なので，多様な鳥の種を支えられること，また落葉樹は初夏に一斉に開葉を迎えるので，開いたばかりの若葉を食べる虫の幼虫が爆発的に増え，多くの個体数を支えられることが挙げられている（由井 1988）。また，森林の垂直構造も関係している。垂直構造が複雑になるほど，そこに棲める種の数は多くなる。これは，林内の構造が複雑になることに応じて，異なるニッチを占める多くの種が棲みつくことができるからと考えられる。例えば，壮齢に達した広葉樹林では，樹冠と林床の他に，中層にも低木の樹冠が広がり，葉のある場所が3層になる。鳥類の食物となる節足動物は葉のある場所に多いので，採食空間が縦の3層構造あった方が，単純な1層構造よりも多くの種を棲みつかせることになる。

このように環境の空間構造が複雑になると，鳥たちの種構成が多様になる（日野 2004）。例えばシジュウカラ類などは，繁殖のなわばりをかまえる必要性のない冬期には，異種の鳥が集まって採食する混群を形成する。このとき，1層しかない林は限られた種しか利用しないが，3層に発達した林内では，下層でシジュウカラが，中層でコゲラやヤマガラが，上層でコガラやエナガが同時に採食する。混群を構成する各種は，先行役や追随役を担い，捕食者に対する警戒の目を多様にしたり，昆虫を追い出したりして採食効率を上げると考えられる。

海洋国，日本

日本の長い海岸線は海鳥にとって有利な条件である。海鳥は移動力に優れ，成長すれば海上で生活できるが，繁殖のためには陸地に戻らなければならない。また，水上生活に適応したために，陸上では捕食者に対して無防備な種が多いので，捕食者のいない岩礁や孤島などに繁殖場所が限られる。例えば，ウミスズメ科などの小型の海鳥は本土に近い岩礁や小島を繁殖地として利用する。一方，アホウドリ科やミズナギドリ科などの大型の遠洋性鳥類は，海洋島で子育てを行う。このような理由から，海岸線が長くて多数の島々からなる日本には相対的に海鳥の種数が多いのである。

沿岸性のカモメ科の分布の特徴については第3章で，また外洋性のアホウドリ類の分布については第4章で扱う。

日本の鳥類の固有性

日本に固有の種を，日本に通年棲んでいて日本以外には生息していない種と定義すると，現生種では11種がこれに相当する(表1)。固有種が形成される主な過程は，2つあると考えられる。1つは，かつて広い分布域をもっていた種が，その後，何らかの理由で分布を縮小させ，現在の跳び地にだけ見られるようになる遺存固有である。遺存固有の場合は，近縁種が隣接地域に見られないという傾向がある。もう1つは，もとの種から隔離されて時間が経つうちに分化して別種になる隔離分化固有である。この場合は，系統の近い種が近くに分布している。日本の固有種にはどちらの過程がより当てはま

表1　日本の陸鳥固有種(日本鳥類目録編集委員会，2000にもとづく)

本土と周辺の一部の島に分布
キジ科ヤマドリ *Syrmaticus soemmerringii*
キツツキ科アオゲラ *Picus awokera*
セキレイ科セグロセキレイ *Motacilla grandis**
イワヒバリ科カヤクグリ *Prunella rubida*
特定の小さな島に分布(伊豆諸島，トカラ列島，沖縄や奄美諸島)
クイナ科ヤンバルクイナ *Rallus okinawae*
シギ科アマミヤマシギ *Scolopax mira*
キツツキ科ノグチゲラ *Sapheopipo noguchii*
ツグミ科アカヒゲ *Erithacus komadori*，アカコッコ *Turdus celaenops*
メジロ科(あるいはミツスイ科)メグロ *Apalopteron familiare*
カラス科ルリカケス *Garrulus lidthi*
絶滅種(小笠原や沖縄，大東諸島)
ハト科オガサワラカラスバト *Columba versicolor*，リュウキュウカラスバト *C. jouyi*
カワセミ科ミヤコショウビン *Halcyon miyakoensis*
ツグミ科オガサワラガビチョウ *Zoothera terrestris*
アトリ科オガサワラマシコ *Chaunoproctus ferreorostris*

*最近，朝鮮半島にも少数ながら繁殖個体がいることが判明した(Choi & Nam 2008)。

るだろうか。

例えば，日本の固有種であるヤマドリ *Syrmaticus soemmerringii* に似た種は，台湾のミカドキジ *S. mikado* や中国南部のカラヤマドリ *S. ellioti*，ミャンマーに生息するビルマカラヤマドリ *S. humiae* である。いずれの生息地も分断されており，分布域は非常に離れている。また，奄美諸島に固有のルリカケス *Garrulus lidthi* は，本州や北海道，あるいは隣接する大陸のカケス *G. glandarius* とは外見がまったく異なり，形態的にはインドに生息するインドカケス *G. lanceolatus* に似ている。近年，ミトコンドリアDNAの解析により，ルリカケスはインドカケスに近縁である可能性が示唆された（高木 2007）。かつては共通の祖先が現在の空白地帯を埋める広大な地域に生息していたが，その後，分布が後退して現在のような跳び離れた分布になったと考えられる。ヤマドリとルリカケスは，遺存固有と考えてよいだろう。

一方，セグロセキレイ *Motacilla grandis* については，状況が少し複雑である。日本固有のセグロセキレイに似たハクセキレイ *M. alba* は，日本を含むアジアに広く分布している（図4）。この事実を見れば，セグロセキレイは大陸からやって来たハクセキレイが日本で隔離分化して固有種となり，あとから入って来たハクセキレイとはもはや交雑せずに共存するようになったと考えられる。

しかし，遠く離れたインドには，セグロセキレイに大変よく似たオオハクセキレイ *M. maderaspatensis* という種がいる。羽色や外部形態の他にも，雄の求愛行動などにセグロセキレイとの共通点が見られる（Higuchi & Hirano 1989）。最近，分子系統解析と行動や形態で得られている知見を統合した研究により，ハクセキレイが最近分化した新しい種であり，セグロセキレイとオオハクセキレイはより古くに種分化していた可能性が示唆された（Alström 2002）。これらの現象に注目すると，セグロセキレイは遺存固有の結果生じたともいえる。

最近，朝鮮半島にも少数ながらセグロセキレイが繁殖していることが確認された（Choi & Nam 2008）。朝鮮半島の個体群が，いったん日本で固有分化したのちに朝鮮半島に分布を拡大したものなのか，あるいはかつて大陸に広く分布していたセグロセキレイの残存個体なのかはわからない。今後，近縁種

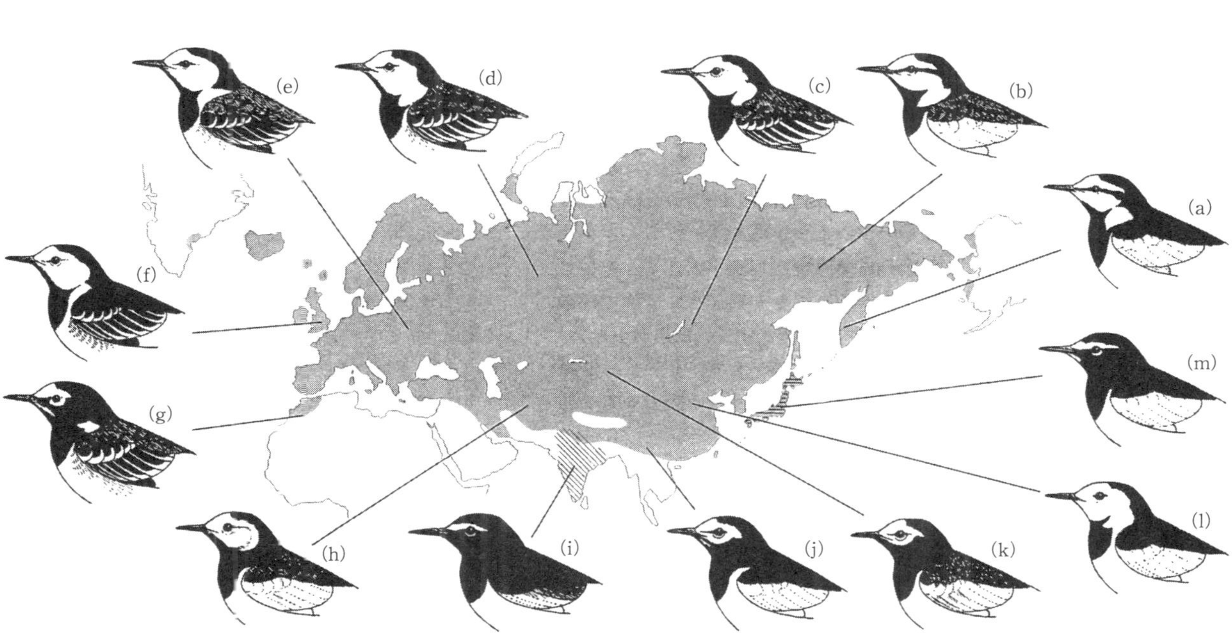

図 4　ハクセキレイ(a～h，j～l)，セグロセキレイ(m)，オオハクセキレイ(i)とその分布域(樋口 1996a, b より)

や異なる地域個体群を対象に，分子生物学的手法を含むいろいろな側面から検討してみる必要がある。

日本の固有種を含めた陸鳥類の分布や由来，種内の集団構造については，第2章で詳しく扱う。

3. 生態的特徴の変化

ニッチ幅の拡大

ある地域，例えば小さな島に近縁種が欠如している場合，その島に棲む別の種の棲み場所や採食習性が，欠如している近縁種の利用している範囲にまで広がっていることがある（例えば Zusi 1969，Grant 1986，Nieberding et al. 2006）。ニッチ幅の拡大として知られる現象である。日本の島々でもこうした例が見られる。いくつか例を挙げよう。

小笠原諸島は本州から南へほぼ 1,000 km 離れた太平洋上にあり，過去にどの陸地ともつながったことがない。そこで，小笠原諸島に生息する生物は，何らかの移動手段で他の場所からやって来たと考えられる。鳥類の場合も，この島々に到達できた種はかなり限られていた。

この諸島にはメジロ *Zosterops japonicus* と同じくらいの大きさのメグロ *Apalopteron familiare* という固有種が棲んでいる（表1）。メグロは樹上では，本土のシジュウカラ類あるいはゴジュウカラ *Sitta europaea* と同じような場所と方法で採食する一方，地上では小型のツグミ類に似た方法で採食している（樋口 1979）。本土にはシジュウカラ類，ゴジュウカラ，キツツキ類や小型のツグミ類がいるが，これら森林性の鳥は 1,000 km の海を越えて小笠原へ移入することはできなかった。そこで，メグロがそれらの鳥の採食ニッチにまで進出して，森林環境を多様に利用していると考えられる。

カッコウ属の鳥は，宿主の巣に卵を産んで育ててもらう托卵という繁殖習性をもっている。日本の本土では4種のカッコウ類が繁殖する。ホトトギス *Cuculus poliocephalus*，カッコウ *C. canorus*，ツツドリ *C. saturatus*，ジュウイチ *C. fugax* の4種である。これらのカッコウ類では，宿主となる鳥の種がそれぞれ概ね決まっている。一方，離島では繁殖するカッコウ類の種数が限られている。例えば，伊豆諸島ではホトトギス１種しか繁殖しない。ホトトギスは本土では主にウグイス *Cettia diphone* に托卵するが，伊豆諸島ではウグイス以外にイイジマムシクイ *Phylloscopus ijimae* やウチヤマセンニュウ *Locustella ochotensis* にまで宿主の幅を広げている（図５）。本土ではムシクイ類はツツドリに，センニュウ類はカッコウに托卵される。この例は，宿主という資源を利用する托卵鳥が１種しかいないために生じた繁殖資源の利用拡大と考えられる。ただしこの場合，宿主の幅は広がっても，産み込む卵の色は，主要な宿主であるウグイスの卵色と同じチョコレート色，１色である。

一方，北海道では，宿主の変化にともなう卵色の変化の例も見られる。本州ではホトトギスは，ウグイスを宿主として，ウグイスの卵によく似たチョコレート色の卵を産む。また，ウグイスの棲むような林縁やササ藪のある林を生息場所にしている。この２種は，卵の擬態が発達するほど寄生・宿主関係が緊密なのである。ところで，ウグイスは北海道にも生息しているが，ホトトギスは道南の一部を除いて生息していない。それに応じて，北海道ではホトトギスがいない空きニッチをツツドリが占めている。ツツドリはホトトギスよりもかなり体が大きく，本州などでは森林の内部を主な生息場所としている（Kurosawa & Askins 1999）。しかし，北海道のツツドリはかなり開けた林縁にも姿を見せ，ホトトギスになり代わってウグイスに托卵し，ウグイスや本州のホトトギスと同じチョコレート色の卵を産んでいるのである（Higuchi & Sato 1984，樋口 1985）。

本州のツツドリの卵は，主な宿主であるムシクイ類の卵に似て（似ていない場合も多いが）白地に茶色の斑が入っており，北海道のツツドリ卵とは似ても似つかない（Higuchi & Sato 1984）。ウグイスに異なる色の擬卵を見せる実験では，ウグイス卵と似ていない卵ほど高い率で排除された（Higuchi 1989）。色の違いに敏感なウグイスに托卵することに応じて，本州のホトトギスや北海道のツツドリは，ウグイスと同じチョコレート色の卵を産んでいるものと思われる。なお，北海道でツツドリは，本州同様ムシクイ類にも托卵しているが，産み込む卵の色はチョコレート色である（樋口・尾崎 1994，樋口 1996b）。ムシクイ類は一般に卵の色の違いに敏感ではなく，異なる色の卵でも高い頻度で受け入れる。

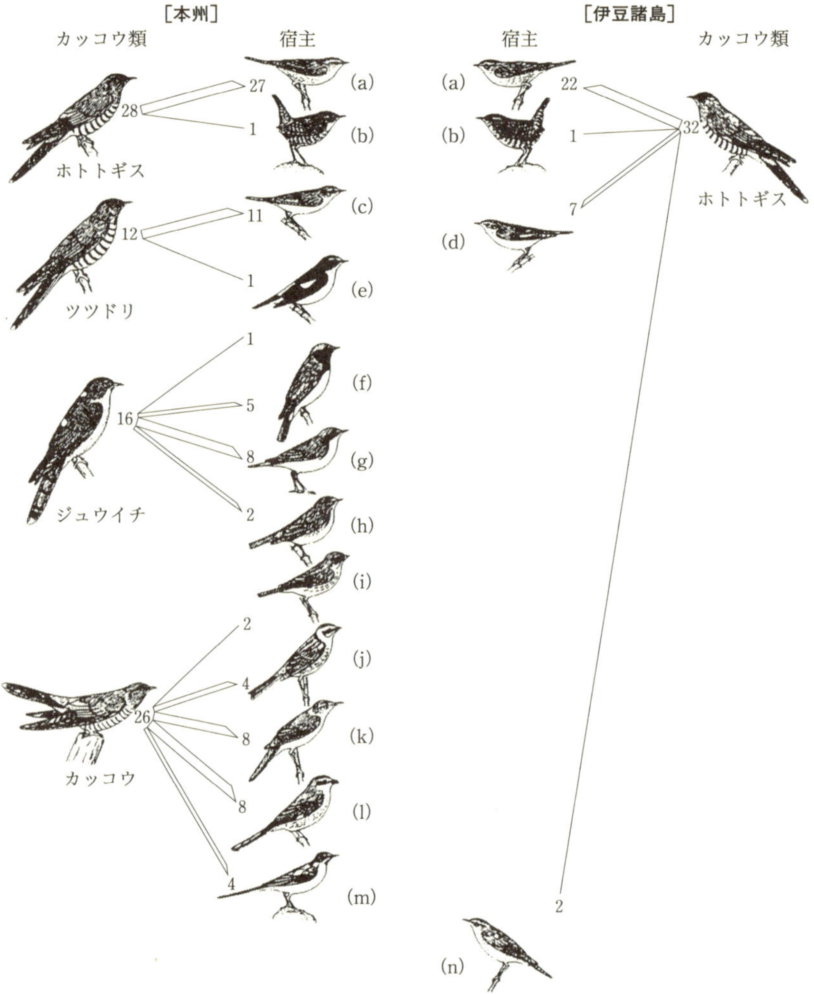

図 5　日本で繁殖するカッコウ類 4 種の宿主選択（Higuchi 1998 にもとづいて描く）。左半分は本州の例，右半分は伊豆諸島の例。図中の数字は托卵例数。宿主を厳密に調べることのできた例だけを対象にして描く。(a)ウグイス，(b)ミソサザイ，(c)センダイムシクイ，(d)イイジマムシクイ，(e)キビタキ，(f)オオルリ，(g)コルリ，(h)ルリビタキ，(i)アオジ，(j)ホオジロ，(k)オオヨシキリ，(l)モズ，(m)キセキレイ，(n)ウチヤマセンニュウ

日本のような多くの島々からなる地域では，種分化まではいかなくても，このような近縁種の存否にもとづくニッチ幅の変化の例はめずらしくないのかもしれない。托卵鳥と宿主の攻防関係については，第6章に詳しい。

海洋性気候などの影響

日本とその周辺に限られた分布をもつ種にヤマガラがいる。このヤマガラは，本土と離島で繁殖行動が異なることがわかっている。その違いは，両地域の気候の違いと関連している。

伊豆半島南端からおよそ80 km離れた伊豆諸島の三宅島には，オーストンヤマガラ *Parus varius owstoni* と呼ばれるヤマガラの一亜種がいる。オーストンヤマガラは，本土の亜種ヤマガラ *P. v. varius* より体が一回り大きく，本土のヤマガラの顔などに見られるクリーム色の部分が暗赤褐色をしている。三宅島は面積が55 km^2 の火山島である。三宅島は黒潮の強い影響を受け，気候が年を通じて温暖で，スダジイやタブノキなどの常緑広葉樹に覆われている。この島のヤマガラは一腹卵数(1回の繁殖で産む卵の数)が3，4個で，本土の6，7個よりも明らかに少ない(Higuchi 1976)。また，巣立った雛は，本州の雛よりも大げさな身振りで親鳥に餌ねだりし，親鳥のもとをなかなか離れず，親鳥もその世話を長い期間にわたって続ける(Higuchi & Momose 1981)。

三宅島のように海洋性気候のもとにある温暖な島では，季節変化が少ないことに応じて食物量が通年，比較的安定していると考えられる。言い換えれば，冬に食物不足にならない一方，繁殖期に昆虫などが本土ほどには大量に発生しない。しかも，おそらく冬の死亡率が低いことと関連して，ヤマガラの繁殖密度は本土よりも2〜3倍高い(Higuchi 1976)。このような条件のもとでは，親鳥は少なめの卵を産んで少数の雛をしっかり育てる方が繁殖成功率が増加する。また巣立った幼鳥は，大げさな身振りで長い期間にわたって親鳥の世話になる方が，生存率が高くなるはずである。おそらくそうした理由から，島のヤマガラでは産卵数の減少，雛の餌ねだり行動の強化，子育て時期の長期化が生じたのだと考えられる(Higuchi & Momose 1981)。

4. 今後の課題

水平分布については概観してきたが，垂直分布に関しては，北アルプス(清棲 1937)や富士山(黒田ほか 1971)，早池峰山(由井 1988)の研究事例を除くと，総合的な研究は少ない(黒田による総説 1972)。低緯度から高緯度への水平分布を，標高を軸にして置き換えたものが概ね垂直分布となるが，なかには特定地域の高山帯にしか見られないライチョウやカヤクグリのような種もいる(由井 1988)。日本列島の鳥類の垂直分布を地史，気候，環境選択，近縁種との競合などの観点から見直すことは，今後の興味深い課題である。

日本は長い海岸線と多数の島々を誇る国である。島に棲む陸鳥を対象とした分布や種分化，形質変化のあり方については，まだ研究の余地が十分に残されている。特に，伊豆諸島，小笠原諸島，南西諸島の鳥類相を対象にしたさらなる研究の発展が望まれる。南西諸島の鳥類の分布や分化については，最近，高木(2009)によるすぐれた総説が出た。島を取り巻く海を生活の場とする海鳥の分布については，まだ十分に知見が蓄積されていない。伊豆諸島や小笠原諸島を含むいくつかの海域では，アマチュアの観察者によって分布や生息数についての情報が得られているが，整理や解析はなされていない。本書では第 4 章と第 5 章を海鳥の生態に当てているが，海鳥の分布を生態学的な視点から追及する分野については，今後の研究の発展が期待される。

人間の活動は地球規模で拡大しており，世界は日を追うごとに狭くなっている。鳥類のような広い行動域や移動能力をもつ生物も，人間活動のあり方と無縁ではありえない。野生の鳥を宿主とする低病原性の鳥インフルエンザウイルスが何らかの経路で家禽に入り込み，家禽の間で高病原性に変異して家禽を大量死させ，さらに人や野生鳥類に二次感染をもたらす事態が顕在化している(第 12 章を参照)。人間活動による外来種の移入も，生態系に甚大な負荷を与える要因になる(第 6 章参照)。加えて，温暖化による分布や個体数の変化も注目されている(第 13 章参照)。このように，分布に関わることがらは人との関わりのなかで今後もいろいろ変化を続けていくことが予想され，その状況を広く，また長く追跡することが強く求められている。

第2章 陸鳥類の集団の構造と由来

西海　功

1. 集団の構造と由来とは？

同じ生物種どうしは互いに交配できるが，種内のどの個体も同じ程度の交配可能性をもつことは実際には稀で，分散能力による制限や生息場所の分断化などの諸要因によって，ほとんどすべての種はより高い交配可能性で結びついた集団(population)をある地域ごとに形成している。それら個々の集団はまったく独立しているのではなく，他の集団と多少は遺伝的な交流をもっている。1つの集団の大きさも，集団間の遺伝子流動の大きさも種によってさまざまである。そのような種全体の集団の様態，あるいは，ある広い地域の集団の様態を集団構造と呼ぶ。集団構造は分散能力や生息場所の分断化に影響されるだけでなく，その種や集団の由来にもまた影響される。逆にいえば，集団構造を調べることで，種や集団の由来を推定することにもつながる。

鳥好きな人たちは日本の鳥の集団の構造と由来について関心をもち，鳥学者も古くから研究を行ってきたが，より多くの日本人が自分たち自身の集団の構造と由来について強い関心をもっており，詳細な研究がなされてきた。遺跡から出土する骨や現代人を形態的あるいは遺伝的に調べることで次のようなことがわかっている。縄文時代人は琉球列島を経由して南方系の集団から形成されていたが，弥生時代から古墳時代にかけて，北方アジア人の特徴をもつ集団が朝鮮半島から渡来し，混血が進んで現在の日本の集団が形成された，ということが形態学的分析によりわかった(溝口 2006)。ミトコンドリアDNA(mtDNA)の遺伝子頻度の分析結果からは，現在の日本の集団は北方アジア人の影響がより強いことがわかっている(篠田 2006)。北海道のアイヌ民族には北方アジア人の流入がなく，南方系の集団の形態的特徴が保たれており，琉球の人々には形態的には南方系の要素が強く残っているが，遺伝的にはそれほど南方系要素は強くはない。

この日本人の例で示したように，日本の集団の構造と由来を鳥類で示すことが本来この章がめざすところである。ただ，陸鳥類では残念ながら化石はほとんど出土せず，ヒトのように過去の集団を直接調べることはできない。そこで，現在の集団についての形態学的分析とDNA分析によって進められている陸鳥類での研究の現状について以下に紹介する。章の前半では，集団間の形態的・遺伝的類似性に主に着目して集団の構造と由来を推定する研究を紹介する。古くから研究されてきた形態学的な分析と結果をまず示し，続いて分子データの解析手法とその最新の具体的研究例を示す。後半では，日本周辺の3つの生物地理境界線の重要性について形態と分子の研究の再検討を行うことで，日本列島中心部(本州・四国・九州)で見られる鳥がどの地域に由来することが多いか概観を得ることを試みる。前半と後半の異なるアプローチによって，この分野の現在の到達点をまとめて，将来への課題と展望を示したい。

2. 形態学的分析

種よりも低位の分類群

日本の鳥の集団の構造と由来を考えるとき，種よりも低位の分類群の分布パターンがとても役に立つ。代表的な種より低位の階級としては亜種がある。亜種とは，形態的に同じ特徴をもつ個体群の集まり，つまり地理的な品種のことであり，他の集団とは形態的に区別することができる。

どの程度区別できれば亜種といえるかはいくつかの考え方があるが，基本的には個体レベルの判別ができなければならず，集団間の形質に有意差があるだけでは認められない。代表的には，ある集団に属する75%の個体が他の集団のほぼすべて(99%)の個体と形態において区別できれば良いとする「75%ルール」がある(Mayr 1970)。より厳格に「90%ルール」を適用するのが良いという考えもあるが，現在一般的には「75%ルール」が使われている。

形態形質に地理的なクライン(勾配)が見られるときには，地理的に遠く離れた集団間で個体の区別が完全にできたとしても中間地の個体は区別できないこともある。そのような場合には，亜種として認められない。例えばアオゲラ *Picus awokera* は，日本鳥類目録第6版(日本鳥学会 2000)では，基亜種アオゲラ *P. a. awokera* と四国・九州のカゴシマアオゲラ *P. a. horii*，屋久・種子島のタネアオゲラ *P. a. takatsukasae* の3亜種に分けられているが，del Hoyo et al.(2002)は南へ行くほどしだいに小さく黒くなるというクラインを反映していると見なして亜種に分けずに単形種として扱っている。亜種はあくまでも形態にもとづいた分類であり，そのなかには，例えば房総半島，伊豆半島，紀伊半島，山口，愛媛南部に飛び地状に分布するウスアカヤマドリ *Syrmaticus soemmerringii subrufus* のように，単系統性の検証が必要なグループも含まれてはいる。とはいえ，これは例外で，多くの場合は起源を同じくするグループと考えることができる。

近縁と思われる亜種を集めたものが亜種群と呼ばれ，種と亜種の間におかれる分類階級である。これも起源を同じくするグループと考えることができる。例えば，カケス *Garrulus glandarius* は日本には4亜種が分布するが，サドカケス *G. g. tokugawae* とヤクシマカケス *G. g. orii* は，頭部の色の一致など亜種カケス *G. g. japonicus* と明らかに近縁で，北海道に分布するミヤマカケス *G. g. brandtii* とは異なるので，前3亜種は同じ亜種群〝*G. g.* (subspecies group *japonicus*)〟に属する。

以上のような種よりも低位の分類群は，由来の推測に使える。図1に示すように，ゴジュウカラ *Sitta europaea* の亜種は日本には3亜種ある。北海道のシロハラゴジュウカラ *S. e. asiatica* は，シベリアまで分布しており，本州，四国と九州北部に分布する亜種ゴジュウカラ *S. e. amurensis* は，朝鮮半島から中国東北部，バイカル湖周辺にまで分布している。キュウシュウゴジュウカラ *S. e. roseilia* は九州南部にのみ分布する亜種である。この分布から，北海道のゴジュウカラはサハリンを経由して北方に由来し，本州のゴジュウカ

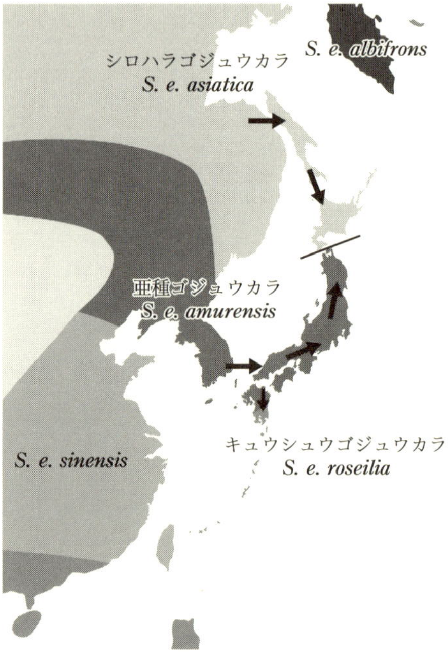

図1　日本周辺のゴジュウカラの亜種分布と集団の由来の推定

ラは朝鮮半島を経由して西方に由来すると考えることができる。このように同じ亜種が大陸のある地域にも分布する場合，島の集団は大陸のその地域に由来すると推測できる。

亜種というまとまりを1つ広げて亜種群というまとまりで考えてみると，次のようになる。キュウシュウゴジュウカラは少し色が濃いが亜種ゴジュウカラに似ていて，両亜種は同じ亜種群〝*S. e.*(subspecies group *reoseilia*)〞に属し，地理的にも分布域が近いことから，キュウシュウゴジュウカラは亜種ゴジュウカラに由来すると推測できる。

本州の鳥類集団の由来

同じ分類群に属する集団が周辺のどの地域にいるかを基準として由来を推定する上記の方法により，本州の留鳥の陸鳥類全70種の由来を調べてみると，図2のようになる。北方由来つまり，サハリンと北海道を経由して本州に入ったと推定される種が20種，西方由来，つまり朝鮮半島を経由して本

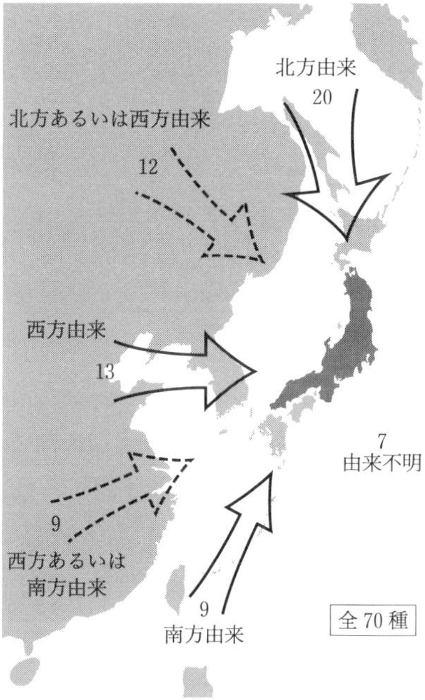

図2　亜種分布をもとに推定した本州の陸鳥留鳥の由来。図中の数字は各由来と推定される種の数。**[北方由来]**ノスリ，チュウヒ，オオタカ，チゴハヤブサ，ライチョウ，ウズラ，トラフズク，フクロウ，クマゲラ，キクイタダキ，コガラ，キバシリ，コジュリン，アオジ，クロジ，マヒワ，イスカ，ウソ，イカル，ホシガラス。**[北方あるいは西方由来]**イヌワシ，ハイタカ，ハヤブサ，チョウゲンボウ，オオアカゲラ，ヒバリ，トラツグミ，オオセッカ，ヒガラ，エナガ，シジュウカラ，ハシボソガラス。**[西方由来]**ツミ，キジバト，ヤマセミ，アカゲラ，コゲラ，モズ，イワヒバリ，ウグイス，ゴジュウカラ，ホオジロ，カワラヒワ，ムクドリ，オナガ。**[西方あるいは南方由来]**キジ，オオコノハズク，カワセミ，カワガラス，ミソサザイ，イソヒヨドリ，ヤマガラ，ニュウナイスズメ，ハシブトガラス。**[南方由来]**ミサゴ，トビ，クマタカ，ヤマドリ，アオバト，ヒメアマツバメ，セッカ，ヒヨドリ，メジロ。**[不明]**アオゲラ，キセキレイ，ハクセキレイ，セグロセキレイ，スズメ，カケス，カヤクグリ

州に入ったと推定される種が13種，南方由来，つまり台湾および南西諸島を経由して本州に入ったと推定される種が9種である。北方由来の種が最も多く，次いで西方由来で，南方由来の種は少ないという結果になる。しかしながら，この由来の推定法は2つの問題点をもつ。

第一に，どちらとも判断できない種も多くいる。アオゲラやカケスなど明らかに最も近縁と判断できるグループが隣接地域にいないため由来が推定できない場合や，逆にスズメのように同じ亜種に囲まれているために由来が推定できない場合が合計7種ある(図2)。また，北方と西方に広く分布するものが12種，西方と南方には9種あり，これらもどちらから由来したのかは亜種の分布から判断できない。

第二に，より大きな問題として，大陸から島へという移動が前提にされていることが必ずしも正しいとはいえず，逆に，島から大陸に分散したと考えられる例があることが，昆虫から両生・爬虫類，哺乳類，鳥類まで世界のさ

まざまな地域で知られるようになっている。これらは島での種分化と進化が大陸の種多様性に影響を与えてきた可能性を示唆しており，近年注目されている(Bellemain & Ricklefs 2008)。

日本の鳥類でも日本列島から大陸に分散したと見られる例がいくつかある。例えば，メジロ *Zosterops japonicus* の分布を見ると，朝鮮半島にもいるが，南端に分布が限られており，日本列島から朝鮮半島に分布を広げたと考えるのが自然である(図3A)。ヒヨドリ *Hypsipetes amaurotis* は朝鮮半島南部の半分以上の地域に分布しており，ヤマガラ *Parus varius* はより広く中国東北部の南東端にまで分布している。大陸の分布の範囲がどれだけ広ければ朝鮮半島から日本へと分布を広げたとみることができるのかを考えると，分布面積だけでどちらからどちらへという方向性が推定できるわけではないことがわかる。その際，近縁種の分布も推定に役立ち，ヒヨドリでは最も近縁のチャムネヒヨドリ *Hypsipetes philippinus* がフィリピンに分布するので，台湾，南西諸島を経て日本列島に入り，朝鮮半島に分布を広げたと考えるのが自然である(図3B)。しかし，ヤマガラは近縁種のアカハラガラ *Parus davidi* が四川省北西部に分布するため，日本列島の集団が朝鮮半島起源とも考えられるし台湾経由とも考えられ，亜種や近縁種の分布だけから推定することはできない(図3C)。

3. DNA分析によるアプローチ

分子系統と分子系統地理

これら2つの問題点に対して，DNA分析によるアプローチが近年新たに可能になった。まずは第一の近縁集団の特定が難しいという問題点に関して，カケスではどの亜種群どうしがより近縁であるかを，集団間の分子系統を調べることで推定することができる。形態学的には，Kuroda(1957)が亜種群間の色彩の特徴を頭部，背部，初列風切，次列風切，虹彩，足部に分けて比較分析している。亜種カケスは白っぽい虹彩，翼をたたんだときの基部が半分黒い初列風切，ほぼ先端までが白い次列風切という他の亜種群には見られない固有の形質が3点あるが，白地に黒斑の頭部，ワイングレーの背部，黄色っぽい足部という3点はすべてヨーロッパカケス *G. g. glandarius* と共通し

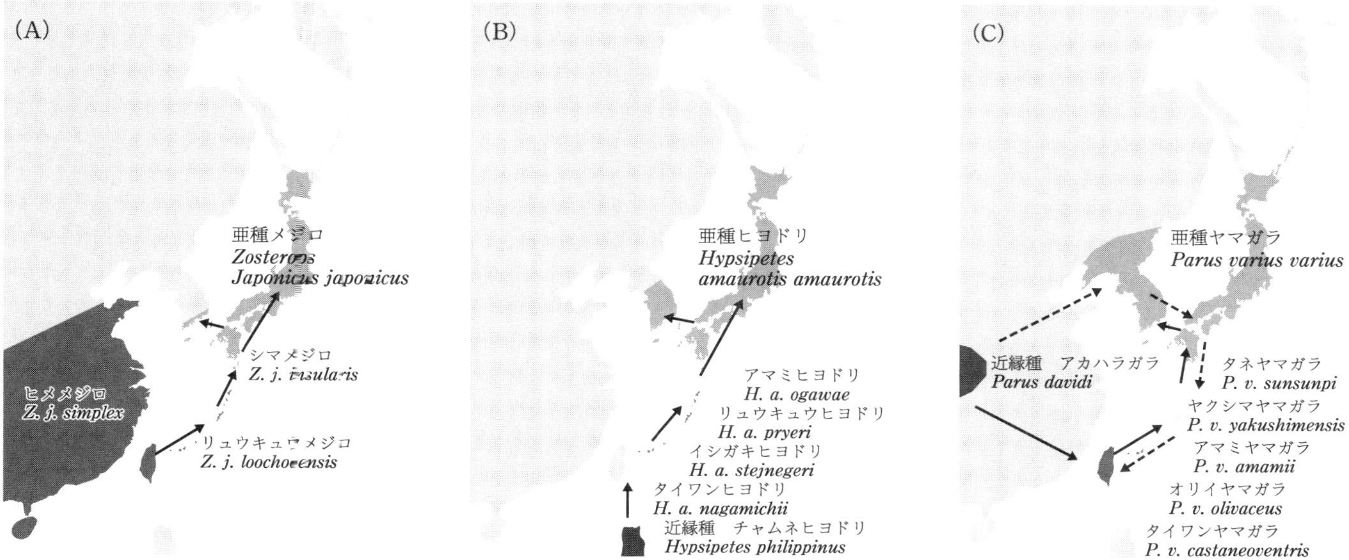

図 3　島から大陸（日本列島から朝鮮半島）へ分布を広げたと推定される例。（A）メジロは分布域の広さから，（B）ヒヨドリは近縁種の分布から日本列島から朝鮮半島へ分布を広げたことが推定できる。（C）ヤマガラはどちらの可能性もあり，DNA 分析に頼る必要がある。

ており，台湾のタカサゴカケス *G. g. taivanus* とは足部の色の1点のみ共通し，ミヤマカケスとはすべて異なっている。比較された形質がわずか6つであり，このことだけから系統関係を論じるのは難しかった。

mtDNAの分子系統を上記の4亜種群間で調べると，形態が示唆したこととは異なる結果が得られた（図4；西海 未発表）。亜種カケスは他の3亜種群とは系統が最も離れている。北海道や韓国のミヤマカケスとヨーロッパカケスとが最も近縁で，台湾のタカサゴカケスがそれらに次いで近い。本州の亜種カケスは，調査した3亜種群のどの集団ともチトクローム *b* 遺伝子で4%を超える違いがあり，特異な集団といえる。他方，北海道のミヤマカケス群はヨーロッパカケス群と最も近縁であり，これら北方集団どうしが比較的近縁であることがわかる。亜種カケスについては近縁集団が見つからず，依然として由来は不明なままとなっている。

第二の分散の方向性の問題は先の問題よりもさらに重要だが，その解決に糸口を与えたことがDNA分析による集団解析の真の強みといえる。まずヤマガラの問題に戻ると，これも亜種間の分子系統を調べることによって，亜種ヤマガラが南西諸島を通って台湾に南下したのか，逆にタイワンヤマガラが日本列島に北上し，朝鮮半島にまで分布を拡大したのかが推定できる。図

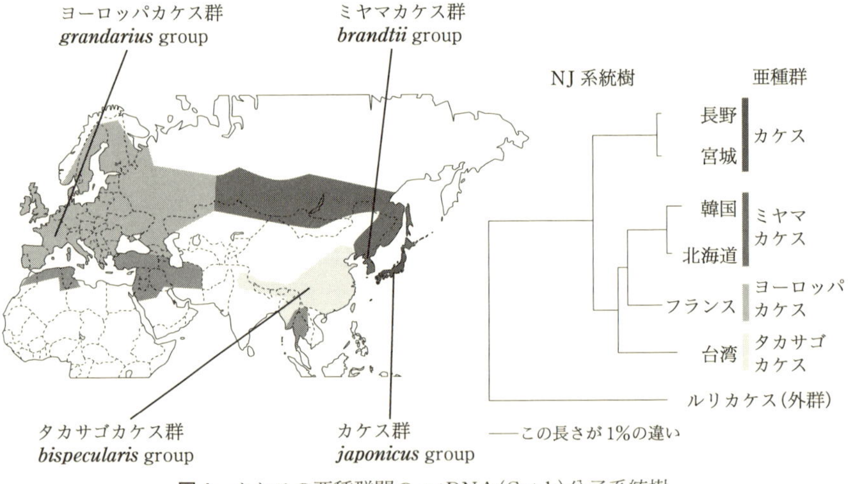

図4　カケスの亜種群間のmtDNA（Cyt-b）分子系統樹

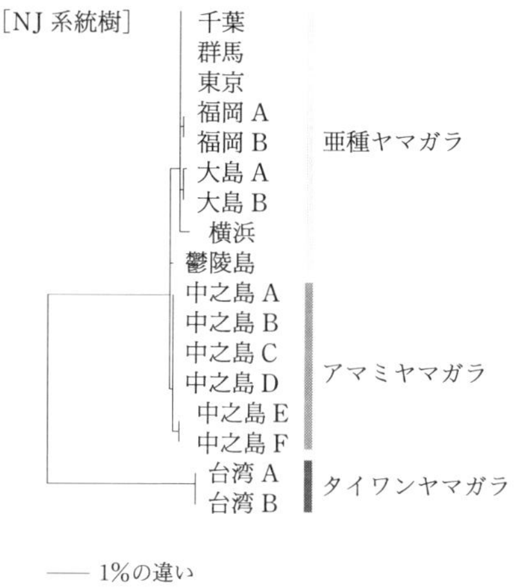

図5　ヤマガラの亜種間のmtDNA(ND5-Cytb)分子系統樹

5で示した分子系統樹の結果は，タイワンヤマガラからアマミヤマガラと亜種ヤマガラが分化したことを示している。したがって，朝鮮半島のヤマガラが日本列島の集団から由来したのであり，その逆ではないことが示唆される。

しかし，より厳密に考えると，本当に現在の集団がこのような歴史を経てきたのかは系統樹だけではわからない。例えば，九州以北の日本列島のヤマガラが何らかの原因で一度絶滅した後，朝鮮半島に残っていた集団が再移入したという可能性も否定できない。実際，朝鮮半島の東側にある鬱陵島のヤマガラ集団は，分子系統上，アマミヤマガラと亜種ヤマガラの分岐点に位置している(図5)。これは鬱陵島には最近になって朝鮮半島から分散したのではなく，アマミヤマガラと亜種ヤマガラとが分岐したころにはすでに鬱陵島にヤマガラが分散していたことを示唆し，つまり朝鮮半島にはそのころすでにヤマガラが分布していたことを示唆する可能性がある。ただ，二分岐法をもとにした系統樹だけでは，こうした近年の分散過程について推定するのに十分とはいえない。

現在の集団が経てきた数十万年よりも最近の歴史を推定するには，時間を遡ることによって中立遺伝子の系譜を記述する理論である合着理論(coalescent theory)を使った系統地理学的分析が極めて有用である(Freeland 2005)。Templeton(1998)が考案した入れ子状クレード分析(nested clade analysis)は，

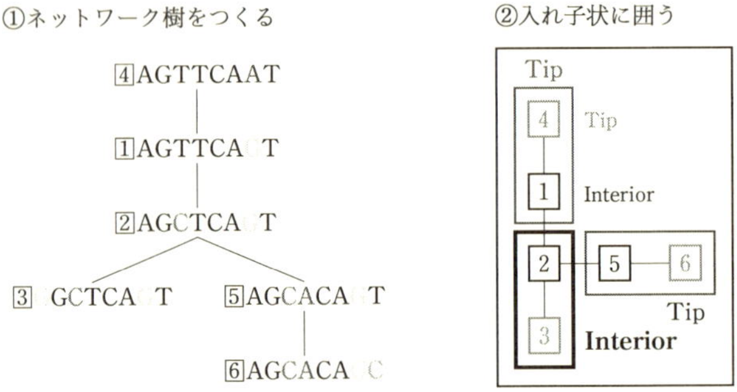

③入れ子状クレードの地理的な分布に偏りがないかを調べる
④偏りが見られた場合，推論鍵に従って，その原因を推測する

図 6　入れ子状クレード分析の手順

とりわけ有用な手法といえる。

手順の概略を示すと次の通りである(図 6)。①複数の集団からの多数個体の DNA 配列を調べ，それらのネットワーク樹をつくる。②ネットワーク樹の端から 2 つずつ囲っていき，さらにその囲いを入れ子状に囲っていく。内側を Interior(内部を意味する)，端を Tip(末端を意味する)と呼び，それぞれが起源 - 派生の関係にあると仮定できる。③入れ子状クレード(以後「クレード」とする)の地理的な分布がランダムから有意に偏っているかを調べる。④偏りが見られた場合，Templeton(1998)が考案した「推論鍵(inference key)」に従って，その原因を推測する。「推論鍵」は複雑なのでここでは具体的な説明を省くが，集団の経てきた歴史がクレードの典型的な地理的分布に反映すると考えてつくられている(図 7)。「限られた遺伝子流動(restricted gene flow)」による「距離に応じた隔離(isolation by distance)」が生じている場合，ある地域で新しく生まれた突然変異(つまり Tip)は急速には拡散せず，比較的狭い地域でのみ見られるのに対して，起源的な Interior や上位クレード(Tip と Interior を含むクレード)は，その地域を含むより広い分布をもつことになる。「過去の分断(past fragmentation)」とその後のほぼ完全な遺伝的隔離が起こっている場合には，異なる地域では同じクレードを共有せず，クレード間の枝の長さは分断の時間に応じて長くなる。「分布域の拡大

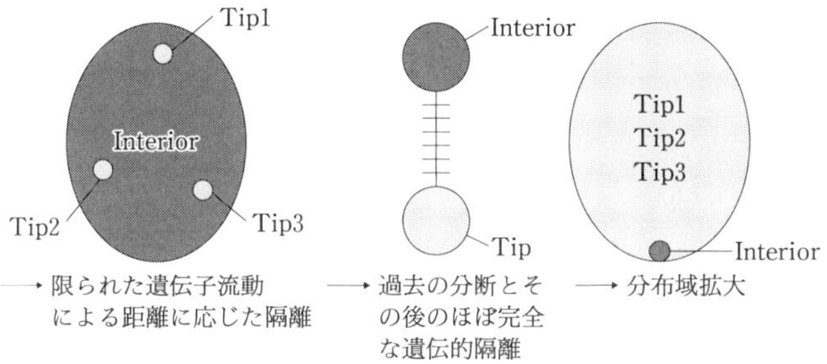

図7　典型的な地理的分布とその原因推測の例

(range expansion)」が起こった場合には，起源的なInteriorが古くからの分布域を中心に(多くの場合，拡大した地域にも)分布し，派生的なTipは拡大した地域にのみ分布する。この分析法の有用性を示すために研究例を次に紹介する。

シマセンニュウ上種の分化

北海道を含むオホーツク海周辺域に繁殖分布するシマセンニュウ *Locustella ochotensis* と，伊豆諸島以西の日本周辺の島嶼部でのみ繁殖分布するウチヤマセンニュウ *L. pleskei* は，最も近縁な関係にあってかつ繁殖分布域が重ならないので，お互いに姉妹種の関係にあり，分類学的に上種を形成している。このように南北に姉妹種が分布する上種などの近縁グループは，かつて氷期には南にのみ分布していたが，最終氷期1万8,000年前以降に(またはその前のリス－ヴュルム間氷期に)温暖化とともに，一部の集団が北へ分布を広げた結果，種分化が起きて北の種が新たに形成されたという仮説が有力であった(Cox 1985)。しかし，姉妹種の分岐時期は多くの場合300～200万年前とかなり古いことが知られるようになり，上種の起源はもう少し古いと考えられるようになっている(Klicka & Zink 1999)。ただし，北米温帯域に夏鳥集団がいてメキシコに留鳥集団がいるチャガシラヒメドリ *Spizella passerina* では，分子系統分析によって例外的に最終氷期以降の北への分散が確かめられている(Mila et al. 2006)。

シマセンニュウ上種のmtDNAの分子系統樹を調べると，2種それぞれに

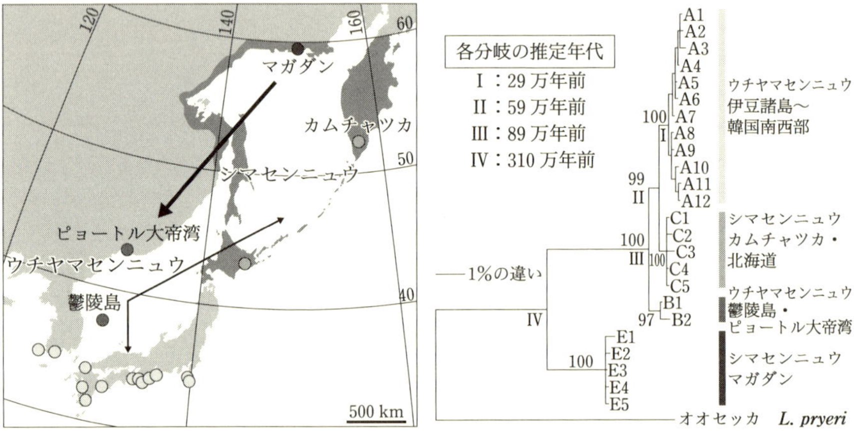

図 8　シマセンニュウ上種の分布と mtDNA(ND5-Cytb)ハプロタイプの分布地点(左)および NJ 法による分子系統樹(右)。太い矢印は 89 万年前の分散を，細い矢印は 59 万年前の分散を示す。系統樹の数値は各ノードのブートストラップ値を示す。

2 つの系統群があり，これら 4 つの系統群が複雑に入り組んだ関係にあることがわかった(図 8)。ウチヤマセンニュウの大きく 2 つに分かれた系統群は，図 8 に薄い灰色で示した系統群 A が伊豆諸島から紀伊半島周辺と九州周辺の島嶼を経て韓国の南西部の島嶼まで分布し，濃い灰色で示した系統群 B が韓国の鬱陵島とロシアのピョートル大帝湾(ウラジオストク沖)の島嶼に分布する。そして系統群 A は，系統群 B との関係よりも，カムチャツカや北海道のシマセンニュウとの関係の方が遺伝的により近い。

分子時計による年代推定も合わせて，シマセンニュウ上種の最もありそうな集団の歴史を推測すると，次のようになる。大陸に分布していたシマセンニュウの祖先が鮮新世後期に当たる 310 万年前ごろに鬱陵島に分散し，系統群 B のウチヤマセンニュウの起源集団となった。ギュンツ氷期前もしくは後の温暖期の 90 万年前ごろには，北に分散してカムチャツカから北海道のシマセンニュウ集団となり，ミンデル氷期に向かった 60 万年前ごろに，再び南下して系統群 A のウチヤマセンニュウの集団が形成された。

このように更新世中ごろの気候変動がシマセンニュウ上種の複雑な集団の分化と種分化に大きく影響を与えたことが推測された。つまり，更新世後期の気候変動の影響は，南下や北上といった大きな繁殖地の移動をともなう系統群間の分化に影響したのではなく，次に示す通り，系統群内の集団構造に影響を与えたことが推定される。また上記の結果は，北方の草原で繁殖するシマセンニュウと，南方の島嶼の潅木林で繁殖するウチヤマセンニュウとの2種にシマセンニュウ上種を分けている現在の分類について，再検討する必要性を示唆している。

ウチヤマセンニュウについてハプロタイプのネットワーク樹をつくると，系統群AとBはハプロタイプの多様性がまったく異なり，Aは比較的高く，Bは極めて低いことがわかった(図9)。分布に偏りのあるクレードを地図上に示した図10からは，クレードの分布の様態も大きく異なることを示しており，これは，AとBの両系統群が異なる歴史を経てきた集団であることに起因すると考えられる。

系統群Aは，紀伊半島周辺の島嶼を中心に継続的な分布拡大を経て現在の分布に至った。分布拡大を始めたのは，20〜15万年前ごろと推定される。対して，系統群Bは鬱陵島とピョートル大帝湾の島嶼の間での分断が20万年前ごろに起こり，その後は遺伝子流動なしで現在に至っている。日本のウチヤマセンニュウ集団の起源という観点から見ると，北海道から南下してき

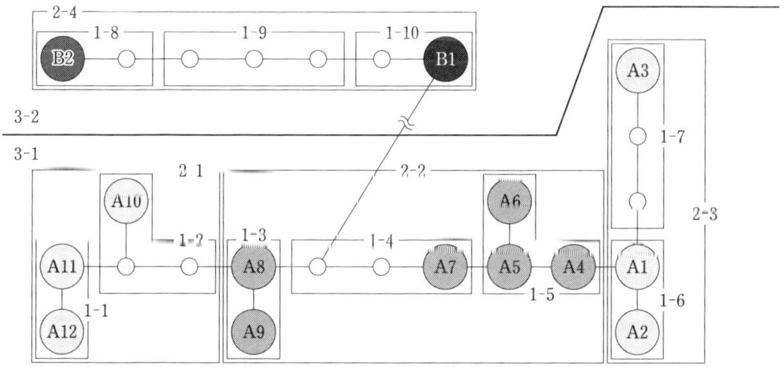

図9　ウチヤマセンニュウのハプロタイプのネットワーク樹と入れ子状クレード。1-○は最初に囲った入れ子状クレードを，2-○は2番目に囲った入れ子状クレードを，3-○は3番目(最後)に囲った入れ子状クレードを示す。地理的な偏りに有意差が見られたクレード(図10参照)にもとづいて，Interiorのハプロタイプを濃い灰色で塗りつぶした丸で示し，Tipのハプロタイプを薄い灰色の丸で示した。A○およびB○はハプロタイプの番号で図8の系統樹に示されたハプロタイプ番号と一致する。

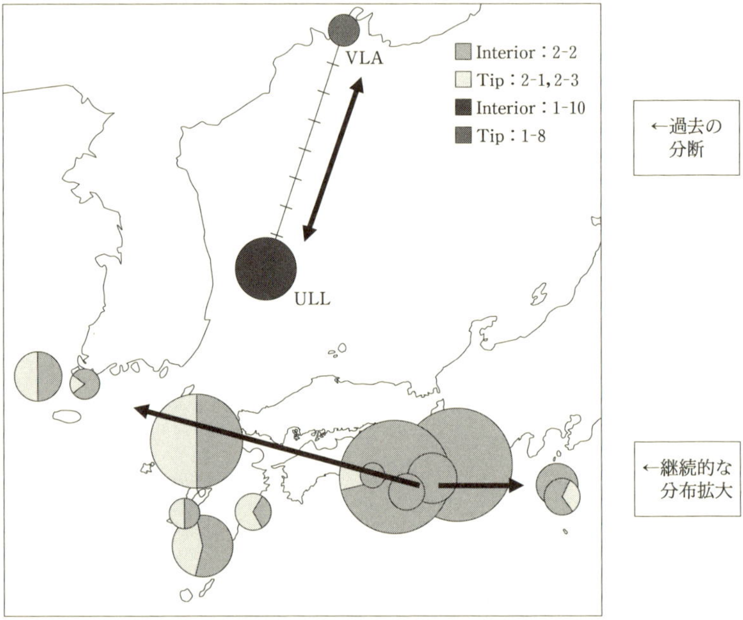

図 10　ウチヤマセンニュウに見られる偏った地理的分布を示すクレードの分布とその系統地理学的解釈

た集団によって最初は紀伊半島周辺に系統群 A の初期集団が形成され，その後，伊豆諸島および西方に分布を拡大しながら，朝鮮半島の南西部の島々にまで分布を拡大してきたことが推定される。この集団拡大は，最終氷期の前の氷期であるリス氷期と年代的に一致するため，海水面の低下にともなって隆起し拡大した島嶼環境を利用して行われたものと推測される。

Seki et al.(2007) は繁殖地域が日本周辺の島嶼域という意味でウチヤマセンニュウと分布パターンが比較的似通っているカラスバト *Columba janthina* の系統地理学的分析を行った。その結果，小笠原諸島の亜種アカガシラカラスバト *C. j. nitens* が基亜種 *C. j. janthina* から大きく分化しているが，先島諸島の亜種ヨナクニカラスバト *C. j. stejnegeri* は遺伝的にはまだあまり分化していないことなどが示された。特に興味深いことに，ヨナクニカラスバトから基亜種への遺伝子流動は起こっているが，逆の遺伝子流動がないためにヨナクニカラスバトがその亜種形質を維持しているであろうことが示唆された。

基亜種カラスバトの集団の歴史の推定は，ヨナクニカラスバトを含む系統群全体としては限られた遺伝子流動による距離に応じた隔離が起こってきたこと，つまり分散能力が限られている動物における通常の集団構造であることが示唆された。他方で，あるクレードを見れば，沖ノ島，五島列島，トカラ列島から伊豆諸島や沖縄への分布域拡大を起こしたことが示唆された。この分布拡大はウチヤマセンニュウと類似した結果といえる。

4. 生物地理区の境界線

ウチヤマセンニュウやカラスバトの例で見たように，分子系統や系統地理学的分析によって集団の由来と歴史はかなり詳細に推定できるようになってきた。そのような研究例が将来蓄積されれば，日本の鳥の集団構造と由来の概観をつかむことにつながると期待できる。だが，日本の鳥類についてのそのような分析はまだそれほど多く行われてはいない。そのため，日本の鳥類の集団構造の概観をつかむには，古くから研究されてきた生物地理学的な分析にも依然頼らざるを得ない。以下に，限定的ながらこれまでに得られているDNA分析による集団分断の年代推定を合わせて見ながら，日本周辺の3つの生物地理境界線の重要性について再評価を試みる。

ブラキストン線

生物地理学的な手法を日本の動物に初めて適用して，日本列島の鳥の由来について最初に研究したのは，1861年ごろから1891年までの約30年間函館に住んで自然史研究を行ったイギリス出身の博物学者トーマス・ブラキストンである。彼は鳥類や哺乳類を意欲的に採集し，比較研究した結果，ヨーロッパから極東までユーラシア大陸の中緯度地方に広く分布する鳥や哺乳類のほとんどが北海道までは分布しているが，津軽海峡を越えて分布するものは少ないことを見つけ，津軽海峡はユーラシア大陸の多くの動物の分散に対する巨大な障壁であると考えた。この生物地理学的境界は，今日では「ブラキストン線」と呼ばれている。

ブラキストン線で分けられる鳥類として，10組の留鳥がいる（ヤマゲラとアオゲラ，ミヤマカケスとカケス，シマエナガとエナガ，シロハラゴジュウカラとゴジュウカラ，エゾフクロウとフクロウ，エゾヤマセミとヤマセミ，エゾオオアカゲラとオオアカゲラ，エゾアカゲラとアカゲラ，エゾコゲラとコゲラ，キタキバシリとキバシリ。ヤマゲラとアオゲラは種の違い，それ以外は亜種の違い)。ユーラシア大陸の東側まで分布を広げながらもブラキストン線を越えられなかった北方性の鳥類は5種いる(エゾライチョウ，ワシミミズク，シマフクロウ，コアカゲラ，ハシブトガラ)。逆に，南方からブラキストン線を越えられなかった留鳥も5種いる(ヤマドリ，キジ，イワヒバリ，オオセッカ，コジュリン)。ブラキストン線で形態分化が見られない鳥類は，北方性の留鳥が9種(ノスリ，オオタカ，クマゲラ，キクイタダキ，コガラ，マヒワ，イスカ，ウソ，ホシガラス；ただしオオタカは北海道の集団が亜種チョウセンオオタカとして本州の集団と区別されることがある)，南方性の留鳥が15種(ツミ，モズ，ウグイス，ムクドリ，オオコノハズク，カワガラス，ミソサザイ，イソヒヨドリ，ヤマガラ，ハシブトガラス，ミサゴ，トビ，クマタカ，ヒヨドリ，メジロ)，そして，亜種の分布が広いため北方性か南方性かが判断できない留鳥が11種いる(イヌワシ，ハイタカ，ハヤブサ，チョウゲンボウ，ハクセキレイ，セグロセキレイ，カヤクグリ，ヒガラ，シジュウカラ，スズメ，ハシボソガラス)。

これらをまとめると，北海道と本州に分布する留鳥のうち，20種ほどでブラキストン線が亜種の境界になったり分布の境界になったりしており，35種ほどでは境界になっていない。津軽海峡が非常に狭いことを考慮すると，これは飛翔力のある鳥類の分散障壁としてはかなり強いものといえる。特に北方性の鳥類にとっては，15種にとって障壁になっており，9種から20種にとって障壁でないことになるので，およそ半数もの鳥類にとって障壁といえる。南方性の鳥類にとっては，15種対15〜26種で，その割合は少し下がる。また本州では留鳥であるが北海道では夏鳥として見られる鳥が16種いる(チュウヒ，チゴハヤブサ，ウズラ，トラフズク，アオジ，クロジ，イカル，ヒバリ，キセキレイ，トラツグミ，キジバト，ホオジロ，カワラヒワ，カワセミ，ニュウナイスズメ，アオバト)ことを考慮すると，南方性鳥類にとっての障壁としては若干弱いといえる。

ブラキストン線で分けられる10組の鳥は，分けられる分類階級はさまざまである。ヤマゲラとアオゲラの両者は種が異なるが，ミヤマカケスとカケス，シマエナガとエナガは亜種群が異なり，また，シロハラゴジュウカラとゴジュウカラ，キタキバシリとキバシリは亜種レベルでしか違わない。これらは分断の歴史の長さを反映しているようである。mtDNAの塩基配列の違いから分岐年代を推定すると，種が違うヤマゲラとアオゲラは500万年前に，亜種群が違うミヤマカケスとカケスは200万年前に，亜種が違うシロハラゴジュウカラとゴジュウカラ，エゾコゲラとコゲラは30〜20万年前に分岐したことが示唆されている。同じ亜種が分布するカヤクグリについてはmtDNAにおいてもほとんど分化していない。

対馬線

次に，朝鮮半島との境界線の重要度を考えてみる。朝鮮半島と九州・本州は，ともに同じ気候区の温帯域に属する。そのため，その境界線はブラキストン線や後述する蜂須賀線ほど重視されてこなかった。その境界が対馬の東にあるか西にあるかで議論があるが，その問題は西海(2006)を参照いただくとして，ここでは対馬海峡の障壁としての重要性について評価してみる。

対馬線で分けられる留鳥性の陸鳥類として16組がある。アオゲラとヤマゲラの1組だけが別種で，残り15種は亜種で区別される(キジ，オオコノハズク，オオアカゲラ，コゲラ，ハクセキレイ，ウグイス，ヒガラ，エナガ，ヒバリ，ミソサザイ，ホオジロ，カワラヒワ，オナガ，カケス，ハシブトガラス)。朝鮮半島の南端にまで分布を広げながら九州・本州に繁殖分布できなかった留鳥は10種おり(コウライバト，アカハラダカ，エゾライチョウ，ワシミミズク，モリフクロウ，キタタキ，カンムリヒバリ，ダルマエナガ，ハシブトガラ，カササギ)，逆に九州から朝鮮半島に分布を広げられなかった鳥は7種いる(クマタカ，ヤマドリ，アオバト，カラスバト，ヤマセミ，コマドリ，セッカ)。対して，同じ亜種が分布している留鳥は24種おり，そのうち朝鮮半島から日本列島に入ったと図2で推定された鳥は8種(ツミ，キジバト，ヤマセミ，アカゲラ，モズ，イワヒバリ，ゴジュウカラ，ムクドリ)，逆に日本列島から朝鮮半島に入ったと推定された鳥は3種(ヒヨドリ，ヤマガラ，メジロ)，どちらともいえなかった鳥が13種いる(イヌワシ，ハイタカ，ハヤブサ，チョウゲンボウ，カワセミ，キセキレイ，カワガラス，イソヒヨドリ，トラツグミ，シジュウカラ，ニュウナイスズメ，スズメ，ハシボソガラス)。

まとめると，対馬線周辺に分布する留鳥のうち34種が亜種の境界になったり分布の境界になったりしており，24種にとっては境界になっていない。これはブラキストン線と比べても分散障壁としてより強いものといえる。朝鮮半島と九州・本州はともに同じ気候区に属するが，両地域の鳥相は大きく異なり，大陸と島との違いを意味していると解釈できそうである。

対馬線で分けられる16組の鳥では，ブラキストン線と同様に分けられる分類階級はさまざまである。アオゲラとヤマゲラは種が異なるが，カケスとミヤマカケス，ウグイスとチョウセンウグイスは亜種群が異なり，また，エナガとチョウセンエナガは亜種レベルでしか違わない。ホオジロはチョウセンホオジロを含む大陸の他の亜種と比べて，頬の黒さや細くて長い嘴などの点で特異であり，亜種群の違いに近い。

Nishiumi & Kim(2004)は10種の陸鳥類で韓国と本州の集団の遺伝的分化を調べた。mtDNAの塩基配列の違いから分岐年代を推定すると，種が違うヤマゲラとアオゲラは500万年前に，亜種群が違うミヤマカケスとカケスは200万年前に，ウグイスとチョウセンウグイスは120万年前に分岐したことが示唆されている。意外なことに，亜種が違うエナガとチョウセンエナガやホオジロとチョウセンホオジロの間では，ともに遺伝的な差異が検出されなかった。ちなみに同じ亜種が見られるモズ，スズメ，ヒヨドリ，メジロでも，遺伝的な差異はほとんど検出されなかった。亜種間でmtDNAに遺伝的な差異が検出されなかったことは朝鮮半島の亜種と本州の亜種が最近数万年くらいで分岐し，急速に形態分化したか，あるいは長期間にわたってわずかな遺伝子流動を保ちながらも形態分化を維持してきたことを示唆する。どちらがより妥当であるかは，今後さらに多くの種での比較や，さらに多くの個体や集団の系統地理学的解析によって解明していく必要がある。

蜂須賀線

南西諸島には旧北区と東洋区という2つの大きな地理区を分ける重要な境界線がある。哺乳類，両生爬虫類などの陸棲動物では，トカラ海峡に渡瀬線と呼ばれる境界線が引かれるのに対し，鳥類では八重山諸島と沖縄との間に蜂須賀線が引かれてきた(Hachisuka 1926；黒田 1931；山階 1955)。筆者自身は台湾と与那国島の間に境界線を引くのが良いと考えているが(西海 2006)，その問題はここでは省き，ブラキストン線と対馬線と比較して蜂須賀線周辺の障壁としての重要性を以下に評価する。

蜂須賀線周辺，つまり南西諸島で分けられる留鳥性陸鳥類としては，種で分けられる11組がおり(ヤンバルクイナとカラヤンクイナ，アマミヤマシギとヤマシギ，リュウキュウコノハズクとコノハズク，タイワンジュズカケバトとカラスバト，ヤマゲラとアオゲラ，ノグチゲラとオオアカゲラ，ハクセキレイとセグロセキレイ，セグロコゲラとコゲラ，アカヒゲとコマドリ，タイワンコウグイスとウグイス，キバラシジュウカラとシジュウカラ)，亜種など種より低い分類階級で分けられる22種がいる(ツミ，ヒクイナ，カラスバト，キジバト，オオコノハズク，アマツバメ，アカショウビン，コゲラ，オオアカゲラ，サンショウクイ，ヒヨドリ，イワヒバリ，トラツグミ，イソヒヨドリ，ウグイス，セッカ，キビタキ，サンコウチョウ，シジュウカラ，ヤマガラ，メジロ，ハシブトガラス)。台湾には分布するが琉球列島には分布しない陸鳥の留鳥は90種にものぼり，ゴシキドリ科，チメドリ科，ダルマエナガ科，ハナドリ科，コウライウグイス科，オウチュウ科など科のレベルでも数多い。九州に分布するが琉球列島や台湾には分布しない種は14種いる(イメソシ，フクロウ，ヤマセミ，ヒバリ，モズ，コガラ，エナガ，キバシリ，ホオジロ，ホオアカ，カワラヒワ，イカル，ムクドリ，ハシボソガラス)。対して，台湾から九州まで同一亜種が分布する種はわずかに8種しかおらず，そのうち南方由来と思われるのが2種(ミサゴ，ヒメアマツバメ)，どちらか判断できないのが6種いる(カワセミ，キセキレイ，カワガラス，イソヒヨドリ，ニュウナイスズメ，スズメ)。

陸鳥にとっての3つの境界線で分けられる種の割合を図11にまとめる。四角で囲んだ数値は分子が分母に対して大きいほど境界で分けられる分類群

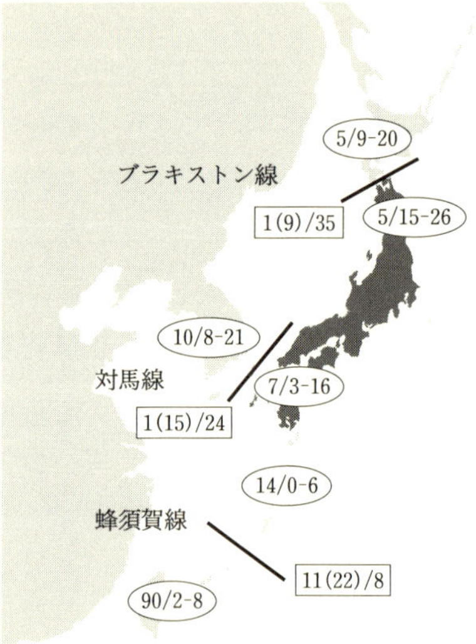

図 11　日本における鳥類の生物地理境界線とそこで分けられる陸性留鳥の種の割合。四角で囲んだ数値は各生物地理境界線を境に異なる近縁種が分布する組数を，カッコ内は異なる亜種が分布する種の数を示し，/の後は同じ亜種が分布する種の数を示している。楕円で囲んだ数値は境界線のそれぞれの側から「境界線を渡れなかった種の数」/「境界線を渡って同一亜種が分布している種の数」を示している。蜂須賀線に示された種数はその周辺(南西諸島のいずれかの場所)に境界をもつ種の数が示されている。

の分類階級が高いこと，つまり分散障壁がより強いことを示す。楕円で囲んだ数値は境界線のそれぞれの側の鳥から見た境界線の分散障壁としての強さを示し，同様に分子が分母に対して大きいほど分散障壁がより強いことを示す。図 11 から南西諸島はブラキストン線や対馬線と比べて，陸鳥類の分散に対する極めて強い障壁となってきたことがわかる。それは，南西諸島に旧北区と東洋区という 2 つの生物地理区を分ける境界線があることと，九州と台湾が南西諸島の島々を間に挟みながらも 1,000 km もの距離で隔たっていることが大きく影響していると思われる。

南西諸島での形態分化と遺伝的な分化との関係を mtDNA で調べると，次のようになる。まず，種間の分岐から見ると，タイワンコウグイスとウグイスは 600～500 万年前に分かれた。日本のウグイスはフィリピンウグイスとより近い関係にあり，両者は 300～200 万年前に分岐したと推定され (Hamao et al. 2008)，キバラシジュウカラとシジュウカラは 400 万年前ごろに (Packert et al. 2005)，アカヒゲとコマドリは 300 万年前ごろに分岐したと推定されている (Seki 2006)。Nishiumi et al. (2006) は 8 種の陸鳥類で台湾と本州の集団間の遺伝的分化を調べた。両地域の集団が亜種群で分けられるヤマガラ，ゴジュウカラ，メジロ，カケスについては，310～240 万年前，亜種で

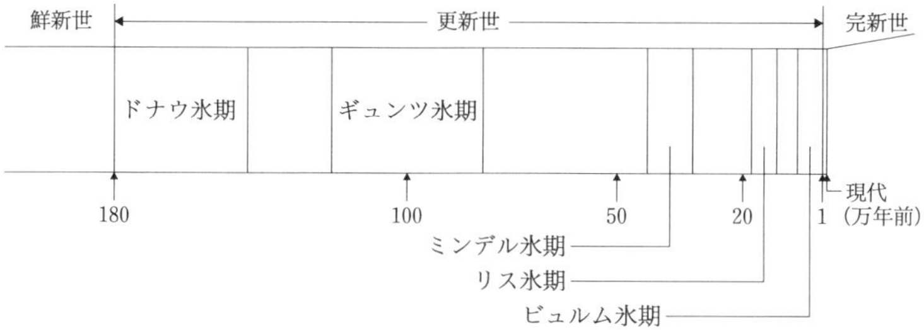

図 12　更新世の 5 つの氷期とその年代(年代はジェンキンス，2004 にもとづく)

分けられるヒヨドリ，セッカ，ハシブトガラスについては，17〜9 万年前に分岐したと推定された。形態分化が進んでいる種ほど，遺伝的分化も進んでいることがわかる。同じ亜種の鳥はスズメしか調べられなかったが，台湾と本州の集団間で 9 万年に相当するわずかな遺伝的分化が見られた。

亜種群の分化が見られる種では，氷河期と間氷期を繰り返した更新世よりも前の鮮新世の後期に集団の分化が始まり，亜種レベルでの形態分化が見られる種では，リス氷期に現在の集団の分化が始まったことが示唆された(更新世の気候変動と氷期の年代については図 12 を参照)。上記 8 種のうち，ヤマガラ，メジロ，ヒヨドリ，セッカ，ハシブトガラスの 5 種の起源は，近縁種の分布や種内系統樹の樹形などから考えてほぼ間違いなく南方である。上記の通り，台湾と本州の差異が大きいメジロ，ヤマガラと，差異がわずかなハシブトガラス，ヒヨドリ，セッカとに分けられるが，これらはどの種も，南西諸島と本州の集団間の遺伝的差異はごくわずかである。更新世後期の温暖期には，海進により南西諸島の島々の面積がかなり小さくなり，多くの集団が絶滅したと考えられるが，そのときに避難所の役割を果たしたのが，前者の場合は日本本土で，後者の場合は台湾であったと推測される。ハシブトガラス，ヒヨドリ，セッカはその後，最終氷期から完新世にかけて，台湾から日本本土にまで分布を急拡大したようである。メジロとヤマガラも，九州から北海道まで同時期に分布を拡大したが，それらと台湾の集団とは分かれたままで交流はなかったと解釈できる。

ただ，このような解釈が妥当であるかどうかは，より多くの集団と個体から DNA サンプルを採取し，系統地理学的な分析を行って検証する必要がある。

5. 今後の課題と展望

形態分化と遺伝的分化の関係をまとめると，日本の 3 つの地理境界線のいずれの地域でも姉妹種の分化や亜種群の分化はおよそ 300〜200 万年前に起こったが，亜種の分化はブラキストン線と蜂須賀線では 30〜10 万年前に起こり，対馬線では数万年前に分化したか，あるいはわずかな遺伝子流動を現在も保っていることが示唆される。図 2 でも図 11 でも，形態的分析からは西方由来の種は北方由来と比べて少ないという結果が得られた。ただ，遺伝的分析から得られた朝鮮半島の亜種との遺伝的近さを考慮すれば，形態分析によっては由来の方向の判断がつかなかった種の多くが西方由来であることも予想される。集団間の分子系統地理学的な比較を多くの種で広く行っていくことで集団の由来の全体像を解明していく必要がある。

現代(完新世)が温暖期であることを考えると，南から北へ動いた鳥が多いと思われ，北方由来の鳥が多いという先程の結果はそうした常識に反する。分布が北方に広がっているから北方由来と考えるのではなく，北方由来にみえる種のなかには逆に本州の集団を祖先集団として北方に広く分布を拡大した種もある可能性がある。それは西方由来と思われる種でも同じである。

日本列島は単に異所的な種分化の舞台となってきただけではなく，日本列島で分化し多様化した種の一部はもう一度大陸に戻ることで大陸の種多様性をさらに高める役割も果たしてきたのかもしれない。系統地理学的な分析をさまざまな種で進めていくことによって，日本列島などの島嶼が地球上の生物の種多様性に与えてきた影響が見直される日がくるかもしれない。

第3章 移動能力の高いカモメ類の遺伝的構造

長谷川 理

1. 移動能力の高さと遺伝的構造

空を飛ぶことのできる鳥類は，哺乳類や爬虫類などの歩行性動物に比べて移動能力が高く，地理的障壁による遺伝的交流の制限が生じにくい。実際，鳥類は他の脊椎動物と比べて，種間および種内(個体群間)の遺伝的分化の程度が小さいことが知られている(Avise & Aquadro 1982, Cooke & Buckley 1987)。それでも陸鳥であれば，海が移動分散を妨げる要因となりうるだろう。いくら飛べるとはいえ，地面が途切れていれば移動の制約を受ける。そのため陸鳥では，歩行性動物ほどではないにしろ，陸地の分断と遺伝的分化が一致する場合が多い。日本でも津軽海峡などの海を挟んで異なる鳥類相が見られたり，南西諸島などの島嶼で多くの固有種や固有亜種が見られたりする(第2章)。しかし海鳥にとっては，海は移動分散を妨げる地理的障壁とはならない。なかでもカモメ類のように飛翔能力に優れ，簡単に海を飛び越えて行けるような種にとっては，地域間の移動を妨げる障壁はほとんどない。そうした種では遺伝的交流の制限は起こらず，地域個体群間の遺伝的分化は生じにくいように思われる。

遺伝的交流の制限がないと思われるような種を対象に，DNA 分析を用いて遺伝的構造(genetic structure：遺伝的変異の個体群構造)を解明するのは，一見無駄なように思える。実際，明確な遺伝的構造が見られず，種内の遺伝的特徴が均一である場合も少なくない(Nei 1987, Avise 2000)。しかし近年のDNA分析の発展により，予想以上に多くの種で明確な遺伝的構造が確認されている(Avise 2000, Smith et al. 2007)。

Friesen et al.(2007)は，海鳥類の遺伝的構造を調べた約40編の論文をもとに，対象種が生息する地域の地形や，現在の個体群サイズ，繁殖地間の距離，繁殖地の分布様式などの特徴と，遺伝的構造の有無が相関するかどうかを調べた。それによると，海鳥にとっては，陸地が遺伝的分化をもたらす1つの要因となりうるようだ。海鳥は，海中に潜って餌を捕ったり海面に降りて翼を休めたりすることができるため，海峡などが移動分散を妨げることはない。しかし，餌場ではなく，しかも障害物の多い陸地は，多くの海鳥にとって移動の障壁となるのであろう。過去の地形が影響を及ぼしている場合も多い。氷河期に海が凍りついて陸化したり，海水面が下がって陸地が形成されることよって移動分散が妨げられたらしい。その際に生じた遺伝的分化が現在まで残っているという推測が，多くの種について報告されている。ただし，陸地の存在だけでは説明できない遺伝的分化も多く見られる。

最も遺伝的構造の有無と関係しているとされた要因は，越冬期の移動様式であった。例えば，越冬期に南方へ移動するもののはっきりした越冬地が決まっていない種や，越冬期間中に頻繁に滞在場所を変える種では，繁殖地間の遺伝的差異はなく，遺伝的構造が見られない。おそらく越冬期間中に，異なる繁殖地出身の個体どうしが出会い，繁殖地間の遺伝的交流が促進されるためだと考えられる。逆に，繁殖地と対応するように越冬地がはっきり定まっている種や，越冬期でも長距離移動をせずに繁殖地近辺に留まる種では，繁殖地間の遺伝的分化が見られ，明確な遺伝的構造が形成されていた。このように海鳥では，過去も含めた陸地の有無という地理的要因に加え，越冬期の移動様式といった行動要因も，遺伝的構造の形成に影響しているようだ。

海鳥のなかで最も移動分散における制約が少ないのはカモメ類であろう。他の海鳥，例えばウミガラス類やウ類をはじめとする潜水行動に適したタイプと比べて，格段に飛翔能力が高い。ミズナギドリ類などと比べると飛翔能力で劣るかもしれないが，その分，障害物の多い陸上の移動も可能である。カモメ類は，海上でも陸上でも移動可能な万能タイプで，どちらも移動の障壁とならない。さらに，カモメ類は越冬期を通して各地を放浪することが多いようなので，繁殖地間の交流も生じやすいと考えられる。それゆえカモメ類には，遺伝的に隔離された個体群や，地域固有の遺伝的特徴の偏りなどはないように思われる。

しかし一方で，カモメ類には世界に約50種以上もの種・亜種が知られており(del Hoyo et al. 1996)，多岐にわたって種分化したこともうかがわれる。特に北半球に広く分布する大型カモメ類は，種や亜種といったおよそ30の分類群に分けられている。この大型カモメの仲間は，形態的に非常によく似ており，種間交雑も頻繁に確認されている(Pierotti　1987)。ミトコンドリアDNA(mtDNA)のチトクローム *b* 領域を用いた研究からも近縁な系統関係が明らかとなっているが(Crochet et al. 2000, Pons et al. 2005)，こうした種・亜種の間には，いったいどの程度の遺伝的差異が生じており，またそれらの遺伝的構造はどうやって形成されてきたのだろうか。

本章では，日本で繁殖する２種のカモメ類と，北半球に広く分布する大型カモメ類の遺伝的構造に関する研究を紹介する。移動能力が高く分布拡大の速度も速いカモメ類の遺伝的構造にどのような特徴が見られ，その形成過程にどのような要因が作用しうるのか概説する。

2. ウミネコとオオセグロカモメの遺伝的特徴の違い

日本では，ウミネコ *Larus crassirostris* とオオセグロカモメ *L. schistisagus* の２種が繁殖する(図1)。ウミネコはオホーツク海周辺から九州や朝鮮半島に至る日本近海で，オオセグロカモメはカムチャツカ半島周辺から東北地方にかけて繁殖する。ウミネコの分布域の方がやや南に位置するが，北海道周辺では２種の分布域が重なっており，同所的に繁殖している。どちらも基本的に魚食性であるが，貝類や甲殻類，人間の出す残飯なども食べる。沿岸域に営巣する点は共通しているが，巣の集合性には違いが見られ，ウミネコが数百～数千という大きな繁殖コロニーをつくるのに対し，オオセグロカモメは数十～数百程度の小さなコロニーをつくる場合が多く，単独営巣も見られる。両種とも現在の個体数は多く，過去においても個体数が減少したという経緯

図1　ウミネコ(左)とオオセグロカモメ(右)。南波興之氏撮影

は知られていない。また，ともに飛翔能力にすぐれており，すべて海で囲まれている日本周辺において移動分散を妨げる地理的要因はないように思われる。

筆者らが行ったmtDNAコントロール領域約420塩基対を対象とした研究では，2種ともに明確な遺伝的構造は見られなかった(Hasegawa 2004)。個体群間で多くのハプロタイプ(遺伝子型)が共有され，どの個体群の遺伝的特徴も似通っていた(図2)。オオセグロカモメでは調査地点が少なく，広い範囲の評価ができないが，少なくともウミネコでは，海峡による遺伝的分化などは認められなかった。両種とも越冬期に南方へ移動するが，特定の越冬地に留まることはなく，広範囲を移動しながら過ごしているようだ(長ほか 未発表)。越冬期に異なる繁殖地出身の個体間で交流が促進されているか，繁殖地に帰る際に出生地以外の地域に分散するため，繁殖地間の遺伝的分化が起こらないのではないかと考えられる。

ただ，ウミネコでは遺伝的特徴がやや異なる個体群も観察された。南方の個体群では北方の個体群よりも保有するハプロタイプ数が少なく，他の個体群との間に遺伝的差異が見られた。これらの遺伝的差異は，各個体群が固有のハプロタイプを保有しているためではなく，ハプロタイプの一部が高頻度に偏って存在することから生じている。不特定のハプロタイプがランダムに

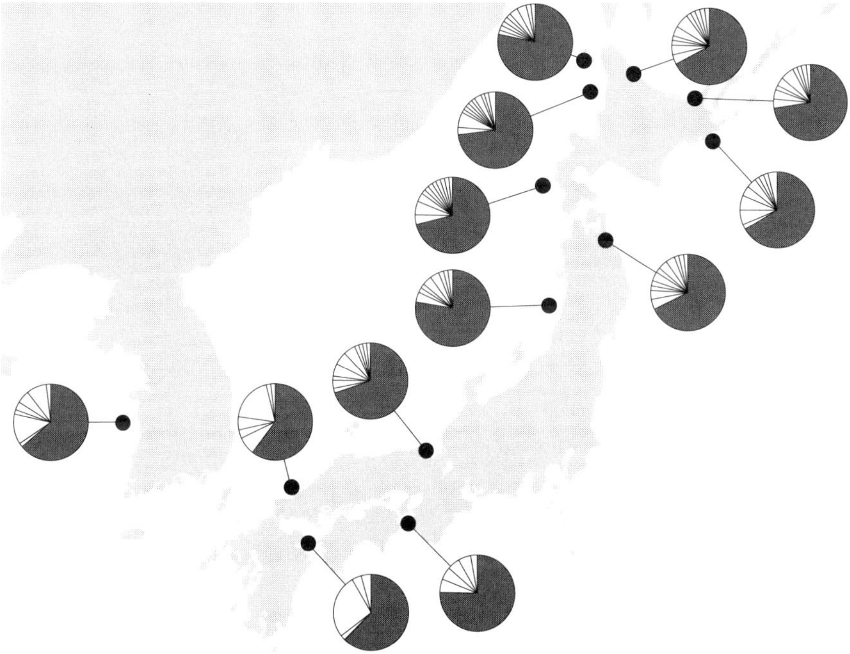

図2　ウミネコ個体群におけるハプロタイプ(遺伝子型)の頻度構成。灰色で示した部分のみ同じハプロタイプを示す。すべての個体群が同じタイプを高頻度で共有するため，個体群間の遺伝的差異はほとんどない。どの個体群も遺伝的多様度は低いが，南方の個体群は北方の個体群よりもさらにハプロタイプ数が少なく多様度が低い。

頻度を増したり消失したりするのは，過去に遺伝的浮動が生じた結果だと考えられる。おそらくこれら南方の個体群には，個体群が創設された際に作用した遺伝的浮動の影響が残っているのではないだろうか。

2種の違いで最も顕著だったのは，ウミネコの遺伝的多様性がオオセグロカモメに比べて非常に低かった点である。ウミネコでは調査した13個体群から計38種類のハプロタイプが認められたが，どの個体群でもある共通のハプロタイプが全体の6〜7割以上の高頻度で存在し，その他のタイプはごく低頻度であった(図2)。個体群中のハプロタイプの頻度構成が非常に偏っていたため，遺伝的多様度が低くなったようだ。オオセグロカモメでは，ウミネコのような極端な偏りは認められず，各個体群の遺伝的多様性は高かった。ハプロタイプ間の系統関係を示すネットワーク図を作成すると，ウミネ

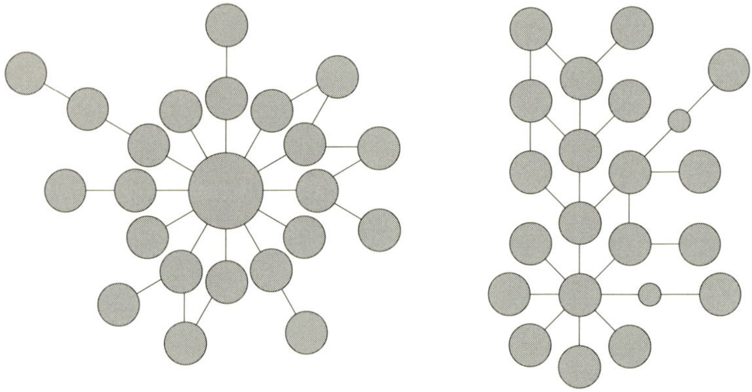

図 3　ウミネコとオオセグロカモメについて，ハプロタイプ間の系統関係を表すネットワーク図。それぞれの円は，mtDNA コントロール領域約 420 bp の塩基配列をもとに判定したハプロタイプを示す。ウミネコでは中心のタイプからそれ以外のタイプが放射状に派生していることから，過去に急激な個体数増加があったと推測される。

コでは放射状の形状を示した(図 3)。中心に位置する最も高頻度に見られたタイプから，ごく短い期間に残りのタイプが派生したと考えられる。このことから，ウミネコは比較的最近，急激な個体数増加を経験していると推測された。一方のオオセグロカモメでは広がりをもった形状となった。新たなタイプが塩基置換によって生じる過程で，徐々にその頻度を増やすことが可能であったこと，つまりウミネコに比べて個体数が安定していたことが推測できる。

個体数増加の時期を推定すると，ウミネコでは最終氷期の終わる時期もしくはそれ以降(約 1 万 5,000〜5,000 年前)となり，比較的近い過去に急激な個体数増加を起こしたと推測された。オオセグロカモメでも過去に個体数増加の時期があったものの，その時期はウミネコよりももっと前の最終氷期途中(約 5 万年前)であり，その後の個体数は比較的安定していたと推測された。ウミネコは大型カモメ類のなかでも早い時期(約 130〜100 万年程度前)に分岐しているとされており(Crochet et al. 2002)，分岐時期はオオセグロカモメよりもずっと早い。ウミネコにも遺伝的多様性を蓄積する時間が十分あっただろうが，現在の数十万に至る個体の遺伝的構造は，比較的最近の個体数増加によって形成されたと考えられる。

ウミネコは最終氷期が終わりに近づいて温暖化に向かうまでは，個体数や分布域を拡大することができなかったのではないだろうか。例えばウミネコはオオセグロカモメに比べて営巣地の制約が大きかったのかもしれない。ウミネコは陸上捕食者が近づきにくい離島などに，非常に大きな繁殖コロニーを形成するため，陸化の進んでいた氷河期には適した営巣環境が限られていた可能性がある。両種ともに移動能力が高く，現在の個体数が多いことから，2種の遺伝的構造に違いがあることは予想していなかった。こうした違いは，それぞれの行動や生態の違いがもたらしたと考えられ，移動能力および地理的障壁以外の要因が遺伝的構造の形成に影響を及ぼすことを示唆している。

3. 大型カモメ類の種間の遺伝的差異

オオセグロカモメを含め北半球に広く分布する大型カモメ類の遺伝的構造の成り立ちを推測するには，各種ごとの遺伝的特徴だけでなく，近縁種との遺伝関係も考慮する必要がある。形態的にも非常によく似ており(図4)，遺伝的交流があるかもしれないためだ。

大型カモメのうち，特にニシセグロカモメ *L. fuscus*，セグロカモメ *L. argentatus*，キアシセグロカモメ *L. cachinnanns* を中心としたグループ(*fuscus-argentatus-cachinnans* complex と呼ばれる)は，北極海を中心に円を描くように分布していることから，環状種(ring species)の代表として知られてきた(Mayr 1963)。環状種とは，ある種(または複数の種や亜種)の分布域が連続しており，隣り合った地域では遺伝的(形態的)差異が小さいものの，地域変異の積み重ねによって環が一周して交わった地点で差異が大きくなる(生殖隔離などが生じる)という現象をもつ種あるいはグループのことである(Mayr 1963)。大型カモメ類の場合，起源はアラル海やカスピ海周辺だと考えられており，*L. fuscus* や *L. argentatus*(どちらも複数の亜種に分類されている)が北極海を中心に分布し，ヨーロッパでその環が閉じていると考えられてきた。

DNA分析を用いた最近の研究から，これらの大型カモメ類は厳密には環状種でないことがわかってきた(Liebers et al. 2001, 2004, Martens & Packert 2007)。

図 4　異なる2種(亜種)の大型カモメ。先崎啓氏撮影・情報提供。背面や翼先端部の濃淡が異なる。脚や嘴などの色はこの写真から判別できないが，現場での目視およびカラー写真によると，*L. argentatus heuglini*(左)および *L. a. vegae*(右)と同定された。

環状種であれば隣り合った地域で遺伝的差異が小さく，地理的距離が遠ざかるにしたがってなだらかに連続して変化するため，遺伝的構造が非連続的な複数のグループに分かれることはないはずだ。しかし北半球に広く分布する大型カモメ類は，遺伝的特徴から2〜3のグループに分けることができ，隣り合った地域でも有意な遺伝的差異が見られる場合があった。

この大型カモメ類の遺伝的構造は，過去における個体数の減少や分布域の縮小に起因すると考えられる。氷河期の悪条件下で生息域が限定された際，複数の避難場所(refuge)において固有の遺伝的変異が個別に蓄積される。その後の温暖化による分布域の回復に応じて，再び現在のように分布域が連続するようになった。しかし過去の遺伝的特徴が残るため遺伝的には不連続なままである。このように分布域の拡大にともなって2つのグループが再び出会うことを，二次的接触(secondary contact)と呼ぶ。もし生殖隔離が完全でなければ，過去に(異所的に)遺伝的分化が生じたグループ間で(「種」として区別されている分類群間でさえ)交配(種間雑種)が起こる。そして互いの遺伝的特徴が他方に侵出する。こうした遺伝子浸透(introgression)により，いったん生じた遺伝的差異は徐々に均一化する。大型カモメ類の遺伝的構造は，気候変動による分布域の縮小や拡大にともなって変化を続けているようだ。

日本で冬季に観察される大型カモメは，セグロカモメ *L. argentatus vegae* (または *L. vegae*)やワシカモメ *L. glaucescens* などである。*L. argentatus* の別亜種 *L. a. heuglini* や *L. a. taimyrensis* もしばしば飛来するとされる(これらはニシセグロカモメ *L. fuscus* の亜種とされる場合もあるが，近年は独立種として扱われることが多く，日本でもホイグリンカモメなどの名で呼ばれる)。カスピ海周辺から中央アジアにかけて分布するキアシセグロカモメ *L. cachinnans* の1亜種とされてきた，モンゴルに生息する *L. c. mongolicus* も飛来するとされる。

Liebers et al.(2001)が報告した大型カモメ類の mtDNA の塩基配列データに，筆者らが分析した日本で繁殖するオオセグロカモメのデータを加えて系統関係を調べたところ，日本に飛来する大型カモメの種・亜種の間には，遺伝的差異がほとんどないことがわかった(図5)。最も高変異だとされるコントロール領域を分析したにも関わらず，オオセグロカモメは，アリューシャン列島などに分布するワシカモメやモンゴルに分布する *L. c. mongolicus*，さらに *L. a. heuglini* や *L. a. taimyrensis* とも同じハプロタイプを共有していた。実際 *L. c. mongolicus* は脚の黄色いキアシセグロカモメ *L. cachinnans* の亜種とされてきたが，オオセグロカモメと同様に脚はピンク色だという(Olsen & Larsson 2004)。*L. c. mongolicus* は遺伝的多様度が非常に低く，サンプリングに偏りがあった可能性もあるが，おそらく強いボトルネック(個体数の減少にともない低下した遺伝的多様性が，個体数の増加後も回復せずに低い状態となること)を受けたか，小さな創設集団から急激に個体数を増加させたと推測される。オオセグロカモメが比較的個体数を安定して維持していると推測できることから，*L. c. mongolicus* は極東に生息するオオセグロカモメから分岐した可能性が高い(Liebers et al. 2004 でも同様の考察がある)。*L. a. vegae* にはオオセグロカモメと共有するハプロタイプは見つかっていないが，1塩基しか違わないハプロタイプをもつことから，遺伝的差異は非常に小さいと考えられる。また *L. a. vegae* は，*L. a. timyrensis* や *L. a.*

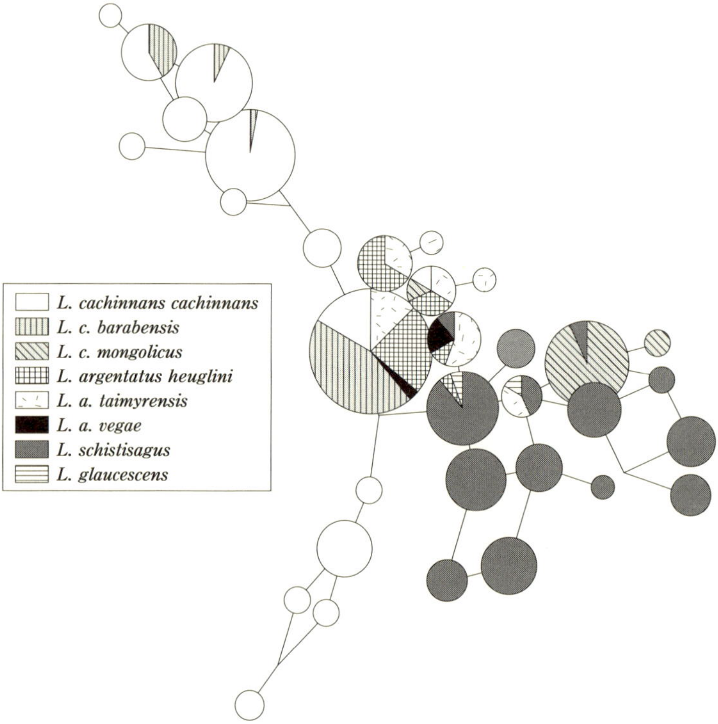

図 5　大型カモメ類の系統関係を表すネットワーク図。それぞれの円は，mtDNA コントロール領域約 450 bp（塩基対）の塩基配列をもとに判定したハプロタイプを示す。対象種・亜種ごとの解析サンプル数が異なるため，各ハプロタイプにおける頻度構成は本来の状態を表しているわけではないが，少なくとも複数の種・亜種が同じハプロタイプを共有している。

heuglini とも同じハプロタイプを共有していたため，これらの分類群間の遺伝的差異もほとんどないものと思われる。

以上の分析からは現在の遺伝的交流の有無は判断できないが，これら大型カモメの間には，遺伝的差異はほとんどないようである。前述した Friesen et al.(2007) の報告にあるように，越冬地での交流が繁殖地間の遺伝的交流を促進するとして，もし日本で見られる大型カモメが実際にロシア中央部やシベリア，アラスカなどの繁殖地から訪れているとすれば，これらの地域間の遺伝的交流や遺伝子浸透は越冬期の日本においてさらに促進されているかもしれない。

4. カモメ類の形態的特徴と遺伝的分化

大型カモメの種・亜種の判別基準は，しばしば議論の対象となってきた。これらの判別には，鳴き声や繁殖時期・換羽時期などが考慮される場合もあるが，主に背，翼(特に先端部；図6)，脚，虹彩，アイリング(眼の周囲)などの色，および体各部のサイズといった形態的特徴が指標となる(Pierotti 1987)。日本でも，例えば冬季に飛来した個体が何という種・亜種か，つまりどの繁殖地由来かという識別は，多くのバードウォッチャーにとって関心が高い。それでは日本に飛来する大型カモメの種・亜種間には，形態形質に明確な違いがあるだろうか。

残念ながら日本で観察される大型カモメ類についての繁殖地における計測データがほとんどないため，結論を出すことは難しい。Liebers et al.(2001)で示唆されたように，大型カモメ類では遺伝的に不連続な地域が存在するこ

図6　大型カモメ類の翼。富田直樹氏撮影・情報提供。大型カモメ類の識別には，風切り羽の黒色部分の面積や白斑の有無などが指標となる。写真の個体の形態的特徴(翼以外に，嘴など各部の計測値や色なども対象)は，*L. a. timyrensis* に関する既存情報に最もよく当てはまった。

とから，形態的にも不連続な地域があるかもしれない。しかし，日本に飛来すると考えられている種・亜種間では，非常に変異に富むmtDNA領域でさえ同じハプロタイプを共有していることから，形態形質も同様に重複していると考えるのが妥当ではないか。つまり，種・亜種(繁殖地)を明確に線引きできるような形態形質の差異はないと思われる。

ただし繁殖地間で各形質の平均値などを比較すると違いがあるのではないか。例えば背色の濃い個体が，ある繁殖地では大半を占めるが別の繁殖地では稀であるといったふうに繁殖集団の構成頻度が異なるとすれば，体サイズや色などを数値化した場合に，平均値には有意差が認められるであろう。また，多変量解析などにより複数の形質を用いて判別基準を設定すれば，明確に判別できる可能性もある。今後，日本を含めシベリア，カムチャツカ，モンゴルなどの繁殖地において，各々にどの程度の形態的な変異が存在するのか，そして各形質の変異が繁殖地あるいは種・亜種の間でどのように重なり合っているのか，より詳細で定量的な調査が期待される。

形態的特徴のうち，配偶者選択(mate choice)に関わるような形質であれば，種・亜種間に明確な違いをもたらすかもしれない。大型カモメ類では，嘴や虹彩，アイリングの色などは配偶者を認識する上で重要であり，種や亜種間の相違をもたらすと考えられている(Pierotti 1987)。ただし，これらの形質の役割は，種や地域個体群によって異なる可能性は高い。

L. argentatus と *L. cachinnans* の二次的接触が見られるヨーロッパでの研究では，中立遺伝子であるマイクロサテライトDNA(msDNA)領域の遺伝子型や，背中や脚の色といった形質が，種間で重複しており有意差がなかったのに対し，アイリングや虹彩の色については種間に有意差が認められた(Gay et al. 2007)。筆者らは，これらの形質に対する選好性が種間で異なり，各々の種で同類交配(assortative mating)があるため，違いが維持されているのではないかと考察している。また，*L. michahellis* の個体群間(地中海と大西洋)では，翼の上部や先端の色・模様は個体変異が大きいため明確な違いはなかったが，求愛時の鳴き声(トランペットコールやミュウコールと呼ばれる)では有意差が認められた(Pons et al. 2004)。

配偶者選択などの行動が生殖隔離(交配前隔離)をもたらせば，それに関わる形態(行動)形質は，それぞれの種・亜種(繁殖地)に固有の特徴として維持される。大型カモメ類の判別基準となる諸形質についても，こうした行動に関係しているかどうかで，種・亜種(繁殖地)間の差異が維持あるいは拡大しているのか，逆に均一化してきているのかという状況は異なるだろう。カモメ類の形態的特徴を観察するに当たっては，種・亜種名を同定することだけを目的とせず，各形態形質についての個体変異をしっかりと認識し，そうした変異が配偶者選択や種の認識などにどう関わっているかという点に注目する必要があるのではないだろうか。

5. 高い移動能力をもつ生物の遺伝的構造から見えてくるもの

移動能力が高いゆえに遺伝的交流の制限が生じにくいと思われる種を研究対象とする意義の１つは，地理的障壁以外の要因が，どのように遺伝的構造の形成に影響を与えるかを探ることにある。移動能力が高い種から，予想に反して遺伝的構造が確認されたなら，それはより貴重な情報となるだろう。

現在の遺伝的構造の成り立ちには，過去における個体数の変動や分布域の変化が影響している。鳥類は，他の分類群と比べて分布拡散の時期が新しいことから，現在でも過去の影響を残している種が多い(Avise & Walker 1998, Avise 2000)。ウミネコのように現在の個体数の多さに反して遺伝的多様性が非常に低い場合もあるし，大型カモメ類のように現在は分布域が連続していても過去には分断していたと推測される場合もある。このように現在の個体数や分布からの予測とは異なる場合が多々ある。また，種や個体群ごとの配偶者への選好性の違いや，出生地に対する高い定着性といった行動・生態的な要因が，移動能力に反して遺伝的交流を制限する。鳥類が，種間や個体群間の遺伝的差異が小さいにも関わらず，非常に多様な種分化をなしとげたのは，こうした行動・生態的な要因によると考えられている(Wyles et al. 1983, Nei 1987)。ウミネコとオオセグロカモメの違いについて推測したように，生態の違いが異なる遺伝的特徴をつくり出すと考えられる。地理的要因だけではなく，どのような行動や生態が影響を与えるか，さまざまな種で情報を蓄積していくことが必要だろう。

移動能力の高い種を研究対象とするもう1つの意義は，遺伝的構造の変化を捉えることにある。種または個体群間の遺伝的な関係は，安定に保たれているわけではない。遺伝的構造は常に変化しているのだ。現在見られる遺伝的差異は，徐々に均一化しているかもしれないし，逆にいっそう拡大しているかもしれない。移動能力が高く分布拡大も速い種だからこそ，個体数や分布域がダイナミックに変化し，遺伝的構造にもダイナミックな変化をもたらすのではないか。

鳥類では，行動による交配前隔離があったとしても，完全な生殖隔離(交配後隔離)をともなっていない場合が多い(Wyles et al. 1983, Nei 1987)。そのため，別種とされるような形態的あるいは行動的な違いがあるにも関わらず，種間交雑が頻繁に確認されている(Grant & Grant 1992, 1997)。生殖隔離がないか，不完全な状態のまま遺伝的分化をしているため，二次的接触が起こった場合，遺伝的(あるいは形態的)に異なる個体群間で遺伝子浸透が生じる。それゆえ，いったん生じた種間や個体群間の遺伝的分化が，二次的接触によりまた均一化していくのである。逆に，行動・生態的な要因であれ遺伝的交流がしっかりと制限されれば，たとえ二次的接触があったとしても，現在の隔離・分化のレベルはより強化(reinforcement)されると考えられる(Dobzhansky 1937)。現時点で非常に小さい遺伝的差異しかなくとも，各々の種(個体群)に固有の遺伝的変異が生じたり，遺伝的浮動の作用が働いたりして，遺伝的差異の程度は時間経過とともにさらに大きくなっていくであろう。

通常，遺伝的構造の変化過程を追跡することは簡単ではないが，例えばミトコンドリアとマイクロサテライトといった特徴の異なるDNAマーカーを併用することで，こうした遺伝的構造の変化の一端を解明できる場合もある(Gay et al. 2007)。移動能力が高く遺伝的構造が生じにくいと思われる鳥類などでも，研究を積み重ねることで，遺伝的構造の変化ひいては生物進化の過程が明らかになると期待される。

第II部

分布の変遷とその影響

第I部で見てきたように，鳥類の分布は不変ではない。過去の分布を知ることは，その鳥の生態や進化の変遷を知る上で非常に重要である。第4章では，日本におけるおよそ1万年間の鳥類の分布変遷に関する研究の現状を紹介する。具体的には，例えば遺跡から出土するアホウドリ類の骨試料から，形態と古代DNAの解析にもとづいて種を同定し，過去と現在の分布範囲について考察する。現在，アホウドリの繁殖地は伊豆諸島の鳥島と尖閣列島に限られ，日本海ではほとんど見られない。一方，北海道北端の礼文島にある遺跡の出土資料から，およそ1,000年前の歴史時代にはアホウドリの成鳥が北日本海からオホーツク海にも数多く生息しており，人間が狩猟して食料や道具に利用していたことが示される。

鳥類にとって卵を産んで子を育てる繁殖は重労働である。そのなかで托卵鳥は，自らは子育てをせず他の種に托卵するという独特の繁殖習性を発達させている。托卵鳥と宿主の利益は相反する。すなわち互いに相手を出し抜く方向への進化という意味で，両者は軍拡競争型の共進化をたどると予想される。ところが，種や同種内の地域個体群によっては托卵された卵を受け入れるものがいる。これはなぜなのか。一見，適応的とは思われないこの行動の謎に，最近，日本でカッコウが托卵するようになったオナガが答えを与えようとしている。第5章では，こうした問題に，集団の空間分布や移動分散などを考慮しながら数理モデルを用いて取り組む。

ある種が適応してきた生息環境に，突然，別の種が侵入してきた場合に何が起こるのだろうか？　第6章では，ササ薮という生息環境をめぐる在来種ウグイスと外来種ソウシチョウとの関係を論じる。営巣や採食などに微小環境を使い分けて両種がニッチ分割をしている可能性が示される。一方，高密度になったソウシチョウは捕食者を引き寄せるので，ウグイスの捕食圧が増すという見かけの競争の可能性が見えてきた。加えて，ソウシチョウを含む外来種が新天地で定着するための条件などが論じられる。

遺跡から出土した骨による過去の鳥類の分布復原

第4章

江田　真毅

鳥類の分布域は環境の変化に応じて絶えず変化する(Newton 2003)。鳥類の分布の記録がよく残っているヨーロッパや北米では，最近200年間において多くの種の分布域が変化したことが知られている。例えばノルウェイ，スウェーデン，フィンランド，デンマークの北欧諸国では，1850年と1970年の間の各10年間に平均2.8種が新たに繁殖するようになった一方，以前繁殖していた種のうち平均0.6種が繁殖しなくなった(Järvinen & Ulfstrand 1980)。日本では，江戸時代の享保・元文期(1730年代後半)などに各地の生物を記録した『諸国産物帳』が作成されている。この記載から当時の鳥類の分布を復元し現在と比較すると，いくつかの分類群で分布の変化が認められる(日本野生生物研究センター 1987)。例えば現在日本に稀にしか渡来しないコウノトリは，約250年前には東北地方以南の各地に分布していた。またツル科では，現在タンチョウが北海道の釧路湿原で繁殖し，マナヅルやナベヅルが山口県や鹿児島県で越冬するなど分布範囲は限られるが，1730年代には中部地方を除くほぼ全国に記載がある。

最近数世紀に鳥類の分布が変化した要因として，気候や人類の活動にともなう生息環境や食物環境の変化が考えられる。18世紀以降の化石燃料の使用などによる温室効果ガスの影響で，平均地上気温は過去100年間で0.74℃上昇した(IPCC 2007)。この気温の変化は北半球に生息するいくつかの種の分布の南限や北限を北に移動させたと考えられている(Newton 2003)。一方，最近数世紀の人間活動は，極相林や河川の氾濫原，自然の草地や海岸などの生息地を減少させながら，都市環境や農地を増加させてきた。またこれらの変化にともなう食物や巣場所，乾燥地域においては水の供給量の変化も鳥類の分布を変化させた可能性が指摘されている(Newton 2003)。

気候の変化やヒトの活動による環境の改変は，最近数世紀に限られたものではない。気温は約 12,000 年前の最終氷期終了後上昇し，約 6,500 年前をピークにその後約 150 年前まで下降してきた(小野ほか 2000)。また，ヒトによる森林の伐採は縄文時代前期(約 6,000〜4,600 年前)に遡るとされる。これらの変化を受けて，最近数百〜数千年間に鳥類の分布も変化してきたと予想される。鳥類の分布の変遷に関する知見は，生物の分布決定要因の理解をめざす生物地理学などの観点から非常に興味深いものである。文字によって鳥類の分布が記録される以前の時代において，遺跡から出土する骨は過去の鳥類の分布を復元する貴重な試料である。本章では，筆者らが研究してきた遺跡から出土した鳥類，特にアホウドリ科の事例に焦点を当て，日本における最近約 10,000 年間の鳥類の分布の変化に関する研究の現状と課題，さらに今後の展望を示すこととする。

1. 遺跡から出土する鳥類の骨

日本には旧石器時代以降，特に縄文時代(約 13,500〜2,400 年前)から江戸時代(約 400〜150 年前)にかけてさまざまな時代の数多くの遺跡がある。例えば奈良文化財研究所の遺跡データベースには，2008 年現在，約 32 万地点が遺跡として登録されている(http://mokuren.nabunken.jp/Iseki/index.html)。また，遺跡の破壊をともなう工事の前にその遺跡を調査することを義務付けた埋蔵文化財保護法によって，毎年約 8,000 遺跡が発掘されている。残念なことに日本の土壌は骨の保存に適さない酸性であり，動物の骨の出土は貝塚や低湿地，砂丘，洞窟などの遺跡に限られる。そのため，実際に鳥類を含む動物の骨が出土する遺跡は全体の一部ではあるものの，貝塚データベース(http://aci.soken.ac.jp/page_030.html)には約 6,000 遺跡から出土した動物の骨のデータが集成されている。

出土した骨が鳥類のものであることを同定するのは比較的容易である。骨表面が緻密で滑らかなことや骨そのものが軽いこと，また破損している場合には骨幹が中空であることなどの特徴のためである。一方で，多くの場合日本の遺跡から出土した鳥類遺体は科や属を単位に同定され，種単位ではほとんど同定されていない。これは骨格標本や研究者の不足もさることながら，主にほとんどの属で形態の類似した複数の種が同所的に生息するためである。これまで，縄文時代以降の日本の遺跡から報告された分類群は計 32 科で，アビ科，カイツブリ科，アホウドリ科，ミズナギドリ科，ウミツバメ科，ウ科，ペリカン科，サギ科，コウノトリ科，トキ科，カモ科，タカ科，ハヤブサ科，キジ科，ツル科，クイナ科，チドリ科*，シギ科*，カモメ科，ウミスズメ科，ハト科，フクロウ科，キツツキ科，ヒヨドリ科，モズ科*，ツグミ科*，ヒタキ科*，シジュウカラ科*，ホオジロ科*，アトリ科*，ムクドリ科*，カラス科が知られている(江田 印刷中)。

各遺跡から出土した骨がその周辺で採集された個体に由来し，遠隔地から持ち込まれていないことを前提にすると，これらの骨から当時の各分類群の分布が復原できる。各科の骨が出土した遺跡の分布と，その科に含まれる種の現在や前述の『諸国産物帳』にもとづく約 250 年前の分布とを比較すると，いくつかの科で分布の変化が認められる。例えばツル科の骨は，現在はもちろん 1730 年代にも記録のない中部地方の伊川津遺跡(愛知県渥美町，縄文時代晩期：約 3,000〜2,400 年前)や朝日遺跡(愛知県清須市など，弥生時代：約 2,400〜1,700 年前)からも検出されている。また現在迷鳥としてのみ日本に飛来するペリカン科の骨も羽根尾遺跡(神奈川県小田原市，縄文時代前期)で 4 点確認されている。羽根尾遺跡のペリカン科の骨は 2 つの時代の遺物包含層から出土しており，さらに同一の包含層中でも離れた地点から出土していることから，複数個体に由来すると考えられた。他にもコウノトリ科の骨は 1730 年代後半に記載されているよりも広い範囲の遺跡から出土している。これらのなかで現在の分布との顕著な違いと出土量の多さからひときわ目を引くのは，次節以降で詳述するアホウドリ科の骨である。

---

*筆者が同定できない科であることを示す。

2. 遺跡出土試料から見たアホウドリ科の分布

図1はアホウドリ科の骨が出土した縄文時代から近代までの遺跡を示したものである(Eda & Higuchi 2004 を一部改変)。アホウドリ科の骨は，縄文時代早期(約 10,000〜6,000 年前)以降の各時代の遺跡から報告されている。また地理的には北は北海道から南は沖縄まで，オホーツク海，日本海，太平洋，東シナ海の沿岸の遺跡から出土している。現在，日本近海に生息するアホウドリ科の鳥は，アホウドリ *Diomedea albatrus*，クロアシアホウドリ *D. nigripes*，コアホウドリ *D. immutabilis* の3種である(日本鳥類目録編集委員会 2000，Tickell

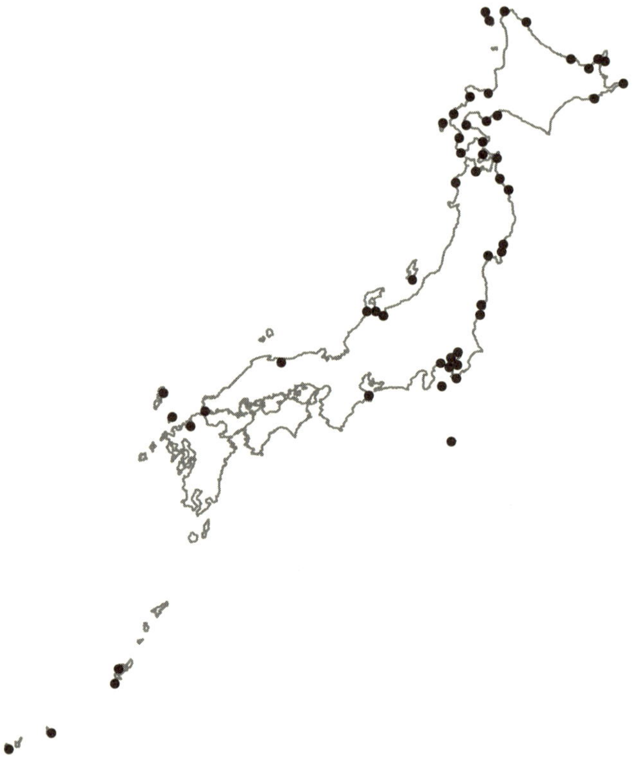

図1　アホウドリ科の骨の出土した遺跡の分布(Eda et al. 2004 と最近の報告書をもとに描く)

2000)。これらの種は，日本周辺では伊豆諸島や小笠原諸島，尖閣諸島で繁殖する。そして，これらの島の近海と北太平洋や東シナ海沿岸で主に観察され，オホーツク海や日本海沿岸ではほとんど記録がない(Tickell 2000，佐藤ほか 2008)。縄文時代後期(約3,800〜3,000年前)以降，近代のアイヌ文化期まで，北海道北部や東部では多数のアホウドリ科の骨が出土し，出土した鳥類の骨に占めるアホウドリ科の骨の割合が70%以上と非常に高い遺跡が多い(Eda & Higuchi 2004)。これは当時周辺に多数のアホウドリ科鳥類が生息しており，また人々が盛んに狩猟した結果と考えられる。

アホウドリ科の鳥は当時，北海道の北部や東部で繁殖していたのだろうか？　それとも採食のためにこの地域を訪れていたのだろうか？　この問いは2つの方法から検討できる。1つは骨幹と骨端が癒合していない「骨学的に見た幼鳥」の骨に着目する方法，もう1つは産卵期の鳥類の雌の骨中にのみ形成される骨髄骨に着目する方法である。一般に，鳥類の骨は非常に成長が早く，巣立ちまでにはほとんどの骨で骨端が癒合する。アホウドリ科の骨の成長速度に関する研究はないものの，もし骨幹と骨端が癒合していないアホウドリ科の幼鳥の骨が遺跡から多数出土すれば，明治時代初頭の羽毛採集者のように遺跡を形成した人々がアホウドリ科の繁殖地で狩猟したことが想定される。骨髄骨についても，アホウドリ科でどの程度の期間形成されるかはわかっていないものの，鳥類一般として産卵の前後約1か月間に限定される(Simkiss 1961)。昭和20年代に捕獲されたアホウドリに由来すると推定される鳥島・子持山南斜面のアホウドリ科骨の集積場では，脛足根骨(ヒトの脛から足首に相当する骨で，一般に骨髄骨が最も良く発達する)の約25%が骨髄骨を内包していた(Eda et al. 2005)。もし，遺跡から出土する骨に同程度の割合で骨髄骨が含まれていれば，アホウドリ科の繁殖地での狩猟が想定されるであろう。

筆者らはこのような仮説のもと，日本海とオホーツク海の交わる地域，北海道北部・礼文島の約1,000年前の遺跡である浜中2遺跡Ha地点のアホウドリ科の骨を調査した(Eda et al. 2005)。その結果，アホウドリ科の骨はすべて骨幹と骨端が癒合しており，巣立ち前の幼鳥のものと思われる骨は確認されなかった。また，破損していて髄腔(骨の内部の空洞)の確認できた脛足根骨には，骨髄骨を内包するものは認められなかった。狩猟者が巣立ち前の雛と繁殖中の雌を捕獲しなかった可能性は残るものの，これまでのところ他の遺跡でも，周辺でアホウドリ科が繁殖していたことを示す証拠は見つかっていない。

この節では，各地の遺跡から出土した「アホウドリ科」の骨にもとづいて，「アホウドリ科」鳥類が日本海やオホーツク海の広い範囲に分布していたこと，また，北海道北部や東部には特に多数の「アホウドリ科」鳥類が生息していたものの，周辺での繁殖を示す証拠はないことを述べた。ここまで「アホウドリ科」として話を進めてきたのは，前述のようにほとんどの遺跡試料が科を単位に同定されてきたためである。それでは，北海道の日本海やオホーツク海の沿岸に生息し，人々に利用されたのは，アホウドリ科のどの種なのであろうか？

3. アホウドリ科の遺跡試料の同定とアホウドリ科の分布

遺跡から出土した骨がどの種に由来するのかを同定するには，2つの方法がある。1つは現生の各種の骨標本の形態を肉眼観察や特定箇所の計測値で比較して同定基準を作成し，それを遺跡試料に当てはめる方法である。古生物学や動物考古学で最も一般に使われる方法であり，比較骨学的方法と呼ばれる。もう1つは，遺跡から出土した骨からDNA(古代DNA)を抽出し，特定のDNA領域を増幅し，その塩基配列を決定して現生の各種の配列と比較する方法である。古代DNAの解析技術は1990年前後に確立され，主にミトコンドリアDNA(mtDNA)を利用して種の同定やヒトの血縁関係，絶滅種の系統推定などに利用されてきた(例えばLoreille et al. 1997, Yang et al. 2004など)。

筆者らは，比較骨学的方法と古代DNA法の2つから，前述の浜中2遺跡から出土したアホウドリ科の骨の種同定を試みた(Eda et al. 2006)。図2は現生のアホウドリ，コアホウドリ，クロアシアホウドリの手根中手骨(ヒトでいえば手首と手のひらの骨)の3つの計測値を利用した判別分析の結果である。2つの軸(正準得点1と2)は，3つの計測値から最も種間の差が明らか

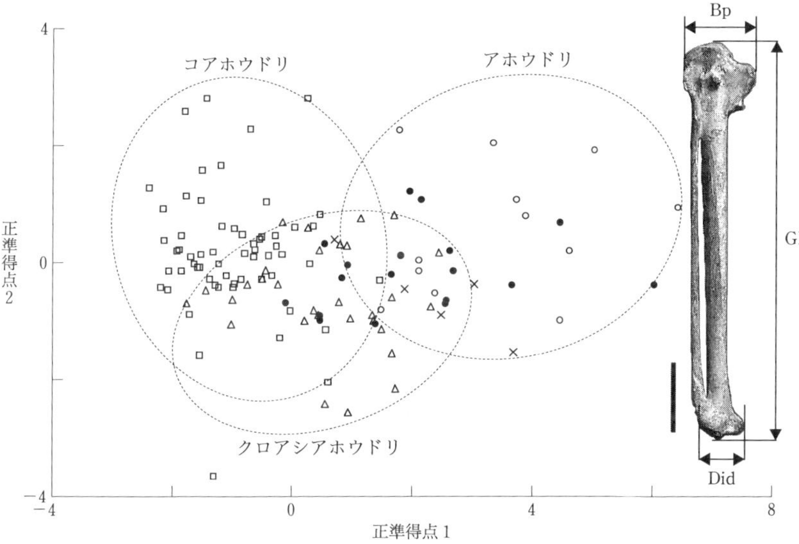

図2　アホウドリ科の手根中手骨の判別分析で作成された二軸(正準得点1と2)におけるアホウドリ(○)，コアホウドリ(□)，クロアシアホウドリ(△)および浜中2遺跡出土試料(●と×)各1標本のスコアのプロット(Eda et al. 2006を一部改変)。2つの軸は骨の3つの計測値(Bp，Did，GL)から最も種間の差が明らかになるようにつくり出されたもの。遺跡出土試料のうち，●は古代DNA分析に成功しアホウドリと同定された試料，×は同分析が成功しなかった試料を示す。図中のバーは2 cm

になるようにつくり出されたもので，○はアホウドリ，□はコアホウドリ，△はクロアシアホウドリ各1標本を示している。コアホウドリとクロアシアホウドリの点は入り混じって分布したものの，アホウドリの点の多くは上記の2種とは離れた場所に分布した。ある標本を除いて判別分析を行い，得られた判別式からその標本が正しく同定されるかを確かめるジャックナイフ法からデータの信頼性を検討した結果，標本全体の誤判別率は約21%であった。この結果は，骨をアホウドリ，コアホウドリ，クロアシアホウドリの3種に判別すると，5回に1回の確率で誤って判別することを示唆するものである。一方で，アホウドリと他の2種の判別に限定すると誤判別率は約4%となり，遺跡試料の信頼できる判別基準と考えられた。そこで，23点の遺跡試料(図2の●と×)をアホウドリか他の2種かに判別した結果，12点はアホウドリ，残りの11点はコアホウドリもしくはクロアシアホウドリと同定された。

古代DNAによる遺跡試料の同定は，種間の系統関係の推定によく用いられるmtDNAのチトクローム *b* 領域の配列にもとづいて行った。前述の23点の手根中手骨を分析した結果，図2の●で示した分析に成功した18試料（×は分析が成功しなかった試料）のうち，6試料では報告されている現生の鳥島のアホウドリと同一の配列が，12試料ではこの配列と1塩基異なる配列が検出された。後者の配列は尖閣諸島の南小島と北小島のアホウドリで認められた配列と同一であった。これらの配列はコアホウドリとは3塩基以上，クロアシアホウドリとは4塩基以上離れており，アホウドリのものと同定された（図3）。

比較骨学的方法と古代DNA法では約半数の試料で同定結果が異なった。つまり，形態でコアホウドリもしくはクロアシアホウドリと判別されたすべての骨が，遺伝的にはアホウドリと同定された。この同定結果の矛盾は，2つの方法が前提としている形質の進化速度の差に由来すると考えられる。古代DNA法で分析対象としたmtDNA・チトクローム *b* 領域の配列の進化速度は，アホウドリ科では100万年当たり約0.88〜1.29%と推定されている（Nunn & Stanley 1998）。前述のように骨は約1,000年前の個体に由来する。分子時計の仮定に従うと，各種で当時から現在までに分析領域全体で平均約0.0013〜0.0018塩基が変化したと推定される。この値は1塩基よりもはるかに小さく，当時と現在でほとんど変化していないと推定される。

一方で，鳥類に限らず動物一般に体や骨の大きさは遺伝的な変化の他，環境の変化でも大きく変動する（Rhymer 1992, Waugh et al. 1999）。アホウドリは後に詳述するように19世紀末〜20世紀初頭に著しく個体数が減少した種である（Tickell 2000，長谷川 2007）。個体数の減少によって，種内の食物をめぐる競争が緩和され，体サイズが大きくなった可能性や，種内にあった体サイズの異なる集団が絶滅し，大きさの範囲が狭まった可能性がある。つまり，チトクローム *b* 領域の配列に比べて体サイズは進化速度が速く，約1,000年間で種の大きさの範囲が変化した可能性がある。これらのことから筆者らは，試料中にコアホウドリやクロアシアホウドリが含まれるとする比較骨学的方法の結果より，塩基配列が決定できた試料はすべてアホウドリのものと

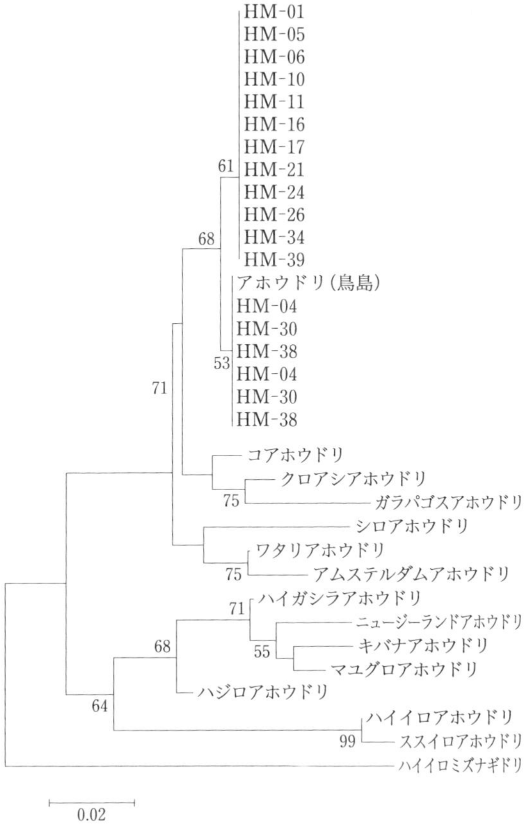

図3　アホウドリ科の現生種と遺跡試料のチトクローム *b* 領域(143塩基対)の塩基配列にもとづく近隣結合樹(Eda et al. 2006 を一部改変)。枝中の数字はブートストラップ値を示す

する古代DNA法の結果の方が，信頼性が高いと考えている(Eda et al. 2006)。

約1,000年前，礼文島周辺の日本海やオホーツク海にはアホウドリが多数生息していたのであろう。そして，アホウドリの繁殖地があった尖閣諸島や小笠原諸島，伊豆諸島から海路で北海道北部に至るまでに日本海やオホーツク海を北上したことが想定され，これらの地域の遺跡から出土するアホウドリ科の骨にアホウドリの骨が含まれることは想像に難くない。浜中2遺跡から出土したアホウドリ科の骨には，食用とするために解体した痕跡の他，上腕骨や尺骨，橈骨などの骨をヘラや針入れなどの道具に加工した痕跡，さらには初列風切羽根を取り外した痕跡が認められる(Eda et al. 2005)。当時の人々は，アホウドリをこれらさまざまな需要から狩猟していたと考えられる。

一方で，これまでのデータから，コアホウドリやクロアシアホウドリの分布について積極的な議論はできない。その理由は，遺跡から出土する動物の骨は遺跡を利用した人々の味や色などの好み，技術的あるいは社会的な制約などの影響を受け，必ずしも当時の鳥類相を正確に示さないためである。北太平洋のアホウドリ科鳥類のうち，アホウドリは主に大陸棚付近で，コアホウドリとクロアシアホウドリは主に大陸棚以遠で採食することが指摘されている(Tickell 2000，尾崎 2007)。実際，コアホウドリやクロアシアホウドリの骨は，筆者らがこれまでに古代DNA法で分析した太平洋沿岸の遺跡でも検出されていない。これは人々がより沿岸に生息するアホウドリを主に狩猟したためであり，日本海やオホーツク海のより遠洋にはコアホウドリやクロアシアホウドリが分布していた可能性がある。次節では，北海道北部の海域に生息したことが試料から示唆されたアホウドリに焦点を当て，その分布の変化について議論する。

4. アホウドリの分布の現在，過去，未来

アホウドリは翼を広げると2mを超える大型の海鳥である。日本では国内希少野生動植物種と特別天然記念物に，IUCNのレッドリストでは危急種(絶滅危惧II類)に指定されている(Tickell 2000，長谷川 2007，BirdLife International 2008)。2007年現在，アホウドリの推定個体数は約2,000羽で，伊豆諸島の鳥島で約325つがい，尖閣諸島の南小島と北小島で計約60つがいが繁殖している(長谷川 2007)。非繁殖期には，イカ類や甲殻類，魚類などを採食しながら北太平洋の広い範囲を移動し，北はアリューシャン列島やベーリング海，東は北米西海岸などで観察されている。

アホウドリの非繁殖期の行動圏は，近年，人工衛星を利用した追跡によって詳細が明らかになりつつある(尾崎 2007)。繁殖に参加していないと考えられる亜成鳥を中心に30羽以上が追跡された結果，鳥島を去ったアホウドリは伊豆諸島にそって北上し，5〜6月の間，本州北部の太平洋沿岸に留まっ

た後，北海道東部沖を経て，千島列島の東部海岸にそって，もしくは太平洋を北上して7〜8月にアリューシャン列島やベーリング海，アラスカ湾にまで達することが明らかになっている(尾崎 2007)。またアリューシャン列島で8月に捕獲された個体は，主にアリューシャン列島の周辺やベーリング海に滞在しながら，1羽の若鳥は北米の西海岸にも達した。これまでに衛星追跡された個体では，カムチャツカ半島の南西端でわずかにオホーツク海にはいる例はあるものの，遺跡試料が多数認められた北海道北部の日本海沿岸に至った例はない(図4；尾崎 2007)。アホウドリはいつごろまで，日本海や北海道周辺のオホーツク海沿岸に分布していたのだろうか？

筆者の知る限り，「アホウドリ」という名称は『和爾雅』(1694年)や『大和本草』(1709年)で日本の文献上最初に登場する。『和爾雅』では「信天翁」の読みとして「らい」と「あほうどり」を挙げている。また『大和本草』では「あほうどり」を丹後(現在の京都府北部)における「信天翁」の地方名とし

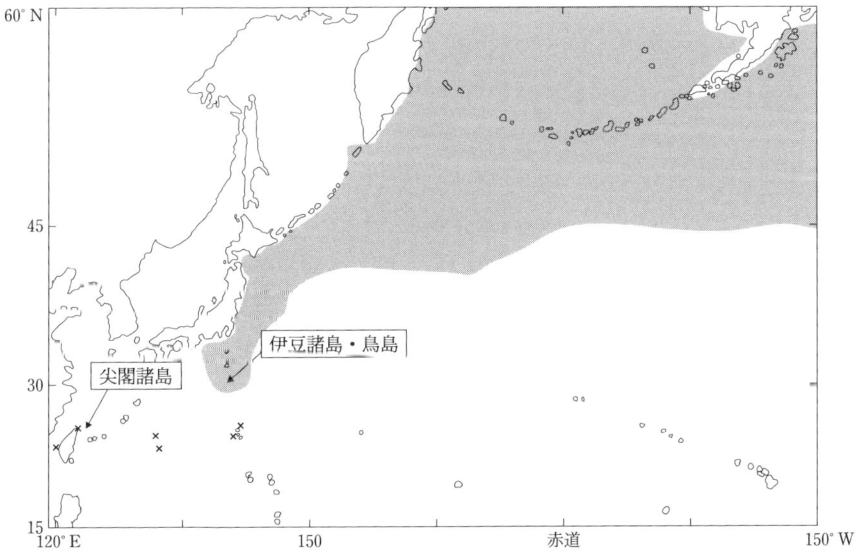

図4　アホウドリの繁殖地(鳥島と尖閣諸島)と衛星追跡データによる非繁殖期の分布域(灰色部)(Hasegawa & DeGange 1982，Tickell 2000，尾崎 2007をもとに描く)。×は19世紀末までのアホウドリが繁殖していた島嶼。非繁殖期の分布域は衛星追跡の観測点の最外郭をおおまかに結んだもの。

て挙げ，さらに他の地方名として長門(同山口県北部)の「おきのたゆう」，筑紫(同福岡県)の「らい」を挙げている。『大和本草』によれば，「信天翁」はカモメに似ていてガン*[2]よりも大きい海浜に生息する鳥で，体は淡青白色，嘴は長く少し反っており，脚は赤い。

現在，北太平洋に生息するアホウドリ科のうち体色が白いのは，アホウドリの成鳥とコアホウドリで，このうち前者の脚は青灰色，後者の脚は淡紅色である(樋口ほか 1996)。記載に従えば『大和本草』の「信天翁」はコアホウドリを指すと考えられる。一方，現在「信天翁」はアホウドリを指し，コアホウドリの漢字表記は「小信天翁」である。この時代の他の記録として，1730年代の『諸国産物帳』では出雲国(現在の島根県)と対馬国(同長崎県対馬)に，時代を下って『因伯産物薬効録』(1860年)では因幡国や伯耆国(ともに現在の鳥取県)に前述のようなアホウドリ科の名称が認められるものの，記載が種としてのアホウドリを指すかどうかは不明である。

これらの記録から，18〜19世紀後半に九州から近畿の日本海沿岸にアホウドリ科の鳥が分布したことは示唆されるものの，残念ながらいずれの種が分布していたかはよくわからない。

20世紀以前の北海道沿岸におけるアホウドリの記録は，1838年の小樽と1840〜1877年の函館に認められる(藤巻 2000)。さらにアホウドリを指す言葉がアイヌ語にあることから，周辺にアホウドリが分布していたことは明らかである。知里(1962)によれば，「アホオドリ」*D. albatrus* は一般に「しかべ」と呼ばれ，ウラカワ(現在の浦河町周辺)では「レぷンシラッキ」，ホロベツ(同登別市周辺)では「おシカンペ」，サル(同平取町周辺)では「イペルスィチリ」，ビホロ(同美幌町周辺)では「レたルシカンペ」，ノシャップ(同根室市周辺)では「ヲンネチカプ」と呼ばれていた。『松前志』(1781年)では，「シカベ」を嘴が淡桃色の白色の海鳥であると解説しており，これはアホウドリを指していると考えられる。道南の太平洋沿岸だけでなく道東のオホーツク海沿岸でも「シカベ」の地方名があることは，近年までオホーツク海沿岸に

*[2]「ヒシクイより小さく，腹がマダラ模様をしている」と記載されており，マガンに当たると思われる。

アホウドリがいたことを示唆している。

19世紀末ごろ，アホウドリは現在の繁殖地である伊豆諸島の鳥島の他，聟島列島の北ノ島，聟島，嫁島，西ノ島，尖閣諸島の魚釣島と黄尾嶼，大東諸島の北大東島と沖大東島，台湾島東北沖の澎佳嶼と棉花嶼，澎湖諸島の猫嶼と白沙島などでも繁殖していたと推定される(図4；Hasegawa & DeGange 1982, Tickell 2000)。また当時の個体数は約600万羽と推定されているが，この後ほぼすべての繁殖地で始まった羽毛の採集などのため，個体数と繁殖地数は急激に減少した。

アホウドリの個体数の減少を受けて1933年には鳥島が，1936年には聟島列島が禁猟区に指定された。しかしその後も個体数は減り続け，1949年の繁殖期に鳥島を海上から観察したO. L. オースティンによって，アホウドリの絶滅が宣言された。19世紀末〜20世紀初頭の捕獲個体数は全体で500万羽以上と推定されている(長谷川 2007)。1951年に伊豆諸島の鳥島で約15羽が繁殖しているのが再発見された後，植物の移植や砂防工事などによる繁殖地整備などの保護事業の成果もあって年間約7%の割合で個体数は増加してきている。また，1988年には尖閣諸島の南小島で，2002年には同諸島の北小島でも繁殖が確認されるようになっている。

近年，根室や知床周辺のオホーツク海沿岸で観察されるアホウドリが増加している(佐藤ほか 2008)。佐藤ほか(2008)によれば，2007年夏に観察された個体は当歳と2〜3歳の少なくとも2羽で，約20 mの距離からどちらの個体にも標識がないことが確認されている。1979年以降鳥島で生まれたほとんどの個体に標識がなされていることから(長谷川博氏，私信)，これらの個体は尖閣諸島で生まれたと考えられる。尖閣諸島で繁殖する個体数は鳥島で繁殖する個体数の1/5以下にも関わらず，尖閣諸島由来と推定される個体が相次いで道東のオホーツク海沿岸で観察されたのは偶然とは考えにくい。

約1,000年前の礼文島の遺跡から出土したアホウドリの骨のうち，3分の2は現在尖閣諸島で繁殖する個体と同一のmtDNA・チトクローム *b* 領域の配列をもっていた。これらのことは，約1,000年前も現在も北海道北部の日本海やオホーツク海沿岸で主体的なのは尖閣諸島あるいはその周辺で繁殖する個体であることを示唆するのではないだろうか。この仮説の延長として，本州の日本海沿岸は尖閣諸島や台湾周辺に生息する東シナ海の集団がオホーツク海に至る経路として主に利用してきた可能性が考えられる。今後，尖閣諸島で繁殖するアホウドリが順調に増加すれば，日本海でも標識のついていないアホウドリが頻繁に観察されるようになるのではないだろうか？　また青谷上寺地遺跡(鳥取県鳥取市，弥生時代)や原の辻遺跡(長崎県壱岐市，弥生時代)など，本州南部の日本海沿岸の遺跡から出土したアホウドリ科の骨を同定し系統を明らかにすることからも，この仮説は検証できると考えられる。

5. 今後の展望と課題

約6,000〜1,000年前に初めて人類が侵入した太平洋の海洋島では，過狩猟や外来種の導入，森林の伐採などの環境の改変によってたくさんの鳥種が絶滅したことが知られている(Steadman 2006)。図5は，各島にもともといたと推定される陸鳥の種数(円内の数字)に占める現生種の割合(白色部)を示したものである。約1,500年前に人間が定住し，550年前にはほぼ完全に森林が伐採された南米チリのイースター島では，もといた5種の陸鳥がすべて絶滅している。また，オセアニアのクック諸島・マンガイア島やソシエテ諸島・フアヒネ島でも，もといた陸鳥の種の約75%以上が絶滅している。Steadman(2006)によれば最も多く絶滅したのは無飛力のクイナ類であり，陸生哺乳類の捕食者のいない環境に適応した分類群で特に人間の活動による絶滅が指摘されている。これらの海洋島における大量絶滅は，遺跡試料が鳥類の分布の著しい変化を示した好例といえる。

最近数千年間に地域的に，もしくは完全に絶滅した種に由来すると考えられる骨は日本の遺跡からも確認されている。例えば，縄文時代前期(約6,000〜4,600年前)の三引遺跡(石川県田鶴浜町)や浦尻貝塚(福島県南相馬市)，縄文時代前期末〜中期初頭(約4,500年前)の元町貝塚(神奈川県横浜市)では，現在遺跡周辺に分布しないワシミミズクやシマフクロウ大の大型フクロウ科の骨が検出されている。また，北海道北部のいくつかの遺跡では，周辺に生息するウミガラスやハシブトウミガラスと比べて大きく，形態も異なるウミ

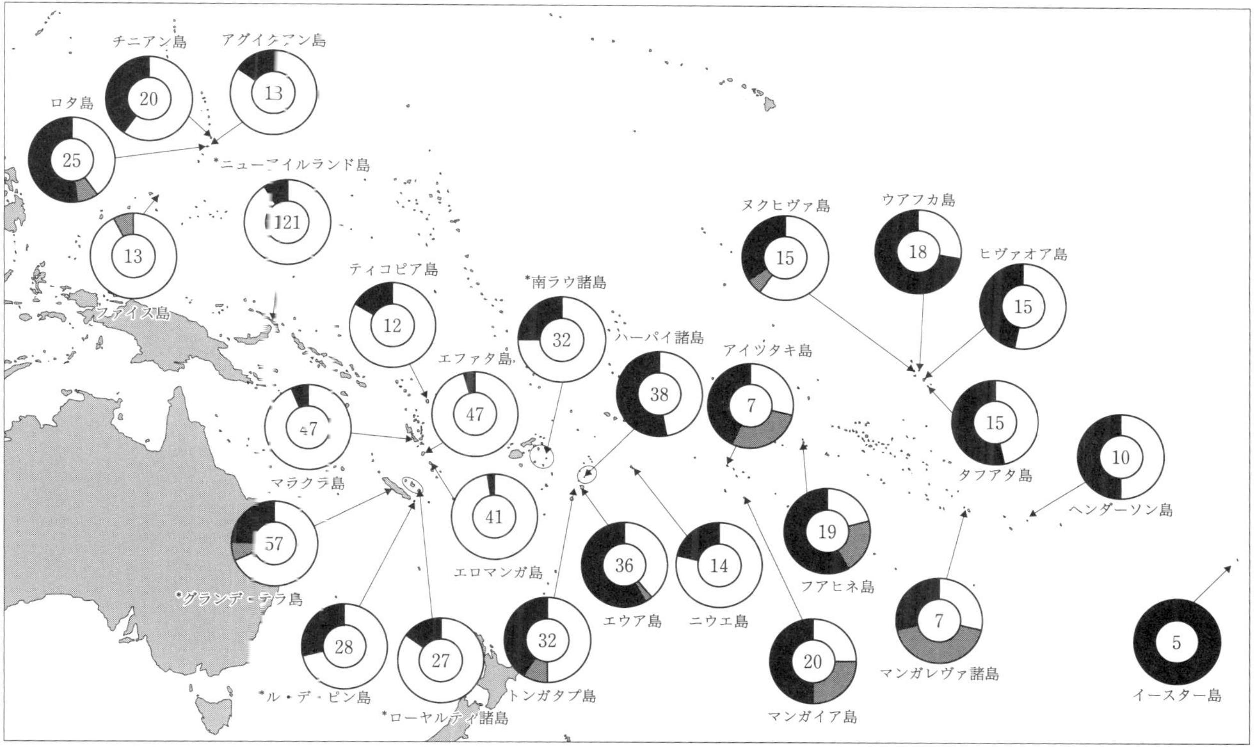

図 5　ミクロネシアの各島の鳥類相に占める現生種(白色部)と絶滅種(黒色部と灰色部)の割合(Steadman 2006 をもとに描く)。円内の数字は各島にもともといたと推定される陸鳥(＊で示した島では非スズメ目の陸鳥)の種数に占める現生種の割合を示す。もともとの種数は，現生種と各島で出土した化石や遺跡試料に含まれていた種，さらに文献上の記録がある種を合計して推定。絶滅種のうち黒色部は遺跡試料のみに記録がある種，灰色部は文献記録がある種を示す。

スズメ科の骨が報告されている。今後，古代DNA分析や比較骨学的方法によって現生種との系統関係が明らかになると期待される。

数千年前の人間の活動が，すべての鳥類に対して負の影響をもたらしたわけではないだろう。例えば，縄文時代以降の森林の伐採は同時に開けた草地を増加させ，新たな生息地である都市環境を構築した。また，弥生時代に始まった湿地を改変した水田は，新たな生息地と食物を鳥類に提供したと考えられる。ハシブトガラスやスズメ，ツバメなどの現在都市に生息する種や，ガン類やツル類などの農地で採食する種は，ヒトの活動の影響で分布を拡大させた可能性がある。

分布域の拡大を示すには，以前にその分類群がその場所にいなかったことを証明する必要がある。これは遺跡試料から過去の鳥類の分布を復原する際の最大の問題である。その理由は，遺跡試料が人々の好みや技術的・社会的な制約などの影響のもとに形成され，当時の鳥類相そのものではないためである。しかし，明確な仮説を背景にすれば分布の拡大も議論できると考えられる。例えば，農作物を利用するようになったガン類では，食物の変化から窒素や炭素の安定同位体比の変化が予想される。それ以前の時代に比べて遺跡試料の検出される範囲が増加し，さらに同時期に窒素と炭素の安定同位体比でも変化が認められれば，農作物を利用するようになってガン類の分布が拡大した可能性が議論できるのではないだろうか。

遺跡試料による種を単位とした過去の鳥類の分布復原には，種の同定が不可欠である。これまで遺跡試料を扱う動物考古学者や化石を扱う古生物学者は種同定に当たって骨のサイズを重要な判断基準の１つとしてきた。しかし，筆者らのアホウドリ科の研究で明らかなように，形態の測定による種の同定基準は，形態の経時的変化の影響で種を誤って同定してしまう可能性がある。一方で，古代DNA分析をすべての試料に実施するのは，試料の保存，分析の費用と時間の観点から現実的ではない。古代DNA分析で各時代のレファレンス標本を作成しながら，その標本にもとづいて形態による各時代の同定基準を作成することが必要であろう。

遺伝的データは種の同定だけでなく種内の系統を明らかにするためにも有用である。今後，鳥類でも遺跡試料を用いた集団構造の復原や，時系列にそってある系統の形態の進化を明らかにすることが可能になると期待される。また，ある種の分布の変遷が明らかになれば，現在の分布様式から導き出されたその種の分布決定に関するパラメータを，別の時間断面に当てはめて検証することも可能になると考えられる。

これまで，古典的な生物地理学では進化的時間スケール(数十万〜数百万年単位)と生態的時間スケール(数十〜200年間程度)で，系統地理学では数万〜数十万年スケールで分布の変化が議論されてきた。遺跡から出土する鳥類の骨から得られる情報は，これらの時間スケールの間を埋めるものであり，今後，さらなる研究の発展が期待される。

オナガの分布域拡大にともなうカッコウとの新たな関係

第5章

高須　夫悟

1. 托卵鳥と宿主の関係

鳥類の繁殖では一般に，造巣，抱卵，給餌といった多大な労力を親が支払う必要がある。特に孵化後数週間にわたる親の給餌が欠かせない晩成性の鳥では，親が子育てのために投資しなければならない育児労働の量は顕著である。

子育てのための育児労働に寄生する繁殖戦略を育児寄生もしくは繁殖寄生という。育児寄生は，鳥類，魚類，昆虫類で存在が確認されている。鳥類の場合，自分の卵を他個体の巣に産み込み，その巣の持ち主(宿主)に自分の卵の世話をさせる形態をとる。鳥類の育児寄生は托卵とも呼ばれるが，托卵には同種個体へ寄生する種内托卵と異種個体へ寄生する種間托卵がある。

種内托卵は同種への托卵であるため，観察者の目視による托卵の有無の判定が一般に困難である。しかし，分子生物学的手法を用いた親子判定技術の進歩により，予想以上に多くの種が種内托卵を行っていることが明らかにされている(Yom-Tov 2001)。一方，種間托卵は，肉眼による托卵の有無が比較的容易であるため，古くから「自分で子育てをしない奇妙な鳥」の存在が知られていた。

種間托卵を行う代表的な托卵鳥にカッコウ *Cuculus canorus* がいる。カッコウが托卵を行うことは古代ギリシャのアリストテレスの時代にすでに知られていたという(Davies 2000)。カッコウは日本を含むユーラシア大陸の東端からイギリスに至る西端に広く分布し，多くの鳥学者による研究が最も進んでいる托卵鳥の1種である。鳥類約9,000種のうちの約100種(1%)は托卵性であるという(ワイリィ 1983)。比率こそ少ないが，種数からすると托卵という興味深い繁殖形態をとる鳥は数多く存在するのである。本章ではこれらの托卵鳥のなかでカッコウに注目して，数理モデルの面から考察する。

育児寄生という繁殖戦略が進化の過程でいかに出現したかについては諸説あって，いまだ決着がついていない問題である(Yamauchi 1995)。しかし，寄生者の側に育児寄生を行うことによる適応的な利益があったことは間違いない。育児寄生を行う利益としては，多大な育児労働を回避することによって可能になる卵数の増加(寄生者は余分のエネルギーを卵生産に回すことができる)が挙げられるだろう。一方，寄生される側の宿主にとっては，血縁関係をもたない個体を育てるために多大な育児労力を支払うこと，そしてなによりも，親の給餌能力には限界があるため，托卵を受け入れることにより巣内の雛間の生存競争が激しくなることに起因する雛の生存確率低下といった損害を被ることになる。カッコウの托卵の場合，ヒナは孵化後まもなく，巣内の卵や雛を背中に乗せて巣外に放り出す行動をとる(ワイリィ 1983)。宿主にとってカッコウの托卵を受け入れることは，繁殖の失敗を意味する。寄生関係では，寄生者と宿主の利害は相容れないのである。

2. 托卵鳥と宿主の軍拡競争型共進化

托卵鳥と宿主の利益は相反することから，進化学的時間スケールにおいては，托卵鳥にはより効率良く托卵を実行する方向への選択圧が，宿主にはより効率良く托卵の被害を回避する方向への選択圧が働くと考えられる。互いに相手を出し抜く方向への進化という意味で，両者は軍拡競争型の共進化をたどると予想される(Dawkins & Krebs 1979; Rothstein 1990)。

実際にカッコウの宿主の多くはカッコウを敵と識別して攻撃する。そしてカッコウは，宿主の攻撃を避けるため托卵を実行する際にほんの数秒しか宿主の巣に滞在しない(ワイリィ 1983)。こうした宿主とカッコウの行動は，軍拡競争型共進化がもたらした適応的な行動であると考えられる。

適応的な行動として特筆すべきは，カッコウ卵を識別して排除する宿主の存在である。さまざまな色・模様に塗装した模擬卵を用いて人工的に托卵を再現することで，宿主がどの程度，托卵を識別して排除する能力をもっているかを調べることができる(Rothstein 1975; Moksnes & Røskaft 1989; Davies & Brooke 1989a)。さまざまな研究者による野外実験の結果，概ね以下の事実が明らかにされている。

①カッコウ雛を育て上げることができない穀物食の宿主種(過去に托卵の経験がない)は，卵識別排除能力を示さない。②カッコウの托卵相手として適した昆虫食の宿主集団(過去にカッコウに托卵された経験があると考えられる)は，ある程度の托卵識別排除能力を示す。しかし，③托卵に適した宿主種であっても，カッコウが存在しない孤立した地域の集団は卵識別排除能力をもたない。④現在托卵されている托卵に適した宿主が示す卵識別能力は，宿主種，あるいは同種であっても地域ごとにまちまちである(Davies & Brooke 1989a, b, Soler & Møller 1990)。

①〜③は，卵を識別して排除する宿主の行動は明らかに托卵に対抗する手段として進化してきたことを示唆している。軍拡競争型共進化では，宿主が卵識別排除能力という托卵対抗手段を獲得すると，寄生者の側には宿主の卵によりよく似た卵を産む方向への選択圧をかけることになる。予想通り，実際に⑤非常に精巧な卵擬態をするカッコウの存在が知られている(Brooke & Davies 1988)。

一方，④は長い間鳥学者を悩ませてきた謎の１つであった。つまり，なぜすべての宿主が托卵を完全に排除するのではなく托卵の被害に甘んじているのかという，一見，適応的とは思われない事実である。進化は一般的に，集団密度の変化が起こる生態学的時間スケールよりも長い時間スケールで起こるものだと考えられてきた。現在低い率でしか托卵対抗手段を示さない宿主集団は，数千年といった長い目で見ればやがて高い率で対抗手段を示すようになると考えれば，④は，それぞれの宿主は進化的時間スケールのなかでカッコウとの軍拡競争において異なる段階にいて，我々は進化の途中の過程を観察しているという解釈が可能になる。いわゆる，Snapshot 仮説である(Davies & Brooke 1989b)。しかし，後に示すように，宿主の托卵対抗手段の進化を促す選択圧が寄生者の個体群動態と直に連動している場合，Snapshot 仮説が考えるような漸近的に完全な托卵識別排除能力の獲得に至るという解釈よりも，不完全な托卵排除能力の段階でもすでに進化的な平衡状態に達しているという平衡仮説が説得力をもつと考えられる(Lotem et al. 1992, 1995, Takasu et al. 1993, Takasu 1998)。さらに，寄生者と宿主の空間分布を具体的に考慮して，宿主の局所地域間の移動分散を仮定すると，見かけ上，宿主集団がまったく托卵識別排除能力を獲得しない状況も可能になる。

以上，托卵鳥と宿主，特にカッコウと宿主の一般的な関係について述べた。まだまだ実証研究で明らかにしなければならない点や，数理モデル解析を通じて明らかにしなければならない問題点が数多く残っている。次節以降は日本における新しい宿主オナガ *Cyanopica cyana* へのカッコウの托卵開始という，進化生態学上の実験とでもいうべき事例に注目し，これに関連した数理モデルの紹介をしたい。オナガとカッコウの関係をよく理解することで，托卵鳥と宿主の一般関係の理解を深めたいと思う。

3. カッコウとオナガ

新しい宿主への托卵開始

1980 年代，長野県各地にてオナガへのカッコウ托卵が顕著になった(Yamagishi & Fujioka 1986)。オナガへのカッコウ托卵は 1970 年代に関東甲信越地方で点在的に報告されていたものの，80 年代以降托卵率は急増し，オナガはカッコウの主要宿主の 1 つとなった(図 1)。それまでは，モズ *Lanius bucephalus*，アカモズ *L. cristatus*，オオヨシキリ *Acrocephalus arundinaceus*，ホオジロ *Emberiza cioides* がカッコウの宿主であったものが，新たにオナガが主要な宿主として托卵されるようになり，逆にホオジロへの托卵は稀にしか見られなくなった(Nakamura 1990)。長野県ではカッコウの主要宿主が動的に変化していることが確認されたのである。80 年代後半には，長野県各地のオナガは，托卵歴がより長い集団ほどより高い卵識別能力を示すに至ってい

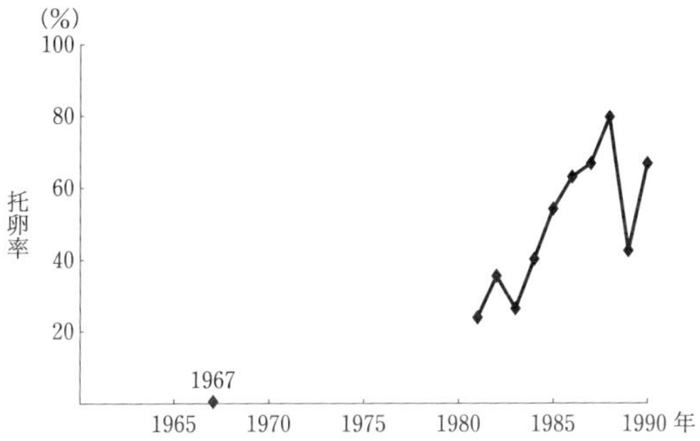

図1　長野県野辺山におけるオナガ巣のカッコウ托卵率の変遷(Takasu et al. 1993 を改変)。野辺山では 1967 年に最初のオナガ托卵が観察されている(今西貞夫氏私信)。

る(Nakamura et al. 1998)。

オナガがカッコウに托卵されるようになったきっかけは，それまで互いに接触がなかったオナガとカッコウの分布域が重なるようになったことが発端である(Nakamura 1990)。両者の分布域がなぜ重なるに至ったかについてはいろいろな説明が可能であるが，ここでは，托卵とは無関係な外的要因によって分布域が重なったことが新しい宿主オナガへの托卵が始まるきっかけをつくったことを前提としよう。以下，分布を同じくするオナガへのカッコウ托卵がいかにして始まり，確立したかを数理の立場から考察してみる。

カッコウの雛は自分を育ててくれた宿主に刷り込まれ，翌年以降，同じ宿主種に托卵するようになると考えられている。この「宿主刷り込み説」はまだ実証的には明確な検証がなされていない仮説にすぎないが(Brooke & Davies 1991)，多くの野外観察による傍証がこの仮説を支持していると思われる。この仮説のもとでは，カッコウの集団中には特定の宿主種のみに托卵する小集団が互いに独立して存続することになる。

しかし，稀に，カッコウ雌は本来とは異なる新しい種への托卵をすることがある。実際に，ラジオテレメトリーを用いた個体追跡により，1羽のカッコウ雌がときおり複数の宿主種へ托卵することが知られている(Honza et al. 2002)。

もし新しい宿主への托卵が成功，つまりカッコウ卵が新しい宿主に受け入

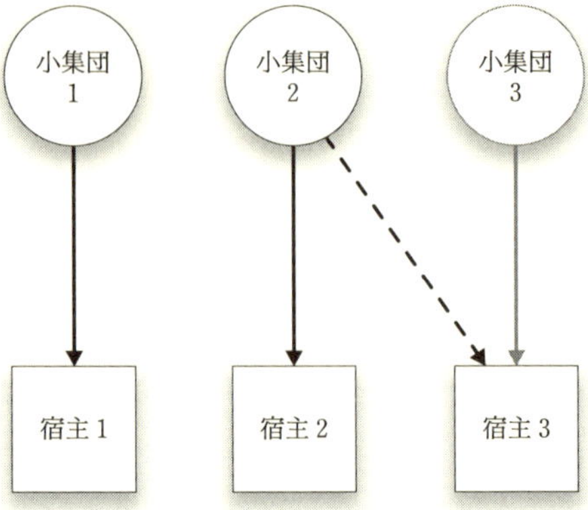

図 2　複数カッコウ集団と複数宿主集団の関係。刷り込みにより，カッコウ集団は特定の宿主のみを托卵相手とする小集団に分割される。実線は通常の托卵相手を示す。しかし，稀に本来とは異なる宿主 3 への托卵が起こりうる（点線）。托卵が成功すれば，宿主 3 を托卵相手とする新しい小集団 3 が成立しうる。

れられ，かつ，無事に育てば，自分を育ててくれた宿主に刷り込まれたカッコウ雛は，翌年以降生涯にわたって新しい宿主を相手とした托卵をし続けることになる。一度の偶然がきっかけで新しい宿主への托卵が始まりうるのである（図 2）。

新しい宿主オナガへの托卵開始を，もっぱらオナガに托卵するオナガ・カッコウ集団の個体群動態の立場から考えてみよう。t 年におけるオナガ・カッコウの雌の集団密度を P_t と書くとする。ここではカッコウ，オナガともに性比は 1：1 であるとし，雌のみの個体群動態に注目することにする。密度 H_t のオナガ集団に托卵するオナガ・カッコウ集団の個体群動態モデルは，

$$P_{t+1} = s_P P_t + F(P_t, H_t) H_t (1-r) \Gamma \tag{1}$$

で与えられる。右辺第 1 項は，オナガ・カッコウ成鳥の翌年への生存分であり，s_P が成鳥の生存率となる（$0 < s_P < 1$）。右辺第 2 項は，密度 H_t のオナガ巣から育つオナガ・カッコウ若鳥の密度であり，$F(P_t, H_t)$ はオナガ巣が托卵される確率，r は托卵がオナガに識別排除される確率（$1-r$ が托卵が受け入れられる確率），Γ は托卵が受け入れられた後のカッコウ卵（雛）の翌年ま

での生存確率である。

ここで1つのオナガ巣に複数のカッコウ卵が産み込まれても，カッコウ雛が巣を独占する習性をもつため，最終的には1羽のカッコウ雛しか巣立たないとした。実際，1つの巣で複数托卵が起こっても，2羽以上のカッコウ雛が1つの巣から巣立つことはほとんどない。

オナガ巣が托卵される確率 F は，一般にオナガ・カッコウ集団密度 P_t やオナガ集団密度 H_t に依存する。具体的に，カッコウ雌は繁殖期間中，雌になる C 個の卵を生産し，それぞれをオナガ巣へランダムに産み込むという状況を考えよう(雄になる卵を考えるとカッコウは $2C$ 個の卵を産むことになる)。このとき，オナガ巣に産み込まれる，将来雌となるカッコウ卵の数は，平均が $\lambda = CP_t/H_t$ のポアソン分布に従う。つまり，オナガ巣が托卵される確率(少なくとも1個のカッコウ卵を産み付けられる確率)は，$1-\exp[-\lambda]$，となる。

それまでカッコウと接触をもたず，托卵された経験がないオナガ集団は，卵識別能力をもたないものと考えられる。したがって，偶然オナガへの托卵が始まった時点で，カッコウ卵がオナガに識別排除される確率 r はほぼゼロに近い値をとると考えられる。

オナガは昆虫を給餌してカッコウ雛を育て上げることができることから，托卵が受け入れられた後，カッコウ卵が孵化して翌年まで生き残る確率 Γ は，他の宿主種の巣で育てられるカッコウ卵の生存率と同程度であると考えられる。

今，1羽のカッコウ雌が偶然オナガの巣に托卵した状況を考えよう。このカッコウ卵が雛になり，無事にオナガの巣から巣立ち，翌年オナガ相手に托卵するカッコウとして振る舞うためには，托卵がオナガに受け入れられ，かつ，無事に巣立って翌年まで生き延びるという条件をかいくぐらなくてはならない。しかし，無事翌年まで生存したとしても，この時点でオナガ・カッコウ集団の個体数は1であり，集団密度としてオナガ集団と比較しては微少である。つまり，P_t が微少量である条件($P_t \ll 1$)では，式(1)は以下の差分式で近似できる。

$$P_{t+1} = \{s_P + C(1-r)\Gamma\}P_t \tag{2}$$

式(2)はオナガ・カッコウ集団密度に関する等比数列に他ならない。つまり，右辺 P_t の係数({　} 括弧内)の値が 1 を超えるとき，オナガ・カッコウ集団は指数的に増えていくことになる。すなわち，オナガ・カッコウ成鳥の生存率 s_P が高い，卵数 C が大きい，オナガの托卵拒否率 r が低い(托卵開始直後では $r \sim 0$)，オナガ・カッコウ卵の生存率 Γ が高い，という条件が満たされれば，オナガ・カッコウ集団はより急速に密度を増加させていくことになる。

一般にカッコウ雌は繁殖期に 10 個程度の卵を産むことから(最大で 25 という記録もある(Chance 1940))，その半数が雌になるとして $C=5$。カッコウ成鳥の生存率は同じ体サイズの鳥の平均生存率 $s_P \sim 0.5$ に近いものと考えられる。仮に托卵受け入れ後のカッコウ卵の生存率を $\Gamma=0.15$ と見積もっても，オナガが托卵をすべて受け入れれば $r=0$，オナガ・カッコウは毎年 $0.5+5\times0.15=1.25$ 倍に増加することになる。

以上の解析はあくまでオナガ・カッコウ集団密度が小さい場合の近似である。指数増加を数年継続した結果，集団密度がもはや微少でなくなれば，ポアソン分布の第ゼロ項の非線形性が効いてきて指数増加ではなくなる。また，オナガ・カッコウが増加してより多くのオナガ巣が托卵されるようになれば，オナガ集団の密度 H_t も影響を受けて減少することになるだろう。つまり，オナガ集団の密度 H_t の動態を P_t と連動したものとして考慮しなければならない。

さらに，オナガ・カッコウ集団密度が高まってオナガへの托卵が確立すると，今度はオナガの側に托卵の識別排除を促す方向への選択圧が強く働き，オナガの托卵対抗手段の進化を考慮しなくてはならなくなる。以下，オナガ・カッコウが確立した後の，宿主の卵識別排除能力の進化を考慮したモデルを考えてみよう。

宿主の托卵対抗手段の進化モデル

宿主による托卵識別排除能力の進化とは，托卵を識別して排除する行動を可能ならしめる何らかの遺伝的機構があり，托卵識別排除行動をコードする遺伝的変異が宿主集団中に出現したとき，これらの変異が集団中に広がってゆき，最終的には集団中に固定することに他ならない(Rothstein 1975, 1990)。

一般的に，行動や形質の進化を取り扱う以上，究極的にはそれらの行動や形質の発現に関係する遺伝的機構を明らかにする必要がある。しかし，分子生物的手法を用いた遺伝学が飛躍的に進展した今日でさえ，宿主個体に托卵を識別し排除させる行動をとらせる遺伝的基盤は明らかにはされていない。しかし，何らかの遺伝的背景をもつ可能性が指摘されている(Martín-Gálvez et al. 2006)。したがって，宿主の行動進化に関する具体的な話を進めるためには「仮想的な」遺伝機構を想定したモデルを組み立てて考えざるを得ない。ここでは集団遺伝学とカッコウと宿主の個体群動態を連立させたTakasu et al.(1993)を例にとり，宿主の卵識別能力の進化を数理的に概観してみよう。

宿主の行動として，すべての卵を無条件で受け入れて育てる托卵受入戦略と，托卵を識別排除する托卵拒否戦略の2つを仮定しよう。これら2つの戦略がいかに遺伝的に子孫へ継承されるかについては，さまざまなアプローチが可能である。1遺伝子座2対立遺伝子モデルといった古典的メンデル遺伝や，托卵拒否行動をとる確率を量的形質と見なして量的遺伝モデルで表すアプローチがある。しかし，ここでは本質を失うことなく議論を簡略化するため，これらの戦略は無性的に子孫へ継承されると考える。つまり，托卵受入個体の子孫はすべて托卵を受け入れ，逆に，托卵拒否個体の子孫はすべて托卵を拒否する場合である。

このとき，托卵受入戦略個体と托卵拒否戦略個体の適応度(平均子孫数)はそれぞれ，

$$W_A = f(1-F),\quad W_R = \varepsilon f$$

となる。ここで，f は托卵を免れた巣から巣立つ平均子孫数，F は巣が托卵される確率，ε は托卵拒否行動にともなうコストを表す係数である($0<\varepsilon\leq 1$)。

托卵を識別して排除するには，自分の卵ではないカッコウ卵を卵模様の違いなどを手がかりにして識別し，巣の外へ排除する行動をとる必要がある。このとき，宿主が誤って自分の卵を傷つけてしまうことが稀にあることが知られている(Davies & Brooke 1988, Marchetti 1992)。そのため，托卵拒否戦略を採用する個体は托卵を無条件で受け入れる個体よりも適応度がわずかに下が

ると考えられる。こうした托卵拒否コストの定量的な評価は困難であるが，存在したとしてもわずかであると考えられる（$\varepsilon \sim 1$）。托卵される確率 $F(P_t, H_t)$ は，オナガ・カッコウ密度の減少関数で与えられる。このとき，托卵受入個体と拒否個体の適応度をオナガ・カッコウ密度の関数として図3に示す。

図3において，托卵拒否のコストが存在しなければ（$\varepsilon = 1$），オナガ・カッコウ集団密度とは無関係に $W_R \geq W_A$ となり，托卵拒否個体の適応度が托卵受入個体の適応度を下回ることはない。しかし，わずかでも托卵拒否コストが存在すれば（$\varepsilon < 1$），オナガ・カッコウ集団密度に関する閾値 P_c が存在して，$P_t > P_c$ のとき，$W_R > W_A$，$P_t < P_c$ のとき，$W_R < W_A$ となる。適応度がより高い戦略は集団中で頻度を増やしていくことから，もしカッコウ密度が P_c を超えて保たれるならば，オナガ集団中で托卵拒否戦略をとる個体の頻度は増え続け，最終的には1に漸近することになる。カッコウ密度がより P_c を上回って保たれるほど（宿主が托卵される確率が高い），より短期間で托卵拒否戦略がオナガ集団中に広がることになる。逆にカッコウ密度が P_c を下回って保たれる場合，托卵受入戦略個体の方がより高い適応度をもつ。すなわち，カッコウ密度が低く，托卵される確率が極めて低い場合，托卵拒否行動にかかるコストのため，托卵を無条件で受け入れる戦略の方が有利となる（Davies et al. 1996）。

カッコウ密度つまり托卵確率を定数と固定した考え方が Snapshot 仮説，

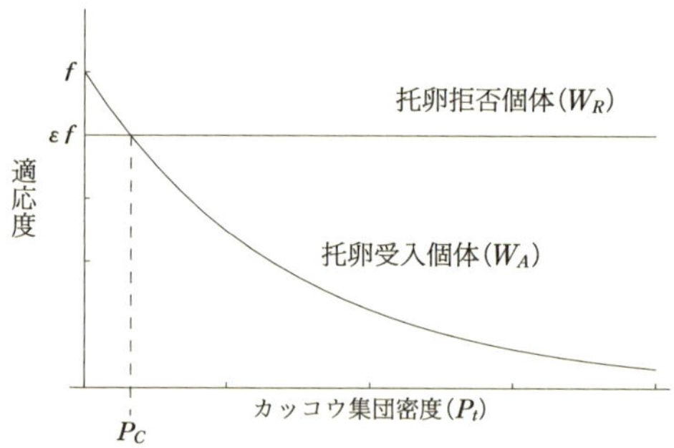

図3　托卵受入個体と托卵拒否個体の適応度 W_A，W_R。托卵拒否コストがある場合（$\varepsilon < 1$），両者の適応度が等しくなるオナガ・カッコウ密度の閾値 P_c が存在する。

つまり，現在低い率でしか托卵拒否率を示さないさまざまな宿主集団は，100％の托卵拒否率を獲得する過程でそれぞれ異なる段階にいるのであって，数百年数千年後には完全な拒否率を示すに至る，である。

しかし，長野県におけるオナガへの新たな托卵は，オナガが托卵される確率 F やオナガ・カッコウ集団密度は定数としてではなく，むしろ動的に変化しうる変数ととらえるべきことを示している。こうした動的な関係では，オナガ集団中に托卵拒否個体が広がってゆくと，オナガ托卵の多くは識別排除されてしまい，オナガ・カッコウは十分に繁殖できずに集団密度が減少することになる。逆にオナガ集団が托卵受入個体で占められる場合，オナガ・カッコウ集団密度は増加することになる。オナガ・カッコウの個体群動態は，オナガ集団中の托卵拒否個体の頻度に依存し，逆もしかりである。すべてが動的に関連しているのである（高須 2002）。

これらの動的な関係の帰結として，以下の結論が得られる。オナガ・カッコウ集団密度は最終的に閾値 P_c へ収束し，オナガ集団中には托卵拒否個体と受入個体が一定の比率で共存する状態に落ち着く。オナガ・カッコウ集団密度が P_c に収束することから，平衡状態におけるオナガの托卵拒否個体頻度はオナガ集団の環境収容量に関係する。環境収容量が高い宿主集団ほど，安定平衡状態における托卵拒否個体者頻度は1に漸近する。逆に環境収容量が低い宿主集団ほど安定平衡状態における托卵拒否個体者頻度は低下し，ある閾値以下では托卵拒否個体頻度はゼロになりうる。オナガ集団が100％托卵拒否者で占められるに至らない理由は直感的に明らかである。つまり，100％托卵拒否をするオナガ集団からはカッコウはまったく繁殖できないため，集団を維持することができず，オナガに托卵圧を持続して掛け続けることができないからである。

托卵が始まった初期段階ではおそらくオナガ集団中の托卵拒否個体頻度は極めて低かったと予想される。このため，初期段階ではオナガ・カッコウ集団が急激に増加し，オナガ集団は極めて高い托卵圧を被ることになった（Yamagishi & Fujioka 1986, Nakamura 1990）。高い托卵率は卵識別行動を選択する強い選択圧，すなわち托卵拒否個体が急速にオナガ集団中に広がることを意味する。1遺伝子座2対立遺伝子を用いた Takasu et al.（1993）によれば，安定な平衡状態へ到達するのに要する時間はたかだか100年程度である。したがって，現在我々が目にする托卵拒否個体と受入個体が混在する状態は，安定な平衡状態である可能性がある。

上で紹介した数理モデルは空間構造をもたないモデルである。すなわち，ある局所地域に生息するカッコウあるいは宿主の集団密度のみに注目したモデルであり，地域外からの移入，地域外への移出といった個体の移動や地理的変異といった要因は考慮されていない。しかしカッコウとホストの実際の関係では，より詳細な地理的スケールで集団密度の変異，地域間の移動分散や地理的構造といった空間構造をもつのが一般である。カッコウの托卵の場合，すべての宿主巣が等しい確率で托卵されることはなく，周囲の植生などの要因により，ほぼ確実に托卵される宿主巣とそうでない巣が存在することが実証研究により明らかにされている(Røskaft et al. 2002)。つまり，宿主が托卵されるリスクは空間的に一様ではないのである。

こうした托卵リスクの不均一性の効果を調べるため，Barabás et al.(2004)は托卵が起こりうるパッチとそうでないパッチの2パッチモデルを，Røskaft et al.(2006)はより現実的な2次元格子を仮定した空間構造モデルで解析している。両者とも，托卵リスクがあるパッチでは，寄生者密度に応じて托卵拒否戦略が選択され，托卵リスクがないパッチでは托卵拒否コストのため托卵受入戦略が有利となることを仮定している。その結果，托卵リスクがあるパッチとそうでないパッチの比率に応じて，托卵されつつも托卵拒否個体頻度がほとんど増加しない状況が可能となる(図4)。托卵リスクパッチでは托卵はすべて成功し，宿主集団はほとんど繁殖できないいわゆるsink集団を形成する。周囲の托卵リスクがないパッチからの移入により，系全体としてこの状態が安定状態として保たれる。托卵リスクの空間不均一性を考慮することで，宿主の不完全な托卵対抗手段が平衡状態としてより実現しやすくなるのである。

以上，オナガが托卵識別排除能力という托卵対抗手段を比較的短期間のうちに獲得するシナリオを紹介した。オナガの托卵識別排除能力が果たして何らかの遺伝的基盤をもつかどうかは明らかにされていない。また，オナガとカッコウの局所地域間の移動分散に関しても，空間構造を考慮したモデルの

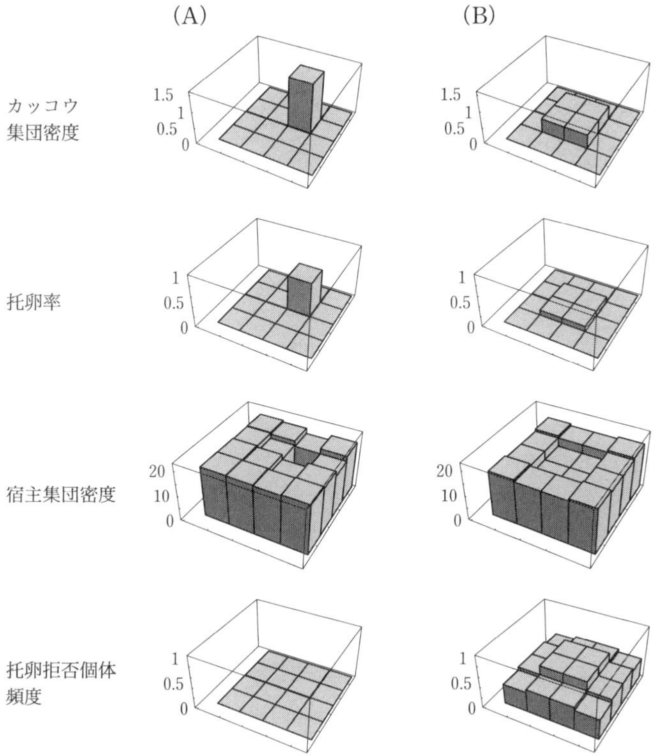

図4　4×4格子空間上における平衡状態(Røskaft et al. 2006を改変)。上からそれぞれ，カッコウ集団密度，托卵率(托卵される宿主巣の比率)，宿主集団密度，宿主集団中の托卵拒否個体頻度。(A)托卵リスクパッチが1つの場合。そのパッチ内ではほぼすべての宿主巣が托卵されるが，宿主はほぼすべての托卵を受け入れる。(B)托卵リスクパッチが4つの場合

検証に使用可能な実証的なデータは得られていない。地理的変異に注目した今後の野外観察・実験と分子遺伝学の両方からのさらなる研究が必要である。

4. オナガとオナガ・カッコウの今後

すでに述べたように，寄生者と宿主は互いの適応度を最大化すべく，軍拡競争型の共進化をたどると考えられる。カッコウとその宿主に関する数多くの実証研究が明らかにしたように，オナガが托卵識別排除能力を示すように

なれば，オナガ・カッコウにはオナガの卵識別能力を無効化する方向への選択圧，すなわち卵擬態，が働くことになる。

オナガの巣で見つかったオナガ・カッコウの卵模様は，線模様主体のものから線と点の混在，線模様をもたないものまでさまざまであった。さらに，オナガ・カッコウの卵模様の変異は，オナガへの托卵開始が最も遅い地域で最も高く，托卵年数が長い地域ほど低くなっていた（Nakamura et al. 1998）。これは，当初，托卵識別能力をもたないオナガにさまざまな模様をもつ複数のカッコウ雌が互いに独立に托卵を開始したものの，オナガが卵識別能力を獲得するにつれ，線模様をもたないオナガ卵と似ていないカッコウ卵を排除した結果，托卵歴が長い地域ではオナガ・カッコウ卵の卵模様変異が小さくなったことを示唆している。

鳥類の卵模様の決定要因については不明な点が多い。しかし，何らかの遺伝的要因が関係していると考えられている（Gosler et al. 2000）。日本に生息するカッコウ類のホトトギス *Cucurus poliocephalus* は主にウグイスに托卵する托卵鳥である。ホトトギスの卵はウグイスの卵と同じチョコレート色であり，ウグイスはチョコレート色以外の模擬卵を排除する傾向が強いことが確認されている（Higuchi 1998）。ホトトギスで見られる卵擬態が，いずれはオナガ・カッコウでも見られるようになるのかもしれない。また，卵模様に関する近年の研究は，托卵が宿主の卵模様の変異に影響を与える可能性があること（Stokke et al. 2002），寄生者の卵擬態に対し宿主の側が自らの卵模様を変化させることで，寄生者の卵擬態を無効化している可能性を示唆している（Moskát et al. 2008）。つまり，寄生者の卵擬態に対して，宿主が卵模様の巣内変異（同一雌が産む卵の模様の変異）を減少させ，巣間変異（雌間の卵模様の変異）を増加させることで，寄生者の卵擬態を無効にするのである（Davies & Brooke 1989b）。寄生者は宿主の卵に似せるべく，宿主は似せられないべく，卵模様に関する軍拡競争を行う可能性である（Takasu 2003, 2005）。今後の卵模様遺伝様式の具体的な機構解明，ならびに実証研究にもとづく数理モデル解析が待たれるところである。

5. まとめと今後の展望

カッコウとオナガの分布域が重なることで偶然少数のカッコウ雌がオナガに托卵した結果，オナガ・カッコウ集団密度が増加してオナガへの托卵が成立したことは紛れもない事実である。本章では，進化生態学上の実験とも呼べるオナガへの新しい托卵開始，オナガの托卵対抗手段の獲得の過程，ならびに両者の今後の行方を数理の立場から概観してみた。

オナガは80年代後半にある程度の卵識別能力を示すに至っているが，Andou et al.(2005)は，90年代初頭の長野市千曲川河川域のオナガとカッコウの関係を調査した結果，同地域の主要宿主であるオオヨシキリと比較して，①オナガはカッコウに対してほとんど攻撃性を示さないこと，②托卵の際にカッコウ雌はオナガ巣により長時間滞在することを明らかにしている。カッコウへの攻撃性は托卵自体を回避する宿主の托卵対抗手段の1つとして機能すると考えられる。オナガへの托卵が継続すれば，カッコウに対する攻撃性は徐々に高まってゆくのかもしれない。卵識別能力と合わせて継続的なモニタリングが必要である。

この章で用いた数理的手法はいわゆる決定論的個体群動態と呼ばれるもので，生態学的時間スケールにおける非負の実数としての集団密度の動態を記述するものである。決定論的な個体群動態では，初期状態(最初の集団密度)を与えれば，将来の動態が一意に決まる。したがって，新しい宿主へのカッコウ托卵の確立は，カッコウ雌が新宿主へ托卵を始めた当初の微少なカッコウ集団密度が増加するという侵入可能性条件を解析するだけでことがすむ。しかし，おそらく，新宿主に偶然托卵した1羽のカッコウ雌に始まる新しいカッコウ集団の動態は，本来は非負の整数としての個体群動態を確率論的に記述しなければばならない。なぜなら，たとえ最初のカッコウ雌が偶然オナガに托卵したとしても，このカッコウ卵が無事に育つことがなければ翌年以降新宿主への托卵は成立しないからである。そして，カッコウ卵もしくはカッコウ個体が翌年まで生存するかしないかは，あくまで確率的に決まる事象だからである。個体数の動態は，本来は確率論的に決まっているのである。

密度ではなく個体数の動態を確率論的に記述する個体群動態は，集団密度が極めて低い生物集団の絶滅リスクを評価するために用いられる手法である。確率論的個体群動態モデルを解析することで，新しい宿主への托卵が成立する確率，1羽から始まる個体数が十分増加して研究者の観測にかかる（すなわち托卵が成立する）までの年数などを定量的に評価できる。

また，単純な空間構造モデルが示したように，局所地域における寄生者と宿主の関係には局所地域間の個体の移動をともなう空間構造が深く関与すると考えられる。こうしたメタ集団における個体群動態並びに進化動態の行方は自明ではない（Thompson 2005）。今後の数理的研究の展開が待たれるところである。

托卵鳥と宿主の関係は，捕食者・被食者といった互いの利益が相反する非対称な関係で見られる軍拡競争型共進化のモデルケースである（Rothstein 1990）。両者の生態ならびに適応的形質・行動を明らかにすることは，より一般的な非対称関係における共進化をより深く理解することに貢献するだろう。鳥類の約1%（100種）は托卵性であり，カッコウは，宿主との関係が最も良く調査・研究されている托卵鳥の1つにすぎない（Davies 2000）。カッコウ以外の托卵鳥を調べることで，我々はさらに驚くべき実態を目の当たりにするのかもしれない。実証・理論の両面における今後の研究の展開が期待される。

外来鳥類ソウシチョウの生態と在来鳥類へ与える影響

第6章

天野　一葉

宮崎と鹿児島の県境にある霧島えびの高原へ春から秋にかけて訪れると，流麗なさえずりがササ薮のあちこちから聞こえてくる。5～7月ごろにはウグイスのさえずりも加わり，初夏の林は鳥たちのさえずりであふれる。しかし流麗な合唱の主役は，もともと日本にはいなかった外来種で，最近20～30年間に関東以西の森林で分布を拡大させたソウシチョウ *Leiothrix lutea* である(図1)。

外来種は人為的に本来の生息範囲外へ移動させられた生物のことであり，外来種の影響は，長期的には生息地の消失よりも大きく，生物多様性の保全の最大の脅威になると考えられている(Clout 2000)。外来種は，捕食などによって在来種へ直接的な被害を与えるだけでなく，遺伝的攪乱，病気の運搬，生態系の攪乱などを通じて，長期的には地域固有の生物多様性を低下させる。

それぞれの地域は，長い歴史のなかで地域固有の生物相と生態系を形づくってきた。1つの種が種分化するのに少なくとも数万～数十万年はかかると考えられるが(Avise 2000, Genner et. al. 2007)，外来種の侵入は人間活動が活発になった最近200年間でのできごとであり，長い間生物が培ってきた関係性が一瞬にして失われようとしているのが，外来種問題の本質である。

外来種に関する生態学的に重要な問いは，①侵入に成功することができた種の生態学的な特徴は何か，②在来生物への影響は何かということである。外来種と在来種両方の生態学的な特徴を明らかにすることは，移入成功に関

図1　ソウシチョウ。美しい声と姿をしているため飼い鳥として人気があり，江戸時代から日本に輸入されていた。

わる要因の解明と，外来種と在来種の競争を研究するために重要である。本章では，まず日本の外来鳥類の現状について概略し，次に野外調査の結果をもとに，自然林で近年個体数を増加させたソウシチョウに焦点を当て，本種の日本における生態と在来鳥類への影響を紹介し，その対策について考えてみたい。外来種の鳥類をここでは外来鳥類と呼ぶことにする。

1. 日本の外来鳥類の現状

野外で目撃した外来鳥類に関するアンケートを自然保護団体の機関誌やメーリングリスト，鳥類研究者へ直接問い合わせるなどして実施したところ，563件の情報が寄せられた。既存の情報と総合すると，日本で繁殖したことのある外来鳥類は，6目43種にのぼった(Eguchi & Amano 2004)。最近では，チドリ目のクロエリセイタカシギ *Himantopus himantopus mexicanus* などが追加され，46種が挙げられている(金井 2007)。

アンケートでは，スズメ目，インコ目(セキセイインコ *Melopsittacus undulatus* など)，キジ目(コジュケイ *Bambusicola thoracica* など)，カモ目(コブ

ハクチョウ *Cygnus olor* など)の順に記録が多く，他にハト目のカワラバト(ドバト *Columba livia*)，コウノトリ目のインドトキコウ *Mycteria leucocephala* があった。スズメ目では，チメドリ科のソウシチョウとガビチョウ *Garrulax canorus*，カエデチョウ科ベニスズメ *Amandava amandava*，ムクドリ科ハッカチョウ *Acridotheres cristatellus* の記録が多く，意図的に導入されたコジュケイ，コウライキジ *Phasianus colchicus karpowi*，カササギ *Pica pica* を除くと，ほとんどは飼い鳥が野生化した種類であった。このうち外来鳥類による影響が報告されている種は少ないが，在来種(亜種)との交雑(コウライキジ，クロエリセイタカシギ)，農業被害または在来小動物の捕食(インドクジャク *Pavo cristatus*，シロガシラ *Pycnonotus sinensis*，カササギ)が知られている。

外来鳥類がよく記録される環境は，河川，ヨシ原，住宅地(公園・工場含む)，森林，農耕地であり，自然・人為的な環境攪乱のある場所に多い。主に森林を利用する外来鳥類は8種であったが，5件以上の記録があるのはソウシチョウとガビチョウ，コジュケイだけで，定着に成功した種が少ない傾向にある。森林性鳥類は定着しにくいと考えられているが(Long 1981)，なぜこれらの種は日本の森林に定着できたのだろうか。ハワイ諸島の自然林では，2種のチメドリ科鳥類(ガビチョウ，ソウシチョウ)とメジロ *Zosterops japonica* が定着しており，日本の森林に定着した種が海外の森林でも定着していることは興味深い。

2. ソウシチョウとウグイスの営巣環境選択と繁殖成功

ソウシチョウは中国南部からヒマラヤが原産で，日本には本来分布しないチメドリ科に属している。飼いやすく美しい姿と声をしているため飼い鳥として人気があり，日本へは江戸時代中期から輸入された(菅原・柿澤 1993)。日本では1980年前後から，関東以西の落葉広葉樹林でソウシチョウの個体数の急速な増加が観察されるようになり(江口・増田 1994，東條 1994)，いくつかの地域では優占種となっている(江口・天野 2000)。海外では，北米，ヨーロッパ，ハワイ諸島などで移入個体群が報告されている(Long 1981, Lever 1987)。

ソウシチョウは日本の落葉広葉樹林において森林下層部で採食し，ササの間に営巣する(江口・増田 1994)。九州の落葉広葉樹林には森林下層部を利用する種が少なく，有力な競争種がいなかったためソウシチョウが定着できたと考えられているが，生態系内での空間利用についての知見はほとんどない。ウグイスだけが同じ生息環境に営巣しており，競争が予想される。

そこで筆者らは，1997〜1999 年にかけて，宮崎県えびの高原にて営巣環境と採食行動の調査を行った。ここはソウシチョウが記録されて約 20 年経った地域である。調査地は，ミズナラやアカマツ，タンナサワフタギなどが優占し，高さ 2 m ほどのスズタケがパッチ状に分布する標高 1,200 m の針広混交林である。約 10 m 幅の道路が調査地中央の森林内を走っている。

4〜9 月の繁殖期間に，ササ群落内のソウシチョウとウグイスの営巣場所を調査した。1998 年の調査では，ソウシチョウの完成した巣(72 巣)は，ウグイスの完成した巣(32 巣)よりも約 2 倍多く見つかった。ソウシチョウの巣は，直径および高さが 10 cm 前後の椀型で，ササの葉，コケ，植物の根でつくられていた。巣はスズタケの枝先に植物の繊維を使ってかがり付けられる(図 2)。一方，ウグイスの巣は，ササの葉だけでつくられた球状で，スズタケの茎に巻き付けるようにしてつくられ，直径 10 cm，高さ 15 cm 前

図 2　スズタケにつくられたソウシチョウの巣

後である。

2 種とも営巣したスズタケの高さは 2 m 前後で差はなかったが，ソウシチョウでは枝先に巣を取り付けるため，巣の高さは平均 160 cm 前後で，140 cm 前後のウグイスよりも高いところにあった。2 種の巣の分布はかなり重なっていたが，ウグイスは巣をつくるために密集した 4〜5 本のササが必要なため，ササ密度の高い舗装道路の脇などの林縁に巣が集中した。ソウシチョウは，ササの枝先に巣をかがり付けて固定するため，ウグイスほど高密度のササは必要でなく，森林内のササ群落に営巣していた。ウグイスは，日本の他の地域でもササの茎の中間部分に営巣しており，本来ソウシチョウとウグイスは異なった微小営巣場所選好性をもつために，ササ群落での同所的な営巣が可能と思われる。

スズタケの葉は，茎の上部に付いているため，ササ群落の樹冠部につくられた巣は見えにくく，茎の中間部分につくられた巣は見えやすい。地上やササ群落内を移動してくる捕食者を想定して，角度の違いによる巣の見えやすさが営巣場所選択に関与しているかどうかを調べた。巣の見えやすさは，5×5 cm 角の格子を描いた白いプラスチック板(30×45 cm)を地面に垂直に置き，水平方向に 1.5 m 離れた場所から板上に見える交点の数を指標とした。この指標は 0(見えない)〜54(完全に見える)までの値を取る。巣場所と対照地点において，ササ密度(50 cm 四方コドラートのササの茎数)および，この指標を①地上 1 m の水平方向，②地上 1 m から斜めに樹冠を見上げた方向，③樹冠の水平方向，の 3 方向から測定した。対照地点は各巣から北へ 10 m 離れた地点に設定した。

その結果，両種とも対照地点より隠蔽度が高く，ササ密度が高いところに巣をつくっていた。ソウシチョウでは，ササ密度が高く，地上から樹冠を見た方向および樹冠の水平方向から巣が見えにくい場所を営巣場所として選択していた。しかし，これらの変数について多変量解析の一種であるロジスティック回帰分析を行うと，これらの変数の全体の寄与率は低く($R^2=$0.14)，巣場所と対照地点を分ける有意な要因はなかった。一方，ウグイスでは，ササ密度が高く，どの方向からもよく隠蔽された場所を選んでおり，ロジスティック回帰分析を行うと，ササ密度とササ樹冠の下および横からの見えにくさが，巣場所と対照地点を分ける有意な要因となっていた(Amano & Eguchi 2002a)。

えびの高原では捕食者として，ヘビ(種不明)やカケス *Garrulus glandarius* が雛を捕食しているのが観察された。ハシブトガラス *Corvus macrorhynchos* やイタチ，テンも捕食者である可能性がある。えびの高原での繁殖成功率は，ソウシチョウ2.9〜9.8%，ウグイス0〜5.6%とかなり低く，ソウシチョウでは営巣成功に関係する営巣環境の特徴は認められなかった。ウグイスではサンプル数が少なく検定できなかった。ソウシチョウの親鳥が警戒声を上げると，近くにすーっと飛来してくるカケスを目撃した。カケスを含むカラスなど鳥類の捕食者は，視覚によって巣を探すが，巣場所の環境だけでなく，親鳥の行動も巣を探す手がかりとしている。一方，ヘビは視覚よりも嗅覚によって巣を探す。地上から探索する小型哺乳類では主に嗅覚を手がかりとするだろう。えびの高原では，巣の捕食率が高く，さまざまな探索タイプの捕食者がいるため，営巣成功と巣の特徴との間に有意な関係を検出することができなかった可能性がある。また，ソウシチョウの場合は，この地域の新参者であり，新しい捕食者ギルドへの対抗適応が発達するのに，十分な時間が経っていないのかもしれない。

3. ソウシチョウと在来鳥類の採食ニッチの違い

原産地でソウシチョウは，主に膜翅目幼虫やガガンボ，シロアリなどの昆虫類や種子・果実などの植物質を食べるが(Long 1987)，えびの高原でも，鱗翅目幼虫やシリアゲムシなどの飛翔性昆虫，バッタ類，果実の採食が観察されている。営巣場所の選好性に続き，ソウシチョウの採食空間の利用様式の特徴について明らかにするために，似た食物ニッチをもつシジュウカラ類 *Parus* spp. やウグイスの採食行動と比較した。採食行動として，採食高，採食した樹木の高さ，採食部位，採食部位の樹木での位置(樹木の外側・中間・内側)，利用植物(落葉広葉樹・常緑広葉樹・針葉樹・ササ・その他)，採食方法，採食場所のササの有無を記録した。採食部位は，葉，小枝，太枝，幹，下生え，地表，空中の7種類に分け，採食方法は，つまみどり(glean)，

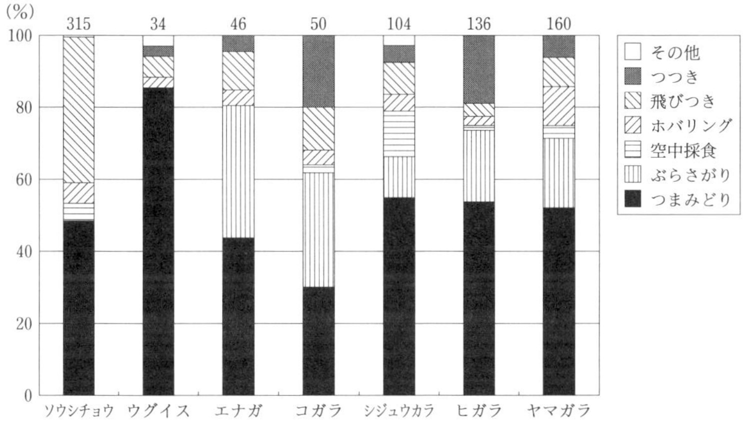

図3　ソウシチョウと在来鳥類群集の採食方法(Amano & Eguchi 2002b をもとに描く)。棒グラフの上の数字は，サンプル数を表す。

飛びつき(jump)，ホバリング(hover)，空中採食(hawk)，つつき(peck)，ぶらさがり(hang)，その他の7種類に分けて記録した。

その結果，ソウシチョウは採食場所として森林下層部を利用しており，ササ群落の上部で飛びつき採食を多用する特徴があることがわかった(Amano & Eguchi 2002b；図3)。採食空間として，ソウシチョウは地上2〜6 m の森林下層部をよく利用し，ウグイスは主に4 m 以下のより低い下層部を利用していた。ヤマガラ *Parus varius* とヒガラ *P. ater* は，8 m 以上の森林上層部を多く利用しており，ソウシチョウと有意に異なっていた。コガラ *P. montanus*，シジュウカラ *P. major*，エナガ *Aegithalos caudatus* は幅広い高さを利用しており，ソウシチョウと差はなかった。ササ群落が存在する場所での採食頻度は種により差があった。ソウシチョウとウグイスは，下生えにササがあるところで，シジュウカラ，コガラ，エナガはササのないところでより多く採食を行う傾向があった。選好する樹種にも違いがあり，ソウシチョウ，シジュウカラ，ヤマガラ，コガラは落葉広葉樹をよく利用し，ウグイス，ヒガラ，エナガは落葉広葉樹の他に，針葉樹もよく利用していた。採食方法では，どの種もつまみどり採食をよく行っていたが，特にソウシチョウは飛びつき採食，コガラとヒガラはぶらさがり採食およびつつき採食を行う頻度が高かった。ウグイスは主につまみどり採食を行っていた。

以上より，ソウシチョウは，ササ群落のある森林下層部で飛びつき採食を多用することから，シジュウカラ類が利用していないササ群落の上にいる飛翔性昆虫という資源を利用していることが推測された。この採食空間には飛翔性昆虫の量が多いのだろうか。繁殖期に，ササ群落の上部1mと3mにハエトリテープを仕掛けて飛翔性昆虫とクモ類の数を調べてみたところ，季節により違いがあるものの，双翅目，長翅目，膜翅目などは，ソウシチョウが採食行動を行っていたササ群落の上部1mほどのところに多い傾向にあった(Amano & Eguchi 2002b)。

採食ニッチの分離

上述した採食方法と採食部位の組み合わせ(5%以下の項目は解析から除いた)，利用植物の種類，ササの存在する場所で採食した割合，平均採食高，採食高の標準偏差の各数値を対数変換および標準化後に因子分析を行った。第I～第V因子までで，全分散の97.4%を説明した。第I～第III因子までの各種鳥類の因子得点を各軸に座標付けし，採食行動における種間の類似性を調べた(図4)。第I軸は，主に採食空間が森林下層部か上層部かを表して

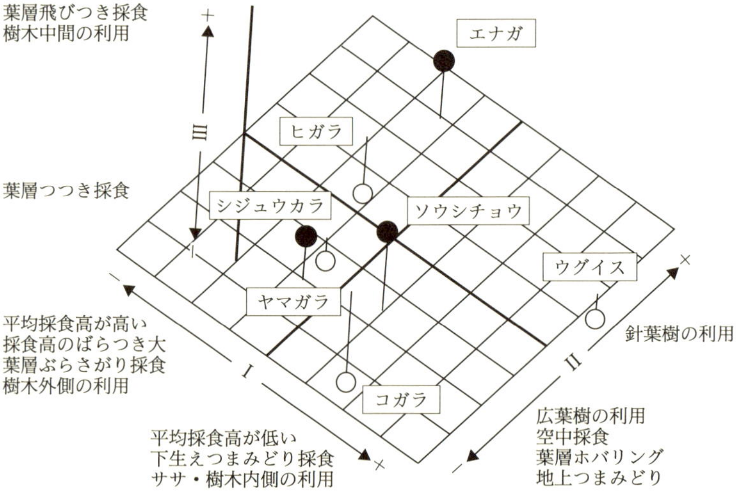

図4　採食行動の因子分析によるソウシチョウと在来鳥類6種の関係。主な回転後の因子軸への投影図。●は第III軸の得点が正，○は負であることを示す。

おり，平均採食高が低く，下生えでのつまみどり採食，ササや樹木内側をよく利用するウグイスはプラス側へ，逆に，平均採食高が高く，採食高のばらつきが大きく，葉層でのぶらさがり採食，樹木外側で採食するヒガラ，エナガ，ヤマガラ，シジュウカラはマイナス側にプロットされた。ソウシチョウは，ウグイスとシジュウカラ類の間にプロットされた。第II軸は，主に選好する樹種の違いを表しており，針葉樹を比較的よく利用したエナガやヒガラ，ウグイスはプラス側にプロットされ，主に広葉樹を利用し，空中採食や葉層ホバリング，地上つまみどり採食を比較的よく行ったソウシチョウ，ヤマガラ，コガラ，シジュウカラはマイナス側にプロットされた。第III軸は，採食部位と採食方法の特徴を表しており，樹木の中間層で，葉層への飛びつき採食を比較的よく行ったソウシチョウやエナガがプラスの得点，逆に，葉層でつつき採食を比較的よく行ったコガラやヒガラはマイナスの得点となった。

ソウシチョウは，ウグイスよりもシジュウカラ類に近い採食ニッチをもつと考えられるが，森林下層部を利用するウグイスと森林上層部を利用するシジュウカラ類の間の空間で，広葉樹中間層の葉層へ飛びつき採食を多用するという特徴をもっていることがわかる。

形態による制約

えびの高原で観察されたシジュウカラ類の採食行動と利用空間は日本の他地域の観察(中村 1970，1978，小笠原 1975)と同様の傾向を示していた。シジュウカラ類はソウシチョウのようなすばやい移動と飛びつき採食はほとんどせず，ソウシチョウはシジュウカラ類のようなぶらさがり採食やつつき採食をしなかった。ソウシチョウは形態上，シジュウカラ類に比べ，嘴や跗蹠が細長く，また体重も重いため，シジュウカラ類のようなぶらさがり採食や食物を脚で押さえてつつく採食方法，幹に取りついて移動しながら食物を探すような採食方法には向いていないのだろう。形態的特性は採食形式の制限要因の１つであり(中村 1978)，これらの採食行動の違いは競争の結果の分離というよりも，形態による制約によるものが大きいと思われる。例えば，長い嘴は飛翔性昆虫を捕らえるのに適しており，短い嘴はつまみどり採食を行う鳥類に主に見られる。ウグイスは細長い嘴と跗蹠，細身の体型をしており，ササの茎をつかんでササ群落のなかで採食するのに向いていると考えられる。ソウシチョウは長めの嘴と体重の割に短く丸い翼をしており，比較的幅広く，外側にカーブするように曲がった尾羽をもっている。丸い翼や横に広がる尾羽は機動性が高く，込み入った枝の間で急な回転運動を行いながら採食することを可能にする。

これらの結果は，九州のソウシチョウは落葉広葉樹林のササ密度の高い地域で，森林下層部を採食空間として利用しており，生息標高範囲が共通する他の鳥類とは採食空間や選択する林相を違えているとしたこれまでの観察(江口・増田 1994)と一致する。九州のソウシチョウの生息環境には森林下層部を利用する種が少なく，有力な競争種がいなかったため，ソウシチョウが定着できたと考えられている(佐藤 1992，江口・増田 1994)。ソウシチョウは，シジュウカラ類やウグイスがあまり利用しない森林下層部の下生えの多い環境の飛翔性昆虫という資源を有効に利用していると考えられ，似た採食ニッチをもつ在来鳥類との食物資源における激しい競争は示唆されなかった。ソウシチョウのいない他地域での観察(中村 1978)と同様の傾向がえびの高原でも観察され，ソウシチョウの侵入によるシジュウカラ類やエナガの採食空間や採食方法の変化は観察されなかった。これまで採食方法や場所を少しずつ違わせながら共存し，混群を形成していた在来鳥類群集のなかに，ソウシチョウも異なった採食方法をもって参加していると考えられる。このことは，鱗翅目幼虫などの食物の豊富な時期には，これらの種はどの種も同じような方法で採食するのに対し，食物が相対的に少なくなる展葉前や果実期には，各種に特徴的な採食方法のパターンが見られる(天野 観察)ことからも支持される。

ソウシチョウは，原産地に似た日本の環境に適応し，営巣や採食において似たニッチをもつ在来鳥類と棲み分け可能であったために日本において自然度の高い森林での定着に成功したと考えられる。

次に，ソウシチョウが日本での定着に成功した他の要因についても考えてみよう。

4. 定着に成功した他の要因

外来鳥類の定着に影響すると考えられている要因を挙げ，日本のソウシチョウの例を表1にまとめた。定着成功に関係する要因として，移入努力，原産地との環境適合性，種の性質，種間競争，狩猟・駆除，病気などが考えられている。

移入努力

第一に移入個体数や回数が多ければ，新天地での定着確率が高くなると考えられる。ソウシチョウは江戸時代から飼い鳥として輸入されてきた。1990～1992年の統計では日本への輸出鳥類総数4万4,000～8万5,000羽のうち12.7%をソウシチョウが占めていた(Melville 1994)。最近では1997～2000年に740～1万3,500羽のソウシチョウが中国経由(一部は中国からマレーシア経由)で日本へ輸出された記録がある(CITES Trade Database: http://www.unep-wcmc.org/citestrade/trade.cfm)。このような輸入個体が業者や一般家庭から逸出して，野外で定着したと考えられている(江口 2002)。特に事業の破綻などにより，まとまった数が一度に逸出・放鳥されれば定着に成功する可能性が高くなるだろう。

原産地との環境適合性

次の段階として野外で生存・繁殖していくためには，原産地と移入先の環境適合性(Blackburn & Duncan 2001)，種の性質(Simberloff 1992)，種間競争などが重要となる。環境適合性について，ソウシチョウの原産地域は北緯22～35°で，日本でもほぼ同じ緯度帯の北緯32～36°に分布する。中国では山地の渓流ぞいで多く見られ(Long 1987)，日本での主な生息環境と一致する。また，原産地のヒマラヤから中国南部にかけての帯状の地域と南西諸島を除く日本は，西部支那系(蝶類，白水 1947)や日華区系(植物)という生物地理区にまとめられることがあるが，動植物相の共通性が高いことは，ソウシチョウの定着に有利に働くだろう。自然災害については，宮崎県えびの高原では

表1　外来鳥類の定着に関わる要因

要	因	日本のソウシチョウの例	促進(＋) 阻害(－)
移入努力	移入個体数・回数が多い	飼い鳥として主に中国から輸入されていた。国内へ輸入される鳥類の12.7%を占めるなど輸入個体数・頻度は多い。現在，中国からの輸入は禁止されている。	＋
原産地との環境適合性	生息環境	繁殖地は原産地と同様に主に落葉広葉樹林などの森林。	＋
	気候	日本での分布域は原産地域と同じアジアの温帯地域で，共通種が多い。	＋
	自然災害	台風による巣の倒壊による雛の死亡例が，宮崎県えびの高原で観察されている。しかし，日本では個体群の存続に大きな影響は与えていないと考えられる。	±
種の性質	食性	特殊化していない。昆虫・種子・果実などを採食する。	＋
	生息地	特殊化していない。下層群落のある落葉広葉樹林などで繁殖する。非繁殖期には低地の公園・竹林などにも現れる。	＋
	増殖能力	ルースコロニアルな営巣形態で高密度の繁殖が可能。群集性が強い。繁殖期が長い。失敗後に再営巣を行う。	＋
	渡りの性質	非繁殖期は山地から低地へ移動するが，長距離の渡りはしない。	＋
	性的二型	性的二型は小さい。	＋
種間関係	捕食	ヘビ類，カケス，カラス，イタチなどの捕食により繁殖成功率は低い。生息環境の森林は，一般的に外来鳥類が定着成功しやすいといわれる人為的攪乱環境・二次林・開放地・植生遷移初期よりも捕食者が多い。	－
	托卵	托卵の報告はいまのところない。	＋
	種間競争	直接的闘争の報告はない。営巣・採食環境は在来種と微細生息環境が異なる。ウグイスと共通の捕食者を介した見かけの競争関係にある可能性がある。	±
狩猟・駆除		狩猟・駆除は行われていない。	＋
病気		日本における原虫感染率は平均より低い。条虫や外部寄生虫のトリサシダニが確認されている。	±

台風による雛の落下が観察されたが，暴風雨が個体群に壊滅的な被害を与えることのある低緯度地域ほどには大きな影響を与えていないと考えられる。

種の性質

定着に成功しやすい種の性質を考える。ソウシチョウの食性は昆虫，果実，種子，花を食べるジェネラリストであり，生息環境も下層群落のある落葉広葉樹林であり，特殊な環境ではなく，関東以西の山地ではソウシチョウの分布は拡大傾向にある(堀本 2007)。営巣場所は森林内のササ群落などであり，樹洞に営巣する鳥類と比べて営巣場所による制限が少ない。さらに繁殖巣の近くにソウシチョウの群れが現れても，縄張り防衛行動は観察されなかったこと，また 20 m ほどの比較的狭い間隔で繁殖巣が存在したこと，つがいの行動圏はその間隔より広かったことから，ソウシチョウの営巣形態は，草原性鳥類によく見られるルースコロニアル(ゆるやかな集団営巣)と考えられ，高密度で繁殖が可能である。繁殖期も比較的長く，4 月下旬から 9 月上旬に産卵巣が見つかっている。営巣失敗後，すぐに再営巣可能であることも示唆されている(Amano & Eguchi 2002a)。ソウシチョウは非繁殖期に 30 羽以上の大きな群れが観察されることもあり，集合性が強い。また，非繁殖期にはふもとに降りてくるなど上下移動は行うが，定住的で(Long 1981)，長距離移動はしないと考えられている。もし長距離を移動する性質があると，密度が低いときにはつがい相手に出会う確率が低くなり，繁殖可能性が低くなる。一般に性的二型が発達した雄には生存コストがかかるため，そうでない種より生存率が低い。高い確率でつがい外交尾を行う性的二型種は，巣の捕食に遭いやすく繁殖成功率が低い傾向にある。また一部の雄が雌を独占すると実際に繁殖に参加する効果的集団サイズが小さくなるために絶滅確率が高くなる。このように性的二型が大きいほど移入に失敗しやすい傾向があるが(Sorci et al. 1998)，ソウシチョウでは雌雄同色で，体は雄の方が大きい傾向があるものの性的二型は小さい(Kawano et al. 2000)。

種間関係

移入先での捕食圧の強さは個体群動態に強く関与する要因である。えびの高原の観察では，ソウチョウの被捕食率は高く，カケス・ヘビ類による捕食が確認されている。ハシブトガラスもソウシチョウの雛や卵を捕食している可能性がある。托卵の被害は今のところ報告されていない。

外来鳥類が，自然林に侵入できないことは環境によるものか，在来群集との競争の結果によるものかは意見が分れている。在来種の抵抗や種間競争が存在するという根拠として，同属のペアで比較したとき嘴サイズの差が大きいほど共存する(Moulton 1985)こと，移入成功率は在来種の数が多いほど低下する(Case 1991)ことが挙げられている。これまで述べたように日本のソウシチョウでは，原産地と似た環境のもとで自然林に侵入し，在来鳥類と資源をめぐる激しい競争は示唆されていない。

狩猟・駆除

ソウシチョウへの狩猟や駆除は，日本では行われていない。

病　気

日本の36種のスズメ目鳥類(外来種含む)で血液寄生虫の感染率を調べた研究では，ソウシチョウのマラリア原虫の感染率は0%であり，平均の14.5%より低く，またトリパノゾーマ原虫の感染率は18.1%で，平均の25.1%よりも低かった(Nagata 2006)。また小腸からは*Anonchotaenia*属の条虫が，外部寄生虫では，野鳥で普通に寄生が見られるトリサシダニが確認されている(吉野ほか 2003)。また米国の飼育個体では下痢などの症状を引き起こすコクシジウムが糞から見つかっている(McQuistion et al. 1996)。このことから，日本で定着する際に病気は制限要因になっていないように思える。むしろ新たな寄生虫を日本へ持ち込む可能性が危惧されるが情報は少ない。吉野ほか(2003)は，下層部の植生密度の高い森林を好むソウシチョウやガビチョウでは，在来鳥類群集との間で病原原虫の運搬者となる外部寄生虫の授受が容易に起こるのではないかと，考えている。

以降では，在来鳥類への影響とその対策について考えてみよう。

5. 在来鳥類への影響

ソウシチョウによる直接的な競争関係はこれまで報告されていないが，直接的な相互作用(干渉)だけでなく天敵や寄生虫などの媒介や，2種の採食方法の違いなどの間接的な影響も種の交替ないし個体群の交替をもたらすかもしれない(Elton 1958)。上述のように，ソウシチョウはスズタケ群落で，ウグイスの約2倍の密度で繁殖していた。しかしソウシチョウとウグイスの繁殖成功巣の割合はともに低く，特に，ウグイスは0〜5.3%と非常に低くなっていた。ソウシチョウの未侵入地である新潟県妙高高原での繁殖成功率27%(濱尾 1992)や長野県戸隠での41.7%(羽田・岡部 1970)に比べてもかなり低い値である。

ソウシチョウの増加がウグイスの繁殖に与える影響を調べるため，2002〜2003年の繁殖期にえびの高原(鹿児島県，宮崎県)において，ソウシチョウの巣を繰り返し除去した地域(除去区)と除去していない地域(対照区)で，ウグイスの繁殖成功率が比較された(江口・天野 2008)。この結果，2002年は巣密度の低くなった除去区で対照区より巣の全期間生存確率は有意に高く，2003年はウグイスの巣数が減少したために有意差が生じなかったが，除去区の生存確率は高い傾向にあった(図5)。このことから，ソウシチョウ

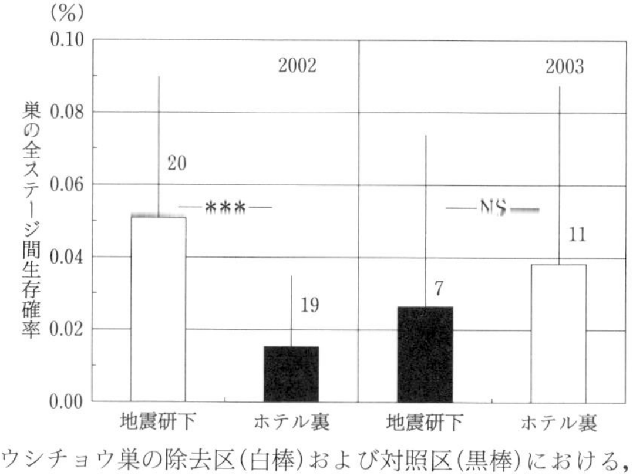

図5　ソウシチョウ巣の除去区(白棒)および対照区(黒棒)における，産卵から育雛期間のウグイス巣の生存確率(江口・天野 2008より)。棒グラフの上の線は標準偏差，数値は有効巣数を示す。NS：$P>0.05$，***：$P<0.001$

が急速に個体数を増加させて高密度になると，密度依存的に捕食者の探査効率が上昇して(機能の反応，Holling 1959)，ウグイスの巣の偶発的な捕食圧を高めていることが示唆された。ソウシチョウは捕食者を介した見かけの競争(apparent competition)によって，ウグイスの個体群動態へ負の影響を与えている。同様の共通の捕食者を介した間接的な競争は，藪に生息する鳥類群集で知られている(Hoi & Winkler 1994, Martin 1995, Martin & Martin 2001 など)。

6. 外来鳥類の問題と対策

外来鳥類の移入は地域固有の群集構造を変化させ，世界的な生物相の均一化を促進することによって生物多様性を失わせる。農業被害，在来種の捕食や托卵，病気の運搬などの影響の他，直接・間接の競争によって在来種の生存に影響を与える可能性がある。日本のソウシチョウでは，移入先の多くの地域で優占種となって地域の群集構造を変化させており，また間接的な影響によるウグイスの繁殖成功率の低下が示唆されている。在来の地域個体群は長期的な環境変動をくぐり抜けて選択されてきたものであり，将来の予測不可能な環境変動に備えるためには，その構成を最大限に保つことが最も適切な環境対策であると考えられる。このために外来鳥類は可能な限り生態系から除去することが望ましい。しかし移動範囲の広い小型鳥類の場合，定着初期の隔離された個体群であれば根絶も可能であろうが，すでに広い範囲に分布している場合には，根絶は不可能に近いし，捕獲・根絶事業の過程そのものが在来生物群集に大きな影響を与える恐れもある(江口・天野 2000)。効果的な対策のためには，現状のモニタリング，生態学的な特徴の把握(分布，密度，個体の移動，生息環境，生活史，食性，病気の有無など)や在来種への影響，根絶技術(捕獲，混獲防止，環境影響評価など)，管理方法などについて調査研究を行いつつ，根絶効果と在来生物群集への影響とのバランスをとりながら事業を進める必要がある。分布拡大予報(Koike 2006)のような実証的な研究や，根絶事業における動物の適正な取り扱いについて実情にあったルールづくりを進めていくことも必要だろう。

外来種の根絶には多大な費用と労力を要する(山田 2006)。輸入制限や飼育管理の徹底により野外への逸出を防ぐという，水際の阻止が最も重要で効果的であると認識されている。飼い鳥由来の外来種の新規参入を防ぐには，輸入制限や教育効果が大きく（金井 2007），管理計画への関係者間の合意形成も今後重要となってくるだろう。外来鳥類の問題は，他の分類群よりも影響の深刻さがわかりにくいことがあるが，飼育にともなって乱獲が行われている原産地の現状に思いをはせるとともに，あらためて身近な自然の固有性や貴重さを見直すよい機会を与えるかもしれない。

第III部

分布のあり方を探る

鳥類は生息域のなかでどのように空間を利用しているだろうか？　第Ⅲ部ではこの問いに対して，地理情報システム（GIS）による種別の比較研究，周辺環境の影響，および生息地を選択する際の階層的決定プロセスを紹介する。

第７章では，保全対象としてオオタカとサシバ，管理対象としてハシブトガラスとハシボソガラスについて，生息環境のなかに生息位置を落とすことで得られる環境利用のあり方を解析する。例えば同じ里山の猛禽類でも，営巣密度は，オオタカでは樹林と草地の隣接長と，サシバでは樹林と水田の隣接長と密接に関係し，生息環境が微妙に異なることがわかる。この環境利用の違いは，２種の分布域の偏りをよく説明している。

森林の鳥は森林にしか棲めないが，途中に障壁がある場合はどうやって分布を広げるのだろうか？　第８章では，鳥類の生息場所の質についてメタ群集や景観生態学の視点から論じる。一般に，生物が生息場所間を移動するためには，生息場所間の距離が近く，また途中をつなぐ回廊のような構造がある方がよい。では，好適な生息場所の間に広がる景観であるマトリクスの質に良し悪しがある場合，鳥類はどのような反応を示すだろうか？　カラマツの人工林を例に，周辺環境が果たす役割を論じる。

空を飛ぶ鳥類にとって，上空から見る景観は地上に降りてから見る微小環境とは異なるだろう。このように生物が意思決定を行う際に影響を及ぼす空間スケールの違いを組み込んだ研究が盛んになってきた。第９章では，鳥類の分布に影響する３つのスケールを論じる。すなわち行動圏より小さい，行動圏より大きく分散域より小さい，さらに分散域より大きなスケールである。また，これら異なるスケールにわたる現象を統合的に理解する試みも紹介される。この「マルチ・スケール的挑戦」は，個体群，生態系，景観などといった既存の生態学概念を超える新しい研究プログラムであり，生物多様性の保全を図る上でも核となる役割を果たすものとなる。

第7章 鳥類の空間分布のあり方

百瀬　浩

1. 生息環境から鳥類の空間分布を予測する

これまでの章で見てきたように，鳥類は種ごとに必要とする生息環境が異なり，そのことにより多くの鳥類が棲み分け，共存することが可能となっている。熟練した鳥類観察者であれば，ある場所の環境を見ただけで，ここにはこんな種類の鳥がいそうだ，あるいは特定の鳥類の巣がこの辺にありそうだ，などと予測することができる。こうした判断に使われる環境の特徴は大変微妙なものであることも多く，定量的・客観的に分析することは難しいが，熟練観察者はほとんどの場合，樹林の分布など周辺環境の特徴，例えば樹林の種類や面積，配置，あるいは付近に人家がどれくらいあるかといったことを，以前に同様の環境でどんな鳥を見たか，といった経験に照らし合わせて判断していると考えられる。こうした基本的な環境の特徴であれば，パソコンなどを使って定量的に分析することができ，ある場所にどんな鳥がどのくらい棲んでいそうかを，概略的に予測することができる。

本章では，猛禽類の保全とカラスの被害対策という 2 つの分野での研究を例に，鳥類の生息環境を定量的に分析し，分布や個体数を予測するための手法について解説する。

予測は役に立つ

環境の特徴，特に環境要素の面積，配置などの景観的な特徴から，そこに棲む鳥類の種類や個体数(密度)を定量的に予測できれば，種の保全や管理，生息環境の保全，土地利用計画の策定など，さまざまなことに応用できる。このため，生息環境の定量的な評価と分布生息密度の予測は，鳥類をはじめとする野生生物と人が共存するための重要な技術となる。例えば，数が少なく絶滅の恐れがある鳥や，逆に数が多く人間生活や農作物などに被害を与える可能性のある鳥では，保護や管理の目的のため，ある地域にその種が何個体生息しているのかを知る必要がある。個体数(密度)がわからないと，保護・管理のために何か対策を行ったとしても，それに効果があったのか，あるいはむしろ逆効果だったのか，といったことが評価できない。また，ある種が必要とする生息環境の特徴がわかれば，1つの県や国など，広い地域のなかから，その種の生息に適した地域を抽出することができる。こうした情報は，保護区の配置など，人と野生生物の共存のための施策に役立つ。

部分から全体を知る

ある場所に棲む鳥の個体数が知りたいなら，予測などしないで，実際に調査して数を数えればよいと思われるかもしれない。確かに調査して個体数を実測することは最良の方法だが，実際にはそれが困難な場合が多い。その第一の理由は，調査に必要なコスト(人や予算)の制限によるものだ。例えば，ある県にカラスが何羽生息しているか知りたいとして，それを野外調査でしらみつぶしに数えることは，コスト的にも技術的にも不可能に近い。「技術的」というのは，数えている間にも鳥が移動してしまうため，個体識別を行わない限り正確には数えられないからである。このような場合，通常は対象地域を区画に分け，そのなかで一定の努力量で調査して何個体観察できたか，という結果から，区画ごと，あるいは地域ごとの出現頻度など，相対的な個体数を調べることになる。しかし，そうした調査結果が得られても，絶対的な生息密度との関係が明らかになるわけではないので，それについては別の調査で調べて補正する必要がある(Ralph & Scott 1981, Seber 1982)。さらに，調査範囲が広い場合は相対的な密度さえも調査しきれないため，一部の区画を抜き出して調査し，その結果から全体を予測する，といった方法をとらざるをえない。いずれにしても「予測」というプロセスがどこかに入ってくる。

将来予測

鳥の個体数(密度)を把握するために予測が必要な第二の理由は，実測できるのは現在の状態だけで，将来については予測が唯一の手段だということである。例えば，ある樹林地を伐採して何かの施設をつくった場合，周辺地域を含めた種の分布がどう変化するのか，あるいは鳥類保護区をAの場所に設置した場合とBの場所に設置した場合では，保全上の効果はどちらが高いのかなど，種の保全や管理の上では，生物分布の将来変化を予測したいことが多い。このような場合，現在までに得られた種の分布と生息環境の特徴との定量的な関係を手掛かりとして，将来の状態をできるだけ高い精度で予測することが必要となる。

2. 鳥類の空間分布予測の保全への適用——猛禽類の営巣密度分布

前節で，生息環境から鳥類の空間分布を予測することの必要性について述べたが，ここからは実際の研究事例について述べていきたい。猛禽類の保全のため，猛禽類の地域ごとの個体数の分布と，猛禽類の保全上重要な生息環境の特性，そして両者の関係を把握することが重要と考え，1998年から2002年くらいにかけて，栃木県と長野県で猛禽類の調査を行った。ここでは，栃木県での調査結果から，そこで数の多かったサシバ *Butastur indicus* とオオタカ *Accipiter gentilis* の生息環境についての研究を紹介する(百瀬ほか 2005，松江ほか 2006)。

猛禽類の保全にはいくつかの重要な意味合いがある。まず，猛禽類は他の動物を捕まえて食べる捕食者，すなわち生態系の上位種であり，そのため鳥類のなかでも個体数が少なく，生息に広い面積を必要とすることから，希少種となりやすく，それ自身保全の必要性が高い種群である。行動圏が広いということは，保全のために確保すべき樹林地などの面積も広くなることから，狭い地域の保全よりも難しい点が多くなるといえる。また，猛禽類は多様な餌生物に依存していることから，猛禽類の生息を指標として，その餌となる多くの生物が生息していることの目安となる。こうした種は，その種を保全することで，結果的に他の多くの生物も守られる，という意味合いでアンブレラ種と呼ばれる(Noss 1990, Primack 2004)。

野外調査の概要

調査を行ったのは，口絵1に示した栃木県中央部の390 km^{2}の地域で，西側(図の左側)から山地(鹿沼)，大都会(宇都宮市)とその近郊，河川(鬼怒川)，水田地帯，丘陵の谷津田地帯(芳賀郡市貝町)といった環境になっている。かなり広大な調査地だが，ここで営巣したオオタカのつがい数は25程度なので，小鳥でいえば種類によってはたかだか1 km^{2}くらいの調査地を設定したのと同じことになる。図には同時に，調査地で発見されたサシバとオオタカの営巣数の東西方向の分布を示してある。これを見てわかるとおり，オオタカはこの調査地では，都市(宇都宮市の市街地)を除く郊外，農村(主に氾濫原の水田地帯)，台地・丘陵地のいずれでも高い営巣密度(100 km^{2}当たりの営巣数に換算して平均9〜10つがい程度)が見られたが，サシバは図の右端付近の台地・丘陵地部分の谷津田景観が連続的に見られる地域(芳賀郡市貝町付近)で特に高密度に営巣していた。

GISによる情報処理

両種の営巣地点の情報に加えて，各種の環境情報をGIS(地理情報システム)ソフトウェアに取り込み，地理情報データベースを作成した(吉川ほか 2003)。情報をGISで処理することにより，地図としてわかりやすく視覚化したり，データベースとして共有，再利用したりできるなどさまざまなメリットが生じるが，生態学的な分野で特に有用なのは，さまざまな地理情報どうしの空間的な関係を解析して計算する機能である(百瀬 2001)。

例えば，この研究では調査地を約2 km四方の区画(メッシュ)に区切って，そのなかの猛禽の営巣数と，各種環境情報の関係を解析したが，GISソフトの機能を使うと，メッシュ内の営巣数はもちろん，各植生凡例の面積や，メッシュ内の標高差，道路の総延長，植生凡例どうしの隣接長(例えば樹林と草地が接している部分の長さ)の総計，といった量を自動的に計算して集計を行ってくれる。計算結果は各メッシュの属性値としてデータベース(表)の形で保存されるため，それを統計ソフトに取り込んで高度な統計解析も簡単に行うことができる。さらに，計算結果をGISに戻すことで，結果をわかりやすく地図の形で示すことも容易である。

予測モデルの構築

調査によって得られた各メッシュのサシバ，オオタカ営巣数と，メッシュ内の環境要因を数値化した変数群との相関を分析した。目的変数は1つ(例えばサシバの営巣密度)だが，説明変数は複数あるため，多変量の相関を分析する必要がある。こうした場合，以前は重回帰分析がよく用いられたが，サンプルが正規分布する必要があるなど仮定が厳しいことや，目的変数の分布が，例えば確率のように0と1の間の実数をとるのか，個体数のように正の整数をとるのかなど，異なる分布関数に対応できる利点から，最近では一般化線形モデル(Generalized Linear Model)がよく用いられている。これらの計算は無料の統計ソフトであるRを利用すると手軽に行うことができる(R Development Core Team 2009, Crawley 2005, Burnham & Anderson 2002)。また，モデルが線形でない場合解析的な計算が難しいため，マルコフ連鎖モンテカルロシミュレーションにもとづくベイズ統計モデルも用いられ始めている(Albert 2007, McCarthy 2007)。

表1と表2は作成したモデルの構造を示している。オオタカの営巣密度は樹林と草地の隣接長と，サシバの営巣密度は樹林と水田の隣接長(特に周囲の8メッシュも含めた広い範囲での値)と高い正の相関があり，両種とも人口とは負の相関があることがわかった。図1と図2はモデルの予測値と，実

表1　サシバの営巣密度予測モデル(百瀬ほか 2005より)

説明変数名	偏回帰係数	標準偏回帰係数	F値	P値	T値	標準誤差	偏相関	単相関
周囲樹林 - 水田接線長	0.0000547	0.798	149.66	0.000	12.23	0.00000	0.806	0.834
人口	−0.0000591	−0.098	2.26	0.137	−1.50	0.00004	−0.165	−0.398
定数項	−0.4044826				−1.42	0.28544		

決定係数　$R^2=0.70$，$P<0.001$，AIC(Akaike's information criterion)＝288.54

表 2　オオタカの営巣密度予測モデル（松江ほか 2006 より）

説明変数名	偏回帰係数	標準偏回帰係数	F値	P値	T値	標準誤差	偏相関	単相関
面 - 樹林	0.06	0.06	0.13	0.72	0.36	0.16	0.08	0.36
樹林 - 草地	195.85	0.45	7.58	0.01	2.75	71.15	0.52	0.68
人口	−109.07	−0.42	5.97	0.02	−2.44	44.65	−0.48	−0.68
定数項	5179234.53				4.61			

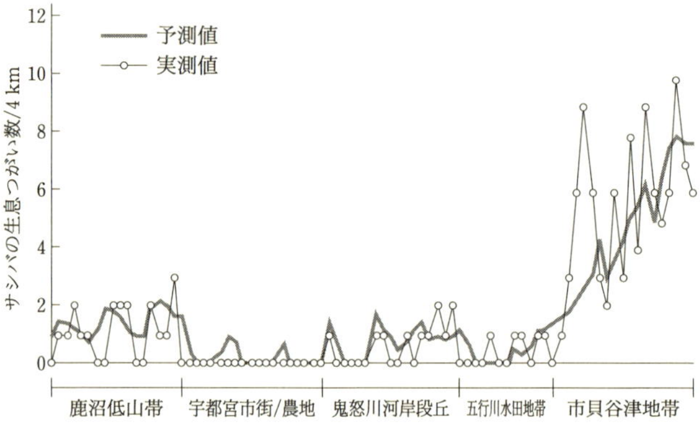

図 1　サシバ営巣密度予測モデルの予測値と実測値の当てはまり（百瀬ほか 2005 より）

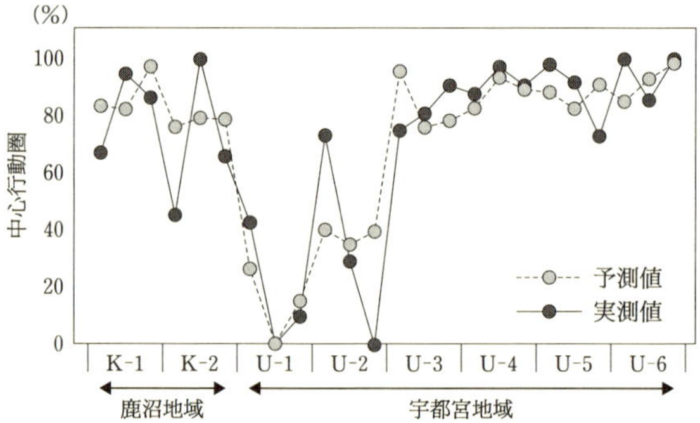

図 2　オオタカ営巣密度予測モデルの予測値と実測値の当てはまり（松江ほか 2006 より）

際に野外で観察した２種の営巣密度の関係を示している。このように，モデルの当てはまりは完全ではないが，野外での実測値と概ね合っていることがわかる。

予測モデルが意味するもの

ここで，得られた予測モデルの中身を両種の生態から考察してみたい。サシバは中型のタカで，日本の東北地方南部より南の地域で繁殖し，冬は南西諸島やフィリピンなどで越冬する渡り鳥（夏鳥）である（樋口 2005，Yamaguchi & Higuchi 2008）。繁殖地である日本では，台地の入り組んだ谷地形の谷底が水田として利用される，いわゆる谷津田，または谷戸（やと）と呼ばれる景観に特に多く生息すること，カエルや昆虫類などさまざまな小動物を巧みに捕えて繁殖していることなどがわかっている（東ほか 1998, 1999，Sakai et al. 2001，植田ほか 2006）。予測モデルでサシバの営巣密度と正の相関があった要因は樹林と水田の隣接長だったが，これはまさに谷津田の景観的な特徴に他ならない（図３）。サシバは谷津田に隣接した斜面林に営巣して，林縁部の樹や電柱などで待ち伏せをして，谷津田の畦で発見したカエルなど，さまざまな小動物

図３　サシバの営巣環境

図 4　オオタカの営巣環境

を捕食する(Sakai et al. 2001)。モデルが予測した谷津田景観は，サシバにとって職住近接とでもいうべき好適な生息環境であったわけである。

一方オオタカでは，営巣密度と草地(畑地を含む)との隣接長に高い正の相関があった。オオタカは樹林で営巣し，鳥類を中心とした獲物を，林縁部を利用して狩ることが多い(遠藤 1996；図 4)ことから，この場合も営巣場所と採食場所が近接した環境としてこの要因が抽出された可能性がある。

保全への適用

1998 年に環境省が公表したレッドリスト(絶滅の恐れのある野生生物の種のリスト)では，オオタカが絶滅危惧II類に指定され，サシバは指定を受けていなかったが，その後の研究(Kawakami & Higuchi 2003)で，サシバの個体数が近年減少しつつあること，オオタカの個体数はむしろ増加傾向にあることなどがわかり，2006 年にオオタカがレッドリストの絶滅危惧II類から準絶滅危惧に格下げされ，逆にランク外のサシバが絶滅危惧II類に新たに入った。

栃木での調査の結果からも，サシバが谷津田景観に特化して生息していたのに対し，オオタカは都市郊外，水田地帯，丘陵地の谷津田，山地と幅広い環境に生息していた。また得られた予測モデルでも，オオタカの営巣密度が樹林の面積ではなく林縁長と相関をもっていたことから，樹林の分断化にも比較的強い可能性があることが示唆されていた。一方サシバの営巣密度は，周囲のメッシュも含めた樹林と水田の隣接長と相関があったことから，谷津田景観が広い面積で連続して存在する必要があり，生息環境の分断化に弱い可能性がある。このように，種が必要とする生息環境の研究結果から，種の保全にもつながる知見が得られることがわかる。

こうした研究の成果によって得られるもう1つの用途としては，好適な生息環境を広域的に抽出できることが挙げられる。例えばサシバの保全上重要な，連続した谷津田景観はどこに残されているのか，調査地周辺の北関東地域について試しに計算してみたのが口絵2である。予測結果が100%正しいという保証はないが，例えば保護区の設置などを計画する際に，こうした手順で候補地を事前抽出するなど，さまざまな応用が考えられる。

今後，多くの種や種群，あるいは生物多様性指標と環境要素の関係を分析することで，生物の生息に適した自然環境の予測評価が定量的に行いやすくなり，人と野生生物の共存の手助けとなることが期待される。

3. 鳥類の空間分布予測の個体群管理への適用
——カラスの営巣密度予測

これまで，猛禽類の保全を例に，生息環境の予測評価に関する研究について述べてきたが，同じ研究手法は，数が多く個体数の抑制を必要とするような，いわゆる「有害種」にも適用できる。ここではカラス類を例に，個体群管理への適用について述べることにする(百瀬ほか 2006)。ハシボソガラス *Corvus corone* とハシブトガラス *C. macrorhynchos* は日本列島に広く分布し，両種とも毎年多額の農業被害を起こしている「有害鳥」で，農林水産省がまとめている被害報告では被害面積，量とも鳥類のなかで第1位である(農林水産省生産局)。カラス類はいろいろな作物に長期間にわたって加害するため，被害を防止する立場からは特にやっかいな相手である(図5)。農業被害

図 5　ハシブトガラスに加害されたトウモロコシ

だけではなく，生ゴミを食い散らかしたり，巣に近づいた人間に対する威嚇による被害が問題となっているほか，送電線の鉄塔に営巣するカラス類によって停電が発生する，あるいはカラス類による鉄道の線路への置き石が発生するなど，人間生活との間にさまざまな軋轢が生じている(樋口・森下2000)。カラスによる被害を軽減するためには，生息地管理等による長期的な個体数調整が必要と考えられるが，そのための基礎資料として，個体数，あるいは営巣密度の推定手法や，生息環境に関する知見が役立つと考えられる。

野外調査の概要

野外調査は，茨城県南部のつくば市周辺に 5 か所，計 58 km² の調査地を設定して実施した。調査地のなかには筑波山のような山地や，畑，市街地がモザイク状に分布する台地，水田地帯，市街地が含まれている。調査方法は，カラス類の繁殖期(2月下旬～8月上旬)に目視調査を行って，巣や家族群の発見や繁殖行動の確認によって営巣状況を確認するというものである。このようなあまりハイテクでない調査を繁殖期間中に延べ387.5時間行った結果，調査地内で計275の営巣場所(ハシボソガラス160，ハシブトガラス115)を発見した。口絵3に1つの調査地(つくば市農林研究団地付近)での2種の営巣場所の分布を示した。

予測モデルの構築

分析の方法は猛禽類の場合とほぼ同じで，調査地を2kmのメッシュで区切って，各メッシュ内のカラス営巣場所数を目的変数，メッシュ内の環境要因群(植生凡例の面積や隣接長，人口，標高など)を説明変数として多変量の相関を分析した。ちなみに，2kmというメッシュサイズは試行錯誤によって決定した。具体的には500m四方から始めて，1km，2kmについても試し，結果が一番良かった2kmを採用した。こうした分析，あるいは予測の単位は，対象種の行動圏面積や環境利用様式によって違ってくると考えられ，今回の例でいえばメッシュサイズが小さすぎると巣の位置が特定のメッシュのなかに入るかどうかで結果がばらつくし，大きすぎると1メッシュ中にいろいろな景観要素が含まれるようになって結果が平均化されるという悪影響を受けることになる。予測の単位が大きいということは，予測の精度が粗いということにもつながるため，予測の精度が高く，かつなるべく小さな予測単位を採用することが望ましいと思われる。景観パターンのモデル化とスケールについての議論はTurner et al.(2004)に詳しい。また，鳥の生息地選択においても，異なるスケールのもとでは，異なる要因が効いてくることがある。こうした議論については，本書第9章の「鳥の階層的生息地選択と分布決定プロセス」を参照してほしい。

調査地では，ハシボソガラスとハシブトガラスの2種が同所的に生息していて，かつ種間にもそれなりの関係があることが野外観察からも予想された。実際，野外で見ていると同種間ではいわゆる儀式化された威嚇行動のようなものはよく見かけるが，2種の間ではそうした「言葉」が良く通じないためか，追いかけや取っ組み合いのけんかを頻繁に観察した。こうした事情が

表 3　カラス 2 種の営巣密度予測モデルの構造(百瀬ほか 2006 より)

モデル番号	目的変数	R^2	説明変数 1	偏回帰係数	説明変数 2	偏回帰係数	定数項	N	有意確率
1	2 種合計の営巣密度	0.828	隣接長	0.415	畑地面積率	19.618	4.184	11	<0.01
2	ハシブトガラスの割合	0.774	樹林面積率	0.575			0.177	11	<0.01

あったため，猛禽類のときのように 2 種を別々にモデル化するのではなく，カラス 2 種合計の営巣密度を予測するモデルと，2 種の割合を予測するモデルを構築することにした。この理由は，片方の種の営巣密度を予測するモデルの説明変数として，もう一方の種の営巣密度が入る，という事態を避けたかったためである。他種の密度を入れて説明することはモデルの精度を良くするかもしれないが，モデルのツールとしての汎用性を損なうことになる(ハシブトガラスの営巣密度の情報がないとハシボソガラスの密度を予測できない)。2 種のモデルを組み合わせて使うことで，遠回りにはなるが，どちらか 1 種の営巣密度も予測することはできる。

表 3 は作成したモデルの構造を示している。2 種合計の営巣密度モデルは，カラスが採食に利用すると考えられる果樹園，畑地，草地，水田，市街地(以下合わせて「採食環境」と呼ぶ)が樹林と接する部分の長さと，畑地の面積が，いずれも正の相関をもつ要因として抽出された。同じ場所で行った別の研究(吉田ほか 2006)で，この採食環境の面積割合が高いほど，ハシボソガラスの繁殖成績(巣立たせることができた雛の数)が高いことがわかっているので，このモデルは，猛禽類のときと同様にカラスが営巣に使う環境(主に樹林)と採食に使う環境が両方あってしかも隣接していることがカラスの営巣に適していることを示唆している。ちなみにこの研究では，ハシブトガラスの繁殖成績を環境要因で説明することはできなかった。ハシブトガラスは動物の死体や生ゴミなど時・空間的に一様でなく，かつ偏って分布する食物資源に依存している(Matsubara 2003)ことから，筆者らが調べた採食環境の面積などではうまく評価できていなかった可能性がある。

また，2 種の割合モデルでは樹林面積が単一の要因として選択され，樹林の割合が高いほどハシブトガラスが多いという結果になった。図 6 は 2 つのモデルを組み合わせて計算した 2 種の営巣密度の予測値と，実際に野外で観

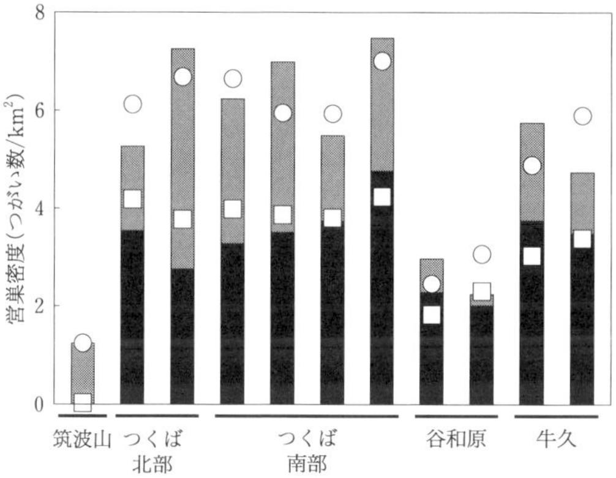

図6　カラス2種の営巣密度モデルの予測値と実測値の当てはまり（百瀬ほか 2006 より）

察した値の関係を示している。このように，モデルは少なくとも調査地内での2種の営巣密度については，かなりうまく予測できていることがわかる。口絵4はモデルを使って調査地の周辺地域についてカラス2種の営巣密度を予測計算し，結果を等高線の形で表わしたものである。ちなみにこの南北34 km，東西32 km の地域(面積1,088 km²)にはカラス類が5,788つがい(このうちハシボソガラスが3,336つがい，ハシブトガラスが2,452つがい)営巣していると予測された。

個体群管理への適用と今後の課題

こうしてできたカラス2種の営巣密度予測モデルを使って，カラス類の個体群管理にどのように役立てることができるだろうか。この目的のためには，カラス類の個体密度やその変動を推定する必要がある。今回紹介した一連の研究で，カラスの営巣密度と，巣から毎年巣立つ雛の数についてはそれなりに推定できるようになったが，これに加えて，齢別の死亡率や周辺地域との移出入率などがわからないとカラスの総個体数は推定できない。特にカラスの農業被害を考える上では，繁殖に参加していない若い個体が大きな群れで作物に加害することも多く，総個体数の推定は重要だが，捕獲が難しく個体識別がしにくいカラスではこうした情報を正確に知ることは極めて難しく，今後の課題である。

また，得られたモデルの他地域への適用も課題である。研究を行った地域の周辺に計算結果を当てはめるならいざ知らず，植生，地形，土地利用などが異なる別の地域にモデルをいきなり適用しても，それがうまく合う保証はない。実際，筆者らがシジュウカラで行った同様の研究(百瀬ほか 2004)では，栃木県で得られた説明力63%のモデルを東京都に適用したところ，説明力が13%に下がってしまったことがある(こうした，予測モデルの外挿法の問題点についても，本書9章が参考になる)。今後これらの問題も改善しながら，いろいろな種や種群，地域の生物多様性などの適合度評価に同様の手法を応用することで，自然環境の現状把握や将来予測の技術が高度化され，人と野生生物の共存がうまく進んでいくことを期待したい。

第8章 周辺環境が鳥類の生息に及ぼす影響

山浦　悠一・加藤　和弘

生物の分布は局所的な要因だけでは決定されず，時に周辺環境の方が局所的な要因よりも重要なことがある(山浦 2004)。例えば，東京都や千葉県には，市街地が卓越した景観が多く存在する。そのような景観に残存する森林には，たとえ多くの森林性鳥類が必要とする下層植生や大木が存在しても，いくつかの森林性の鳥類が生息しないことが多い。理由の１つとして，ある場所に成立する生物群集は，その場所の環境条件に加えて，その場所に対する生物の到達可能性によっても影響を受けることが挙げられる。このことは植物の分布に関する研究で近年しばしば取り上げられており(Moore & Elmendorf 2006)，種子などの繁殖体の到達可能性が植物群落の形成において重要な役割を果たすことが指摘されている(Nathan & Muller-Landau 2000)。

植物に限らず，生物の個体(あるいは種)が生息地に移入できることが個体群や群集の形成や維持に重要であるという見解は，古くは島嶼生物地理学，近年ではメタ個体群生物学やメタ群集の考え方にも見ることができる(Hanski & Simberloff 1997; Leibold et al. 2004)。しかし，ある場所における鳥類群集が，その場所への到達可能性によって制約されていることを野外で示した研究は，局所的な要因による影響を示した研究に比べると少ない。これは，人為的に高度に改変された環境が少なかった従来の一般的な状況では，生物の移動に制約が生じる機会も少なかったからだろう。今日，人為的な影響が卓越する景観が急速に拡大し，また景観内の人為的影響の程度も強まっていることから，この状況に変化が生じている。例えば，人間活動によって，森林は農地や都市に置き換えられてきた。植生の構造・組成が単純化されたこれらの新たな空間は，在来の多くの生物の生息に適さず，移動を阻害することが多い。

生物の移動に制約がある場合，生物は移動可能な生息地のなかから定着する生息地を選択することになる(Stamps 2001)。このような場合，生息地としての質は低くても到達可能な生息地の方が，質は高くても生物の到達が困難な生息地よりも，生物の密度が高くなることもあり得る(Tyler & Hargrove 1997)。つまり，生物の分布の決定要因として，生息地の周辺環境(生息地への移動のしやすさ)の相対的な重要性が高くなり，局所的な要因の相対的な重要性は低下するだろう。

生物の生息地とそれを取り巻く空間は，局所生息地－生息地パッチ(あるいはパッチ状生息地)－景観－地域というように階層的に捉えることができる(図1)。多くの景観では，もともと生息地は広い範囲に連続して広がっていたが，人間活動によってその多くが消失し，残ったものがパッチ状に存在するようになった(Fischer & Lindenmayer 2007)。こうした景観は，パッチ状に分布する元来の生息地と，それを置き換えられることによって生じた空間「マトリクス」から構成される景観としてしばしば描写される(図1)。より具体的にいえば，人為的な改変が進んだ景観で，大きな面積を占める土地利用タイプはひとまとめにマトリクスと呼ばれてきた。マトリクスは，生物の生

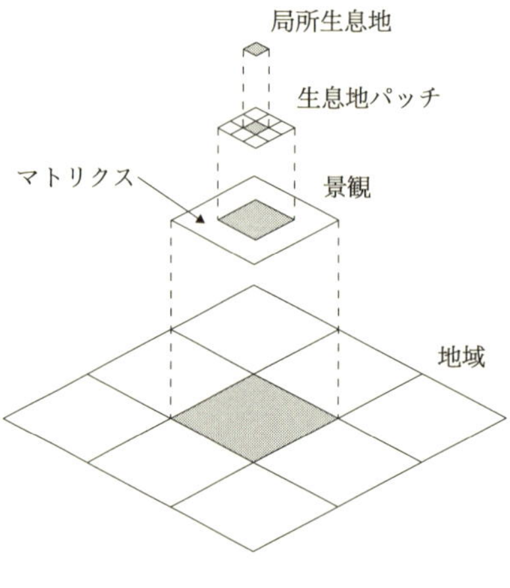

図1　階層的な環境の構造　生物の生息地とそれを取り巻く空間は，局所生息地－生息地パッチ－景観－地域というように，階層的に捉えることができる。複数の局所生息地から生息地パッチは構成される。生息地パッチとマトリクス(生息地パッチを取り巻く空間。白抜きで示した)から景観は構成される。複数の景観から地域は構成される。

息にとって不適な空間であり，移動の妨げにもなるとこれまで考えられてきた。そして，生息地パッチ間の生物の移動可能性は，パッチ間の距離や近隣にある生息地の面積といった指標により評価されてきた。ところが実際には，マトリクスに生物が必要とする資源が存在するために，マトリクスが生息地として機能したり，マトリクスが生物の移動をあまり妨げないことがある。つまり，景観内の生物の移動や分布を理解・予測するためには，マトリクスの質や構造も考慮しなければならない状況が多々存在する。

本章では，生息地パッチの周辺環境が生物の生息状況に及ぼす影響について，鳥類を題材として説明する。特に，生息地パッチ間の連結性，コリドーによるパッチ間の連結性回復の可能性，マトリクスが果たし得る役割の 3 点に注目する。

1. 生息地パッチの連結性が鳥類に及ぼす影響

ある場所と場所の間の生物にとっての移動のしやすさは連結性と呼ばれ，さまざまなスケールで計測・推定されてきた(Hanski & Ovaskainen 2000; Ovaskainen et al. 2008a; Kadoya 2009)。生息地パッチの連結性は，単位時間当たりの生息地パッチへの生物の移入個体数とされることが多く，その場合，生息地パッチの連結性は近隣の生息地パッチまでの距離や近隣の生息地パッチの面積から影響を受ける(図 2A)。なお，現存植生図や空中写真などで，同一の生息地が連続していること(連結)をもって生息地の連結性が高いと判断するのは必ずしも正しくない。生息地が連結しているからといっても，生物は移動しやすいとは必ずしもいえないからである(Tischendorf & Fahrig 2000)。

生息地パッチの連結性に影響する要因(1)——生息地間の距離

生息地パッチ間の距離が大きくなると，鳥類が生息地パッチ間を移動する確率が低下することは，実験的な研究や長期的な観察研究などから示されている。Hinsley et al.(1995)は，イギリスのハンティンドンにおいて，森林に隣接する開放地で，森林の境界から 6 m 離れた地点と 49 m 離れた地点に餌台を設置し，アオガラ *Parus caeruleus* とシジュウカラ *Parus major* の餌台への

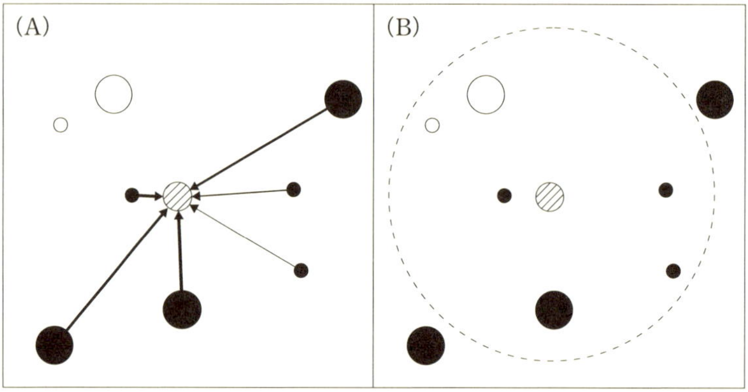

図 2　連結性の計測　(A)生息地パッチの連結性の正確な計測(Moilanen & Hanski 2006 をもとに描く)。生息地パッチの連結性を生息地パッチへの移入個体数の合計とし，近隣パッチまでの距離や近隣パッチの面積，近隣パッチの生物の生息状況や生物の分散距離を考慮する。斜線で塗りつぶしたパッチは対象パッチ，矢印の太さは移入個体数を示す。白抜きパッチは生物が生息しない生息地パッチ，黒塗りパッチは生物が生息する生息地パッチを示す。(B)周囲の生息地の割合による連結性の推定。点線は生息地の割合を計測する範囲を示す。生息地の割合による連結性の推定では，生息地パッチまでの距離や範囲外の生息地パッチ，生息地パッチに生物が生息しているかは考慮されない。

訪問と，ハイタカ *Accipiter nisus* による両種の捕食を観察した。その結果，アオガラとシジュウカラともに，競争力に勝る成鳥が 6 m 離れた餌台をよく利用し，競争力に劣る若鳥は 49 m 離れた餌台をよく利用した。ハイタカによる捕食圧は，49 m 離れた餌台で高かった。したがって，アオガラやシジュウカラが開放地へ出ていくことをためらう原因の 1 つとして，開放地では捕食リスクが高いことが挙げられた。

捕食者が近くにいる際に発するモビングコールに鳥類が集まる性質を利用した実験も，生息地パッチの連結性の調査に利用される(Bélisle 2005)。Creegan & Osborne(2005)は，スコットランドで，林縁でウタツグミ *Turdus philomelos* のモビングコールを再生した。そして，ズアオアトリ *Fringilla coelebs* などの 4 種について，森林の間の開放地を飛び越える確率は，開放地の幅が大きくなるほど減少すること，体重の大きな種ほど広い開放地を飛び越えることを示した。同様の傾向が，他の研究でも明らかにされている(Desrochers & Hannon 1997 など)。

なわばりを構える生物が，なわばりから人為的に移動されるとなわばりに戻る性質も，生息地パッチの連結性の調査に利用される（Bélisle 2005）。Cooper & Walters（2002）は，オーストラリアのニューサウスウェールズ州でチャイロキノボリ *Climacteris picumnus* の雌を捕獲し別の場所で放した。近接パッチまでの距離が大きくなると，雌は放された場所にとどまりやすく，放された場所で雄とつがいを形成しやすくなった。このことから，パッチ間距離が長くなることは，チャイロキノボリの雌の移動を阻害していると考えられた。

これらの研究から，パッチ間距離が短いほど生息地パッチへの移入が容易になると考えられる。したがって，パッチ間距離が短い生息地パッチは移入個体が多くなる，つまり定着率が高いと予測される（Hanski 1994）。また，生息地パッチ内の個体群（局所個体群と呼ばれる）が絶滅しにくい，つまり絶滅率が小さいとも予測される（Brown & Kodric-Brown 1977）。これらの予測は，長期的な研究から支持されている。ブラジルのアマゾンでは，1979～1990 年にかけて森林が実験的に伐採され，面積の大きな森林から 150～900 m 隔離された森林パッチがつくられている。Ferraz et al.（2007）は，伐採後 13 年間にわたる鳥類調査の結果を解析し，森林パッチの隔離が定着率の低下もしくは絶滅率の増加をもたらしているかを調査した。その結果，対象となった 54 種のうち半分程度の種がパッチの隔離によって影響を受けていた。

また，近接パッチまでの距離が短く，近接パッチの面積が大きいほど，定着率が高いために，生息地パッチには個体群が生存する確率が高く（Hanski 1999），鳥類の種数も多くなると予測される（MacArthur & Wilson 1967）。この予測は，ゴジュウカラ *Sitta europea* やヨーロッパヨシキリ *Acrocephalus scirpaceus* に対して検証され，支持されている（Vos et al. 2001）。また，最も近い森林パッチまでの距離が短いほど，もしくは大規模な森林パッチまでの距離が短いほど，森林パッチ内の森林性鳥類の種の生息確率が高い，もしくは森林性鳥類の種数が多いことも，多くの研究によって明らかにされている（Brotons & Herrando 2001 など）。

生息地パッチの連結性に影響する要因(2)――一定範囲内の生息地の割合

単位時間当たりの生息地パッチへの移入個体数を生息地パッチの連結性とした場合，生息地パッチの連結性を正確に計測するためには，対象種の分散距離や近隣パッチでの生物の生息状況など生態学的な情報を多く必要とする(図2A)。生息地パッチの連結性のより簡便な指標が，対象パッチから一定範囲内の生息地の割合である(図2B；Winfree et al. 2005)。周囲の生息地の割合が小さくなると鳥類の移動が阻害されることは，いくつかの研究によって明らかにされている。Bélisle et al.(2001)は，カナダのケベック州で繁殖期にアメリカコガラ *Poecile atricapillus* など3種のオス個体を捕獲し，なわばりから離れた場所に放した。その結果，3種ともに，なわばりと放した場所の間の森林率が低くなると，なわばりへ戻ってくる時間が長くなり，戻ってくる確率も下がった。Gobeil & Villard(2002)も，カナダのアルバータ州でカマドムシクイ *Seiurus aurocapillus* に対して移動実験を行い，同様の結果を得ている。

対象パッチの周辺における生息地の割合が小さくなると，生息地パッチ内の鳥類の生息確率や個体数，種数が減少する傾向があることも，多くの研究によって示されている(Askins et al. 1987など)。ただし，生息地の割合が重要になる範囲(距離)は，対象とする種によって異なることに注意が必要である(鵜川・加藤 2007)。

生息地パッチの連結性と局所的な要因の相対的な重要性

これまで述べてきた研究のうちいくつかの研究は，生息地パッチの連結性とパッチ内の植生の構造・組成が鳥類に及ぼす影響を同時に調査している。連結性の方が重要だった研究(Askins et al. 1987など)と，どちらも重要だった研究(Brotons & Herrando 2001)が存在する。前述のように，局所的な要因と生息地の連結性のどちらが重要であるかは，生息地パッチの連結性や生息地の質に応じてどちらがより制約的に働くかによっていると考えられる。

Andrén(1994)は既往研究を整理し，生息地パッチの周囲の空間における同種の生息地の割合が10～30%を切ると連結性が重要になると指摘した。他の研究でも，景観内の生息地の割合がある値(閾値)を下回ると，鳥類の種数や種の生息確率が大きく低下する傾向が報告されている(Radford et al. 2005; Betts et al. 2007)。これから，周囲の生息地の割合が小さくパッチ間距離が大きな景観では，移動が制約されて鳥類は好適な生息地を選択できなくなると考えられる。そのような場合，生物の分布を理解・予測するためには，局所的な要因に加えて連結性を考慮する必要性が高いだろう。

2. コリドーによる孤立化の緩和

生息地パッチの孤立化による局所個体群や景観内の個体群全体(メタ個体群もしくは地域個体群と呼ばれる)の絶滅の危険性を緩和するためには，生息地パッチの連結性を高めることが有効であり，その実現のためにコリドー(生態的回廊とも呼ばれる。複数の生息地パッチを連結して生物の移動路となるような細長い生息地)や飛び石(stepping stone，生息地パッチ間に存在する小さな生息地パッチ)を設けることが古くから推奨されてきた(図3；加藤 2005；Chetkiewicz et al. 2006)。

コリドーが鳥類の移動を促進することは，いくつかの研究によって明らかにされている。Haas(1995)は，米国のノースダコタ州の森林パッチでコマツグミ *Turdus migratorius* など3種に足輪を付け，森林パッチ間の鳥類の移動を調査した。その結果，孤立した森林パッチ間よりも，河畔林で連結されている森林パッチ間の方で移動が頻繁に起こっていた。Machtans et al.(1996)

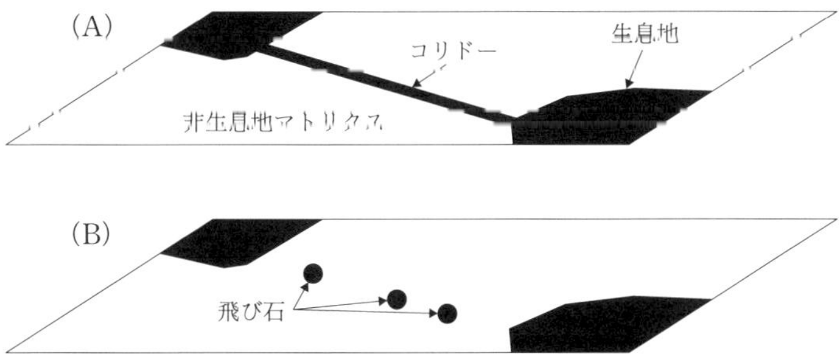

図3　コリドーと飛び石による生息地パッチの孤立化の影響の緩和(山浦・由井 2008をもとに描く)。(A)コリドーと(B)飛び石の設置による孤立化の影響の緩和。白抜きの空間は生物が生息することができないマトリクス，黒塗りの空間は生物の生息地を示す。

は，カナダのアルバータ州で森林を実験的に伐採し，孤立した森林パッチと河畔林で連結された森林パッチをつくった。河畔林で伐採の前年と翌年に鳥類を調査して比較したところ，若鳥の個体数が伐採後に増加した。このことから，河畔林は若鳥の移動路として機能していると考えられた。Castellón & Sieving(2006)は，ムナフオタテドリ *Scelorchilus rubecula* を繁殖期に捕獲し発信機を付け，周辺環境が異なる森林パッチに放して追跡した。森林パッチが農耕地で囲まれるよりも，森林コリドーで他の森林パッチと連結されるか，低木林によって囲まれていた方が，ムナフオタテドリは放された森林パッチを早期に離れた。これから，森林コリドーと低木林はムナフオタテドリの移動を促進していることが明らかになった。

Levey et al.(2005)は，米国のサウスカロライナ州で，開放地に生息するルリツグミ *Sialia sialis* の伐採地パッチでの移動を調査した。調査地となったマツ林地帯では，コリドーによる連結の効果を調査するために，孤立した伐採地パッチと，伐採地コリドーで連結された伐採地パッチがつくられた。ルリツグミは伐採地パッチとマツ林の境界に到達すると，パッチの境界を通り越さずに境界にそって移動し，ヤマモモの種子を孤立パッチよりもコリドーで連結されたパッチに多く散布していた。したがって，伐採地コリドーはルリツグミの移動とヤマモモの種子散布を促進していることが明らかになった。

ヨーロッパでは，ヘッジロウと呼ばれる細長い低木帯(高木を含む場合もあり，北海道の防風林に類似している)が農地景観に存在する。これまで多くの研究が，ヘッジロウの生物の移動路としての役割を調査してきた。それらの研究から，森林パッチに連結したヘッジロウの数が多いほど，森林パッチの周囲のヘッジロウの密度が高いほど，森林パッチ内の鳥類の生息確率や個体数，種数が高いことが明らかになっている(Davies & Pullin 2007)。

横浜市の港北ニュータウンでは，樹林地パッチをつなぐ緑道として樹林地が細長く残されている。森本・加藤(2005)は，都市景観でのコリドーの役割を明らかにするために，港北ニュータウンで緑道が樹林地パッチ内の鳥類に及ぼす影響を調べた。一部の樹林地にしか出現しなかったエナガ *Aegithalos caudatus* やウグイス *Cettia diphone*，アオジ *Emberiza spodocephala* やコゲラ *Dendrocopos kizuki* をはじめとする 11 種は，緑道で連結された樹林地で出現しやすい傾向が認められた。

これらの研究から，生息地に準じる条件を備えたコリドーによって生息地パッチが連結されていると，コリドーが生物の移動路として機能することで，生息地パッチ内の鳥類の生息確率や密度，種数が増加すると考えられる。

3. 鳥類にとってのマトリクスの役割

これまで紹介してきたほとんどの研究は，生息地パッチとそれを置き換えることによって生じた空間(マトリクス)の間の植生の構造・組成の違い(コントラスト)が大きく，マトリクスが比較的均質な景観で行われたものである。採食や営巣を行うための資源がマトリクスにほとんど存在しない単純な景観では，景観構成要素を生息地・非生息地(すなわち生息地パッチと非生息地であるマトリクス)に二分するアプローチでも，生物の移動や分布を説明・予測する上で問題はなかった。しかし，資源がマトリクスにも存在するような，生息地パッチとマトリクスのコントラストが弱い景観や，生息地と非生息地に単純に二分することが困難なくらいに多様な生息地から構成される景観も存在する。そのような景観に対して上記のアプローチを用いた場合，生物の移動や分布を理解・予測することが困難なことが次第に明らかになってきた(Fahrig & Nuttle 2005; Fahrig 2007)。

生息地としてのマトリクス

食物資源や営巣資源が，低密度ではあるもののマトリクスに存在し，マトリクスが生物の生息地として機能する景観は広く見られる(Haila 2002; Fischer & Lindenmayer 2006)。例えば，日本の元来の森林植生である広葉樹林は，スギやヒノキ，カラマツなどを主体とする針葉樹人工林によって広く置き換えられている。これらの人工林は日本の森林景観において，パッチ状に残存する広葉樹林に対するマトリクスとなっている。しかし人工林には，多くの鳥類の食物資源となる鱗翅目の幼虫や，ねぐらや営巣場所となる低木や樹洞が少ないながらも存在する(由井 1988)。したがって，広葉樹林に生息する多くの鳥類にとって人工林は完全な非生息地ではなく，質の低い生息地として機能している。

長野県の中部は冷涼な気候のため，人工林の樹種としてスギやヒノキではなくカラマツが選ばれ，もともとあった落葉広葉樹林はカラマツ人工林によって広く置き換えられている。私たちは，美ヶ原と霧ヶ峰を取り巻く筑摩山地を調査地とし，カラマツ人工林と落葉広葉樹林に合計 97 地点の調査地点を設置して鳥類を調査した(Yamaura et al. 2008a)。その結果，人工林よりも広葉樹林によく出現したのは，繁殖期にはキビタキ *Ficedula narcissinia* などのフライキャッチャーや長距離の渡りを行う種であり，越冬期にはアカハラ *Turdus chrysolaus* などその時期に主に果実を食べる種であった。しかし，人工林と広葉樹林の調査地点を通すと，鳥類群集の優占種(ヒガラ *Parus ater*，シジュウカラ *Parus major*，コガラ *Parus montanus*，コゲラ，エナガ，ゴジュウカラなど)と出現種数には，人工林と広葉樹林で大きな違いはなかった。人工林には広葉樹が混交した林も含まれるものの，この結果は，人工林は多くの森林性鳥類の生息地となりうることを示している。

Ohno & Ishida (1997) は，愛知県で広葉樹天然林とスギ人工林で鳥類を調査した。スギ人工林では，鳥類の種数は天然林の半分程度であったが，400 m のセンサスラインで平均 5 種の鳥類が観察された。由井・鈴木 (1987) は，全国の鳥類調査の結果を整理し，15 ha 当たりの鳥類の種数は，ミズナラ林では 28 種，温帯地域の針葉樹人工林では 20 種程度であることを明らかにした。海外でも，広葉樹林に生息する鳥類が人工林にも少なからず生息することが報告されている(Barlow et al. 2007 など)。

景観内での鳥類の生態とマトリクス

マトリクスが質の低い生息地として機能したり，マトリクスが質の異なる複数の生息地から構成される場合，生息地パッチにおける生物の分布に，周囲のマトリクスの構造(マトリクス内の各生息地の面積と配置)が影響すると考えられる(図 4；Wiegand et al. 2005)。マトリクスにおける生物の行動や分布を理解しなくては，生息地パッチ間の生物の移動や，生息地パッチにおける生物の分布，地域個体群の持続性を理解することができないだろう(Ovaskainen et al. 2008b)。

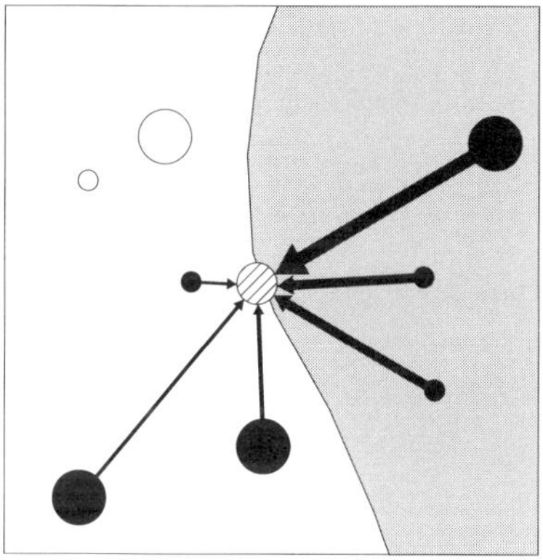

図 4　マトリクスの構造と生息地パッチの連結性。灰色の空間は，生物の移動が容易なマトリクスを示し，図の右側に位置する生息地パッチからの移入個体数を増加させる。このようなマトリクスが存在すると，周囲の生息地の面積や配置だけでは，生息地パッチの連結性を推定することが難しい。斜線で塗りつぶしたパッチは連結性の計測・推定の対象となるパッチ，矢印の太さは移入個体数を示す。白抜きパッチは生物が生息しない生息地パッチ，黒塗りパッチは生物が生息する生息地パッチ，白抜きの空間は生物が生息することができず生物の移動を妨げるマトリクスを示す。

補助的な生息地としてのマトリクスの利用

マトリクスに資源が存在する場合，生息地パッチに生息する鳥類は隣接するマトリクスも利用する。Szaro & Jakle(1985)は，アリゾナ州の河畔林と河畔林に隣接する低木林で鳥類を調べ，河畔林に生息している鳥類の多くは隣接する低木林も利用していることを示す結果を得た。Hanski & Haila (1988)は，フィンランドの森林景観でズアオアトリ *Fringilla coelebs* のオスに発信機を付けて追跡した。オス個体はトウヒ林を中心にテリトリーを構えていたが，トウヒ林の周囲の若齢林でも頻繁に採食を行っていた。Şekercioğlu et al.(2007)は，コスタリカの農地景観でアカハシチャツグミ *Catharus aurantiirostris* など 3 種に発信機を付けて追跡した。これらの種は主に残存林を利用していたが，周囲のコーヒーの人工林や二次林，孤立木も利用していた。Dunning et al.(1992)は，パッチ内で欠乏する資源を周辺環境に存在する資源で補うことを，景観補充(landscape supplementation)と呼んでいる。

広葉樹林が人工林によって置き換えられた景観では，広葉樹林に生息する鳥類は隣接する人工林も利用する。Curry(1991)は，オーストラリアのニューサウスウェールズ州で，広葉樹林に隣接したテーダマツ *Pinus taeda* 人工林で鳥類を調査した。鳥類の個体数は，人工林の内部へ 200 m 程度入ると大きく減少した。Tubelis et al.(2004)も，ニューサウスウェールズ州で，広葉樹林に隣接したラジアータマツ *Pinus radiata* 人工林で鳥類を調査した。鳥類の種数やキホオコバシミツスイ *Lichenostomus chrysops* などの個体数が人工林の内部へ100 m程度入ると減少した。Yamaura et al.(2007)は，開放地とスギ・ヒノキ人工林，広葉樹林から構成される茨城県の里山景観で，人工林の鳥類の調査を行った。調査地点の周囲200 m内における広葉樹林の面積が多いほど，樹冠で採食を行うシジュウカラ類などの密度が高かった。これらはいずれも，広葉樹林に生息する鳥類が隣接する人工林に100〜200 m程度は進入し人工林を利用していることを示している。

代替的な生息地としてのマトリクスの利用

生息地が消失すると，生息地を失った個体が近隣に残存する生息地に移動するために，残存生息地内の生物の密度は一時的に高くなる(Schmiegelow et al. 1997)。この現象は混み合い効果と呼ばれる。混み合い効果にともなって残存生息地では競争が激化し，個体当たりの繁殖成功度は低下すると考えられる(Sutherland 1996)，つまり生息地としての質が低下するだろう。ここでもし，もともと利用していた生息地(第一生息地)の他に，低質だが生息地として機能し得る第二生息地が景観内に存在したとする。この場合，第一生息地にテリトリーを構えることができなかった個体は残存する第一生息地で無理に繁殖せず，第二生息地で繁殖を行うと考えられる(Pulliam & Danielson 1991)。

Norton et al.(2000)は，カナダのアルバータ州で，広葉樹林の伐採が行われた伐採景観と，伐採が行われなかった対照景観で鳥類を調査した。ノドグロアメリカムシクイ *Oporornis philadelphia* をはじめとする広葉樹林を選好する種は，広葉樹林が伐採された景観では，針葉樹林でも生息する傾向が見出された。これは，広葉樹林を選好する種が，面積が少なくなった第一生息地である広葉樹林での繁殖を諦め，第二生息地である針葉樹林に移動したためだと考えられた。

生息地を探している分散個体が景観内で第一生息地を見つけにくい場合，なお第一生息地を探し続けると，繁殖を開始する時期が遅れるなどの理由で，繁殖成功度が低下するコストをともなう。第二生息地が容易に見つかる場合，分散個体は第一生息地を無理に探そうとせず，第二生息地で繁殖を行うと考えられる(Stamps et al. 2005)。

筆者らは，先述した長野県中部で行った鳥類調査の結果を用い，キビタキなど広葉樹林(第一生息地)を選好する種の人工林(第二生息地)における密度に影響する要因を検討した(Yamaura et al. 2006)。その結果，これらの種の人工林における密度は，周囲に小面積の広葉樹林が多数存在する人工林の方が，より大規模の広葉樹林が少数存在する人工林よりも高かった。これは，広葉樹林が小規模であることが広葉樹林を選好する種を広葉樹林から移出しやすくすること，および森林景観は見通しが利かず広葉樹林を探すコストが高いために(Gillies & St. Clair 2008)，第二生息地である人工林で繁殖していることが，理由ではないかと考えられる。

移動経路としてのマトリクスの利用

マトリクスに採食場所や営巣場所などの資源が存在する場合，個体はマトリクスで採食を行ったり捕食者から隠れたりすることができると予測される(Bélisle 2005)。そして，生物個体は低いコストでマトリクスを移動できるため，生息地パッチからマトリクスへ移動することをあまりためらわない(むしろマトリクスを移動経路としてよく利用する)とも予測される(Zollner & Lima 2005)。

いくつかの研究が，マトリクスが鳥類にとって比較的好適なものとなっている状況で，鳥類の移動を調査している。Robichaud et al.(2002)は，カナダのアルバータ州で，伐採によってつくり出した河畔林コリドーと伐採地で，鳥類を伐採後 4 年間調査した。伐採地で樹木が生長し若齢林(アメリカヤマナラシなどから構成される)になると，多くの森林性鳥類が若齢林を移動経路として利用するようになり，若齢林と河畔林コリドーの間で移動個体数の差は小さくなった。Tomasevic & Estades(2008)はチリの森林景観で地鳴きの再生実験を行い，広葉樹林内のコゲチャタンビオタテドリ *Scytalopus fuscus* やワキアカオタテドリ *Eugralla paradoxa* などは，階層構造が単純な人工林よりも，階層構造が複雑な人工林に出てきやすいことを示した。アマゾンの実験区では，残存森林パッチを取り巻く伐採地が生長すると，伐採直後に残存森林パッチからいなくなったアリドリ類などの種(*Pithys albifrons* など)が再定着した(Stouffer & Bierregaard 1995)。

これらの研究から，マトリクスに資源が存在する場合には，鳥類はマトリクスを移動経路として利用するという予測が支持されている。なおこの予測は，昆虫や哺乳類を対象とした研究からも支持されている(Ricketts 2001; Haynes & Cronin 2003; Revilla et al. 2004)。

マトリクスの構造が生息地パッチ内の鳥類に及ぼす影響

これまで述べてきたように，生息地パッチが，生息地としての質が比較的高いマトリクスに囲まれている場合，マトリクスは移動通路として多くの個体に利用されるために，生息地パッチへの移入個体数は多くなると推定される。また，個体は行動圏を広げて離れた生息地パッチを利用したり，マトリクスを採食場所や隠れ場所，代替的な生息地として利用することができる。したがって，個体は小さな生息地パッチでの生息が可能になると考えられる(Dunning et al. 1992)。また，地域個体群のサイズや持続性も増加するとも考えられる(Fahrig 2001)。

実際に，生息地パッチの周囲に質の高いマトリクスが広く存在するほど，生息地パッチ内の生物の生息確率や密度，種数などは増加することが示されている。筆者らは，農地や雑木林，人工林が混在した栃木県市貝町の里山景観で鳥類を調査した(Yamaura et al. 2005)。開放地に囲まれた森林パッチよりも，スギ・ヒノキ人工林に囲まれている森林パッチの方が，エナガやコゲラ，シジュウカラなどの樹冠もしくは樹幹で主に採食を行う種の生息確率が増加した。Morimoto et al.(2006)は，千葉市の市街地が優占する都市景観の都市緑地で鳥類を調査した。都市緑地の周囲に農地が多いほど，モズ *Lanius bucephalus* やコゲラ，キジバト *Streptopelia orientalis* やツグミ *Turdus naumanni* などの種数が多かった。岡崎・加藤(2004，2005)は，都市緑地の周囲で建物および道路の面積が小さく，農地などより人為的影響の小さな土地利用の面積が増えるほど，都市緑地内の鳥類の種数が増加することを見出している。

したがって，生息地としての質が比較的高いマトリクスの存在は，生息地パッチの孤立化の影響を緩和させると考えられる。マトリクスの機能に関するこれらの研究から，マトリクスの生息地としての質を向上させることによって，生息地の孤立化の影響を緩和することができるのではないかと指摘

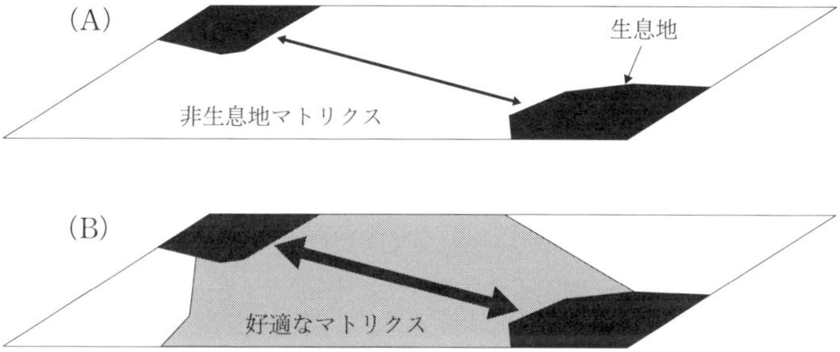

図 5　マトリクスの質の向上による生息地パッチの孤立化の影響の緩和(山浦・由井 2008 をもとに描く)。(A)非生息地マトリクスによって孤立化した生息地パッチ。(B)マトリクスの生息地としての質の向上による孤立化の影響の緩和。白抜きの空間は生物が生息することができず，生物の移動を阻害するマトリクス，黒塗りの空間は生物の生息地，灰色の空間は生息地として機能し，生物の移動が容易なマトリクスを示す。矢印の太さはパッチ間の生物の移動頻度を示す。生息地パッチの間に好適なマトリクスをつくり出すことにより，パッチ間の生物の移動が促進されるだろう。

されるようになってきている(図 5；Fischer et al. 2006; Kupfer et al. 2006)。筆者らは，カラマツ人工林マトリクスが卓越する長野県中部の森林景観での鳥類調査の結果を用い，樹高が高く下層植生が発達し，広葉樹が混交しているなど，植生の構造・組成が複雑なカラマツ人工林は多くの鳥類の生息地となりうることを明らかにした(Yamaura et al. 2008b)。したがって，広葉樹林の周囲の人工林マトリクスの植生の構造・組成を複雑にすれば，広葉樹林の孤立化の影響を緩和することができると予測される。人工林の植生の構造・組成を複雑にする手段としては，伐採の時期を遅らせること(長伐期施業)や強度の間伐などが提案されている(山浦 2007)。なお，マトリクスの質の向上と，コリドーや飛び石の設置をいっしょに行えば，両者は相乗的に孤立化を緩和することも示されている(Baum et al. 2004)。

生息地パッチの周囲環境が改変され，生息地パッチの孤立化が進行すると，生息地間の生物の移動は制約されるようになる。その結果，生息地パッチへの移入のしやすさが生息地パッチにおける生物の分布を規定するようになる。すなわち，周辺環境が生物に及ぼす影響を無視できなくなる。このような周辺環境が生物に及ぼす影響をさらに明らかにすることができれば，人為的な改変が進んだ景観における生物多様性の保全という応用的な課題に寄与することができる。例えば，生息地パッチの孤立化に影響を受けやすい種が共有する生態的特性(採食場所や営巣場所など)を明らかにすることができれば，孤立化の影響を受けやすい種の予測を行えるようになるだろう。コリドーやマトリクスの移動経路や生息地としての役割を明らかにすることができれば，自然生態系の確保という点で行き詰まりを見せている都市・農村地域での生物多様性の保全に新たな展望をもたらすだろう。

第9章 鳥の階層的生息地選択と分布決定プロセス

藤田　剛

「スケーリング(複数スケールにわたるパターン解析)すべきか，せざるべきか。
それが問題だ」

米国の物理学者　Manfred Schroeder

1. はじめに

最初に，ユーラシア全域にわたるツバメ *Hirundo rustica* の繁殖分布を見てみよう(図1A)。黒い範囲が繁殖域で，このスケールで見ると，ツバメは北半球の北緯70°と北緯20°の間に広く分布しているように見える。次に注目する範囲を日本に限定してみよう(図1B)。日本は，先の世界地図では黒一面に見えた繁殖域の一部である。このスケールにすると，調査精度の影響もあるが，北海道では主に西南部にしか繁殖しておらず，奄美大島以南にも分布していない。本州や四国，九州にも分布の濃淡がありそうだ。ではさらに，範囲を日本中部の神奈川県にしぼってみよう。このスケールでも，西部の山域などに繁殖していないところが見つかる(図1C)。そしてさらに，範囲を神奈川県中南部の平塚市西部の約1 km四方にしぼってみよう。このスケールだと，ツバメの巣1つひとつも見えてくる。この範囲でも，巣は一様に分布していない(図1D)。

つまりツバメはどこにでもいるようで，どこにでもいる訳ではないのだ。

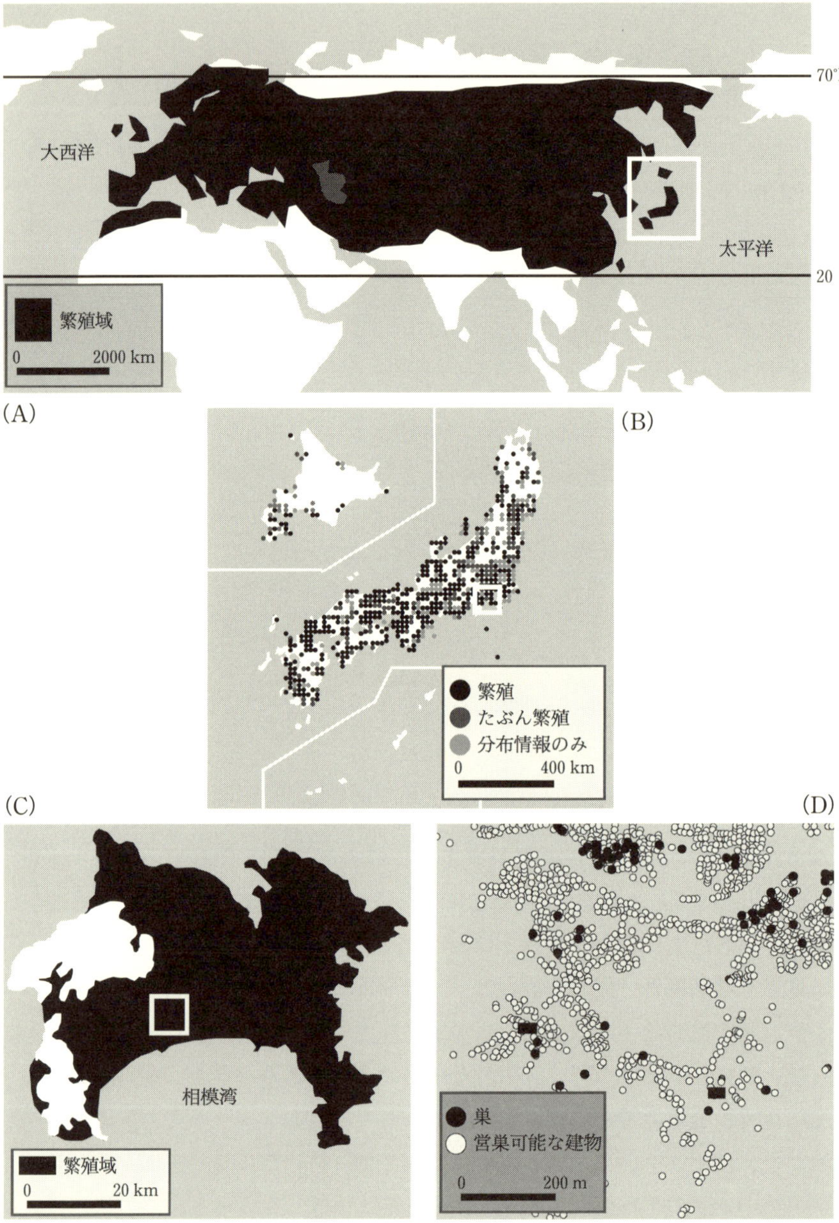

図 1　ツバメの繁殖分布。(A)ユーラシア全域を範囲とした図。Turner & Rose(1989)をもとに描く。(B)日本。二次メッシュ(約 10 km 四方)が単位。環境省(2004a)をもとに描く。(C)神奈川県。日本野鳥の会神奈川支部が環境と行政区を基準に定義したメッシュ(数 km から約 10 km 四方)が単位。日本野鳥の会神奈川支部(2007)をもとに描く。(D)神奈川県平塚市西部 1 km 四方。巣が単位。Fujita & Higuchi(2005)，図 2 を一部改変。

広い範囲で見ると分布域内にあっても，範囲を狭め解像度を高めるごとに分布していない場所が必ず見えてくる。これは，ツバメだけでなくすべての鳥，否，鳥だけでなく全生物の分布に共通した現象である。近年，生態学では，このような地球規模の空間パターンから1個体1個体のパターンまでのさまざまなスケールにわたる分布を統合的に理解しようという挑戦が進んでいる。この「マルチ・スケール」的挑戦は，景観生態学や個体群生態学，行動生態学といった既存領域を超えた新しい研究プログラムであり，生物多様性を理解しその保全を図る上で核となる役割を果たすものだと考えられる。

本章では，主に鳥を対象とした研究成果を概説し，鳥に興味をもち鳥の研究を志す人たちに，このマルチ・スケール的取り組みの重要性を示したい。

2. スケールと階層性

スケールと階層性は，分布決定プロセスを理解する重要な鍵である。生態学で使われるスケール(scale)は，対象生物が生息地を認識する範囲(extent)と解像度(grain, resolution)を指す(Kotliar & Wiens 1990)。生態学で「スケールが広い」といわれれば対象生物の認識範囲が広いことを意味し(図2A)，「スケールが粗い」とは認識解像度が粗いことを意味する(図2B)。認識範囲は主に行動圏や分散域の広さによって決まり，認識解像度は眼などの感覚器官の能力によって決まると考えられる。

同様に，生態学では対象生物や生息地の調査範囲と精度を指す語として，範囲と解像度を使うことも多い(Turner et al. 2001)。この場合，「スケールが広い」といわればそれは調査範囲が広いことを指し，「スケールが粗い」とは調査精度が粗いことを指す。そして，これら生物視点と人視点にもとづくスケールの考えは，空間軸だけでなく時間軸にも適用できる。以下に述べるように，分布決定に関わる生態プロセスはスケールに依存して変化する。

一方，生態学で階層(hierarchy)という語はやや広い意味で使われることが多いが，ここでは，ある要素が別の要素に内包される関係にある場合に使う(図2C)。そして，内包する側はされる側よりも上の階層にあるとする。ある地点の分布を見るスケールを大きくしていった場合，大スケールの分布のな

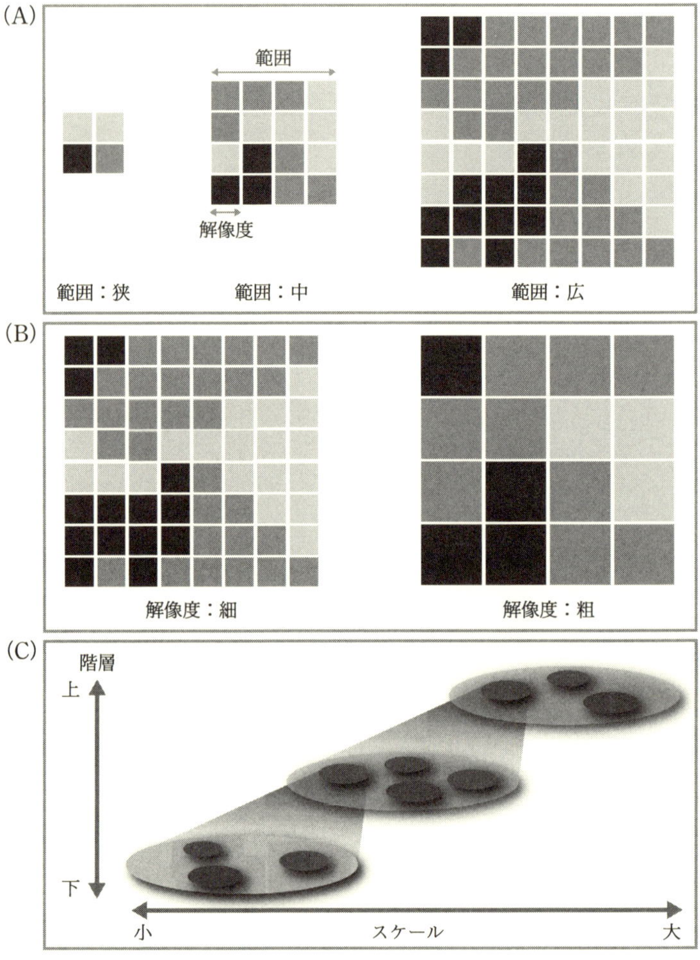

図 2　スケールと階層性の定義

かに小スケールの分布が内包されることになる。大スケールの分布と小スケールの分布には階層的関係が存在するのである。

3. 分布決定プロセスのスケール依存性

ある場所の個体数は，単位時間当たりの出生数と死亡数，移動による移出入によって決まる。もし，対象個体群が均質な環境に生息し個体が移動しない場合，個体の分布も均一になり，どのスケールの分布を見ても同じように変化する。この場合，個体群の空間動態を理解するためにスケールを考慮する必要はない。

しかし，環境が不均一で出生数と死亡数，そしてそれらへの密度効果のかかり方が場所によって変化する場合，個体数の多い場所と少ない場所が生じる。さらに，ある場所から別の場所へ個体が移動する場合，場所間の個体数変化に相関が生じる。そして，この相関が生じるスケールは個体の移動によって決まる。この場合，分布を見るスケールによって，空間動態も大きく変化する可能性が高くなる。

さらに鳥の移動は，分散と，個体が行動圏内で採食などのために日々行う移動(以下，行動圏内移動とする)の 2 つに分けられる。通常，分散する範囲は行動圏よりはるかに大きい。また，行動圏内移動は日々刻々生じるのに対し，分散の頻度は低く，鳥の場合，1 年に数回，多くの場合 1 回以下しか起こらない。その結果，行動圏内移動によって生じる場所間の相関の強さは，分散で生じる相関よりも強くなっている可能性が高い。

これらを踏まえ，不均一な環境で移動を行う個体群の空間動態に，上述の出生と死亡，分散と行動圏内移動という生態プロセスがどう関わるのかを整理してみよう。まず，注目する分布のスケールを，行動圏や分散域との大小関係をもとに大きく 3 つに区分する。①行動圏より小さなスケール，②行動圏より大きく分散域より小さなスケール，③分散域より大きなスケール。これらのスケールの分布決定に，前記の生態プロセスが影響する強さは，以下のようであると考えられる。

①行動圏より小さなスケールの分布：
　行動圏内移動の結果生じるものであり，主に採食地選択など個体の意志決定の影響を受けている。

②行動圏より大きく分散域より小さなスケールの分布：
　分散による移出入の影響を強く受けるため，繁殖地選択など分散過程で生じる個体の意志決定が関わっている可能性がある。

③分散域より大きなスケールの分布：

分散の影響も受けるが，出生による増加や死亡による減少の影響をより強く受ける可能性が高くなる。

そして，②のスケール区分の分布は①の分布を内包し，③の分布は①と②の分布を内包する階層関係にある。以下，これらのスケール区分ごとにマルチ・スケール的な視点が分布決定プロセス解明にどう役立つのか，マルチ・スケール解析に用いられる主要な手法も紹介しつつ具体的に紹介して行こう。

4. 採食地選択

行動圏内で採食個体や採食地点が特定の環境要素に集中する現象を採食地選択と呼ぶ(Johnson 1980, Cody 1985)。採食地選択という分布現象は，鳥が時々刻々行う探索移動，採食パッチ選択と放棄などの結果生じる。つまり，上で述べた①行動圏よりも小さなスケールに含まれる分布である。そして，この比較的小スケールの現象にも，例えば次のような階層的プロセスが存在する(Johnson 1980)。第1の階層は，上空で行う意志決定。巣や採食地を飛び立った鳥は，どの方向へ飛ぶか，あるいは降りるのか，飛びながら探索方向を絶えず判断しなければならない。第2の階層は，地上で行う意志決定。地上に降りた鳥は，そこに留まるのか歩くのか，歩くとするとすればどの方向へ，どのような速度で移動するのかを判断しなければならない。そして，探索時に認識できる環境のスケールは，上空の方が地上よりも広くて粗い。つまり，第1階層で粗く選んだ場所に降りた鳥は，第2階層でその場所をより細かく探索するのである。この探索時の認識スケールは，種によって違うことが多い。例えば上空での認識スケールは，飛翔高度や速度，そして視力に依存して変わると考えられ，これらを決める体サイズや外部形態，感覚器官などに種間差が存在することが多いからである。

さらに，鳥が採食地として利用する景観も階層構造をもつ。例えば森林をつくる植物の種組成は標高によって変化し，同じ標高でも，尾根や沢，斜面の傾斜度などの地形によって変化する。さらに，同じ尾根でも気温や水分条件などの微環境に依存して異なった植生になる。そして，すべての植物の分布がさまざまなスケールを通して同様に変化することは稀であり，種や生活史などによって違ったパターンをとることが多い。

このような採食地選択をマルチ・スケール解析することで何がわかるのか？　その明快な例としてアホウドリ類7種とミズナギドリ1種を対象とした研究(Pinaud & Weimerskirch 2007)を紹介しよう。インド洋南部のクローゼ諸島とケルゲレン諸島には，アホウドリ類とミズナギドリ類が同所的に繁殖している。これらの鳥は，繁殖期間中も数千 km といった非常に広範囲にわたって採食移動する(図3A)。Pinaud らは，これらのアホウドリなどに人工衛星用送信機を装着して採食移動経路を調べ，First-Passage Time 解析法と呼ばれるマルチ・スケール解析を行った。

食物探索の方法として，多くの動物が範囲限定探索(area restricted search: ARS)をとることが知られている(Stephens et al. 2007)。範囲限定探索とは，ある場所で食物を見つけた鳥がその食物を食べたあと，その付近を集中探索するパターンを指す。食物が集中分布する場合，この探索法をとることで食物発見率が上がる。First-Passage Time 解析は，この範囲限定探索のスケールを明らかにする方法で，移動経路上にさまざまな半径 r の円を置き，その円に入ってから出るまでにかかった時間 t を測り，各 r ごとに t の分散を求め，r に対して t の分散がどう変化するのかをグラフにする。このグラフで急激なピークのある距離 r のスケールで範囲限定探索を行っていると判断する。この探索では特定範囲内を細かく移動するため，その範囲に入ってから出るまでの時間が極端に長くなる。その結果，範囲限定探索の行われる半径 r の範囲には，この探索移動とそうでない移動の両方が含まれることになり，この範囲を横切るのに必要な時間 t の分散が大きくなるからである。

Pinaud らは，採食域と範囲限定探索のスケールと位置に注目し，これらの種間差と種内個体差を解析した。その結果，まず対象としたアホウドリとミズナギドリはすべて範囲限定探索を行っており，そのスケールはおよそ50〜400 km であることがわかった(図3B)。図の縦軸，つまり分散値が高くなっている範囲がこの探索を行っているスケールである。採食域は種間で大きく重複していたにも関わらず，範囲限定探索を行う環境は明確に違っていた。例えば，同じ島で繁殖するアムステルダムアホウドリ *Diomedea amster-*

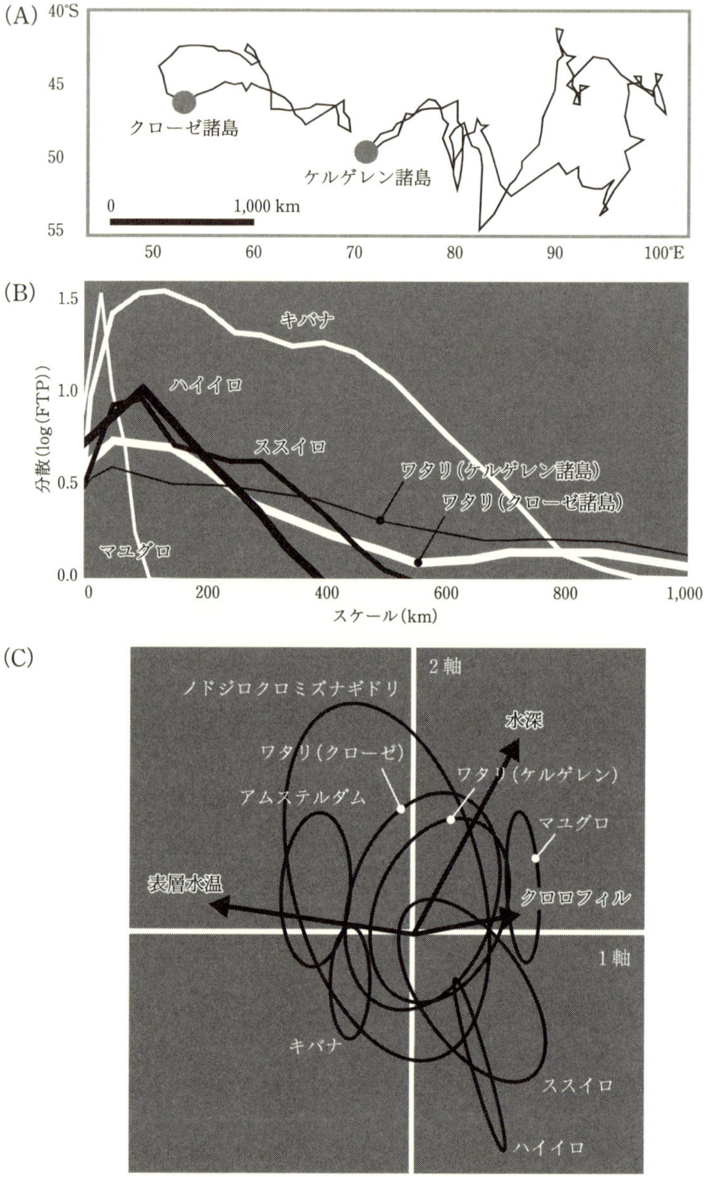

図 3 アホウドリ類の範囲限定探索スケールと採食地選択(Pinaud & Weimerskirch 2007 をもとに描く)。(A)クローゼ諸島とケルゲレン諸島で繁殖するワタリアホウドリ *Diomedea exulans* の採食移動の例。(B)アホウドリ類が範囲限定探索を行うスケール。ある範囲を横切るのに要する時間(First-Time Passage, FTP)の分散値が高いスケールで範囲限定探索を行っていると判断できる。(C)アホウドリ7種とノドジロクロミズナギドリ *Procellaria aequinoctialis* の採食地選択。各種が範囲限定探索を行った地点の水深,表層水温,クロロフィル量の値を用いて判別分析を行った結果。

damensis とキバナアホウドリ *Thalassarche carteri* でも利用した環境は重複しておらず，アムステルダムがキバナより表層水温が高く水深の深い海域を使っていた(図 3C)。一方，同じワタリアホウドリ *D. exulans* のクローゼ諸島で営巣する個体とケルゲレン諸島の個体を比較すると，範囲限定採食のスケールはほぼ同じ 50〜400 km(図 3B)で選好環境が類似していたが(図 3C)，採食域の重なりが小さくなっていた。さらに，営巣地が同じ雌雄でも採食域の重なりが小さく，雄は雌よりも南方を利用していた。

これまでの採食地選択研究では，単純に採食地点の分布を対象地全体のスケールのみで解析する例が多かった。Pinaud らは，まず採食域と採食移動地点という 2 階層に注目し，さらに First-Passage Time 解析法で範囲限定採食のスケールを示すことで，アホウドリ類の採食地選択の種間差，種内の個体差のパターンを新しく示したのである。Pinaud らは，これらのパターンは，種間に比べて種内で食物種の類似度が高くなるために生じる競争の強さの違いから生じていると結論している。

5. 繁殖地選択——コロニー営巣とレック繁殖する鳥の分布

繁殖行動圏や巣が特定の環境に集中する現象を繁殖地選択と呼ぶ。繁殖地選択は一般的に個体の分散域内で認められる分布現象であり，先に述べた②行動圏より大きく分散域より小さなスケールに含まれる分布である。採食地選択と同様，繁殖地選択が生じるプロセスも階層的だが，多くの場合，分散域は採食地選択などが生じる行動圏よりも広大である。前述したように鳥が分散移動を行う頻度は 1 繁殖シーズンに数回，多くの場合 1 回以下である。生まれた地点から最初の繁殖地点までの移動を出生分散(natal dispersal)，その後の前繁殖地点から次の繁殖地点までの移動を繁殖分散(breeding dispersal)と呼び，出生分散距離は繁殖分散より大きい場合が多い(Colbert et al. 2001)。

ここでは，鳥の繁殖地選択のなかでも極端な集中現象に注目してみよう。コロニー営巣とレック繁殖である。コロニーには巣が集中するのに対し，レックには交尾のためのディスプレイをする雄が集中する。鳥はなぜ集まるのか？　これらの集中現象の適応機能解明は，進化生態学や行動生態学の古典的テーマの１つであるが，この問いに答えるには食物や営巣場所などの資源の空間構造に加え，同種他個体の空間構造も考慮しなければならない(Brown & Brown 1996)。しかし近年，マルチ・スケール解析がこの問題を紐解く新しい手段として活躍し始めている。

コロニー営巣

Gießelmannらは，南アフリカのカラハリ砂漠で繁殖するシャカイハタオリ *Philetairus socius* におけるコロニーの適応的機能を，巣の空間パターンのマルチ・スケール解析を通して推定した(Gießelmann et al. 2008)。このハタオリはアカシア属の樹木 *Acacia erioloba* などに数 m にもおよぶ巨大な集合巣をつくる。彼らはまずこの集合巣の空間パターンに注目し，L 関数(L function, Ripley 1976)を使って，ハタオリの集合巣の空間パターンを複数スケールにわたって解析した。L 関数とは，ある点を中心に半径 r の円を置き，そのなかに入る他の点の数を用いて計算する。半径 r を横軸，L を縦軸にとり，L が正の値を示す r では中心点の周囲に他の点が集中する傾向にあり，負では間置き傾向，0付近ではどちらでもないと解釈できる。

Gießelmannらは，非営巣木を中心とした円内に入る営巣木数を対象とした L 関数を求め，営巣木の集中が生じるスケールを調べた。この際，パターンの有意性検定は，調査地内の樹木からランダムに営巣木を選んだ L の計算を99回繰り返し，そのばらつきと実際の L を比較することで行った。営巣木をランダムに選んだ L の最大値よりも大きければ有意に集中，最小値よりも小さければ有意に間置きと判断した。この結果，ハタオリの巣は200〜300 m までのスケールで集中，約1,500〜3,000 m のスケールで有意に間置きしていることがわかった(図4)。さらに彼らは①営巣木のみと②非営巣木のみで同様に L を求め，上のパターンが樹木の分布の影響を受けているかどうかを調べた。①と②の差が大きければ営巣木は非営巣木に比べて集中傾向にあり，小さければ間置き傾向にあることがわかる。その結果も上とほぼ同じで，営巣木が非営巣木に対して有意に集中しているスケールは200〜300 m，間置きしているスケールは1,500 m 以上だった。

次に，彼らは集合巣を形成する巣数に注目し，Moran の I という指数を

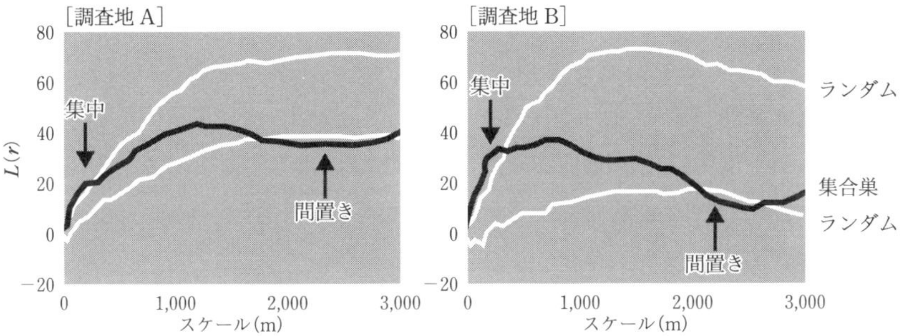

図4　シャカイハタオリ集団巣の空間パターン(Gießelmann et al. 2008 をもとに描く)。集合巣の L 値(黒線)が，樹木をランダムに選んだ L 値(白線)よりも上にあるスケールで集合巣は有意に集中傾向があり，下の場合は間置き傾向がある。

用い(Fortin & Dale 2005)，集合巣サイズの空間自己相関を求めた。空間自己相関とは，2点間の距離が近いほどそれらの測定値の相関が強くなることを指す(Fortin & Dale 2005)。横軸に2点間の距離，縦軸に I をとり，距離による I の変化を見る。I は1から−1までの値をとり，1に近いほど正の相関が強く，−1に近いほど負の相関が強い。先の L 関数では，ある点を中心とし，その周囲にある他点の分布を用いたのに対し，この Moran の I では，さまざまな距離にある2つの区画の測定値を用いた計算を行う。この場合，1つの集合巣を1つの区画と見なし，集合巣を形成する巣数を測定値としている。Gießelmann らは，集合巣の巣数に負の自己相関があると予想した。コロニー間で食物をめぐる競争が存在している場合にそうなることが知られているからである(Lewis et al. 2001, Ainley et al. 2003)。しかし，集合巣の巣数にはどのようなスケールでも自己相関が見られなかった。

さて，これらの結果から何がわかったのか。まず1,500〜3,000 m のスケールで間置きが見られたことは，集合巣の分布に資源をめぐる競争が関わっていることを示している。シャカイハタオリの採食距離は巣から半径500〜1,500 m の範囲とされており(Maclearn 1973)，この距離の約2倍で間置きしていることから，この競争はおそらく食物をめぐるものであると考えられる。次に，集合巣のサイズに負の空間自己相関が見られなかったことは，巣場所選択に関わる相互作用は，巣単位で生じておらず，コロニー単位で生じていることを示している。そして，集中傾向が見られた200〜300 m が，このハタオリのコロニー単位の範囲であると考えられる。つまり，巨大な集合巣の上位の集合単位としてコロニーがあり，コロニーどうしは 1,500 m 以上のスケールで間置きしているのである。Gießelmann らは，このような空間パターンが形成される理由として，寄生虫増加など集合巣が大きくなるコストを抑えつつ集まる利益を最大化し，かつ，食物資源をめぐる競争を避けるためだと解釈している。

レック繁殖

Hingrat らは，景観データを用いたマルチ・スケール解析と繁殖地点の空間解析を併用し，モロッコ東部でレック繁殖するフサエリショウノガン *Chlamydotis undulata* 雌雄の繁殖地選択を明らかにするとともに，このレックの適応機能解明を試みている（Hingrat et al. 2008）。彼らは，まず環境の重要性を評価するため，およそ 25 km 四方の調査地全域で雄がディスプレイした場所（$n=70$）と雌が営巣した場所（$n=69$）をすべて調べるとともに，調査地内に対照区をランダムに 50 か所設置し，その周囲の景観を調べた。その際，①景観スケール，②行動圏スケール，③ディスプレイ・営巣場所スケール，の 3 つのスケールで解析を行った。

景観スケールでは調査地全域を解析対象とし，各場所と道路など人工構造物までの最短距離を比較した。その結果，ディスプレイ場所と営巣場所はランダム点よりも道路や市街地，畑などから離れた場所に位置していた。行動圏スケールでは，雌雄の行動圏とほぼ同じ面積の半径 500 m のバッファをディスプレイ場所や営巣場所を中心に発生させ，そのバッファ内の景観とランダム点を中心においたバッファ内の景観を比較した。結果，雄は氾濫原や多年生草本の少ない砂利地など見通しの良い場所を好み，雌は多年生草本の多い砂利地を選好していた。ディスプレイ・営巣場所スケールでは，半径 100 m のバッファを用いて行動圏と同様の比較を行い，雄は植被度などの小さい見通しの良い場所を選好していたが，雌は低木の藪に近い場所を好んでいた。

次に社会要素の評価を行うため，ディスプレイ場所や営巣場所の空間解析を最近接距離法（Clark & Evans 1954）で行ったところ，ディスプレイ場所は集中分布していること，営巣場所はやや弱い集中傾向にあることがわかった。さらに，雄の集中する範囲と各営巣場所までの距離は，ランダム点よりも有意に近かった。そして，雌の移動追跡の結果から，雄のディスプレイ場所が集中する位置は，雌の行動圏の重なりが大きい場所であることもわかった。

以上の結果を踏まえ，Hingrat らは，フサエリショウノガンの繁殖地選択は，景観スケールでは雌雄同様に道路や農地などを避けるパターンを示しているが，行動圏スケール以下では，雄がディスプレイ場所として選好する場所と雌が営巣場所として選好する場所は明確に違っていること，さらに，そのような選好する場所が違う中で，雄は雌の行動圏密度が高い場所をディスプレイ場所として選好しており，これは雄が雌との遭遇頻度が最も高い質の良い場所を選んだ結果，集中分布してレックが形成されるというホットスポット仮説を支持していると結論している。目立つ場所でディスプレイしたい雄と目立たない場所で営巣したい雌というレック特有の雌雄間の矛盾を，ノガンは大スケールで互いの生息密度が高い場所を選択することで解決していたのである。

6. 生息パッチスケール以上の分布決定プロセス

最後に③分散域より大きなスケールの分布決定プロセスについて述べよう。上述したように，このような大スケールの分布パターンには分散の影響に加え，出生による増加と死亡による減少の影響が強くなると予想される。これまで，鳥を対象としたこのスケールでの研究は，主に森林や草原など特定の生息パッチ内を対象とし，数百 m から数十 km 四方のスケールで進められてきた。しかし近年，対象スケールを広げ，複数の生息パッチを含む数百 km 四方を対象とするとともに，これまでの生息パッチスケール以下のパターンも含めたマルチ・スケール解析が行われるようになった。

Knick et al.(2008)は，北米繁殖鳥類調査(North American Breeding Bird Survey:BBS)データを用い，米国西部 800,000 km² の乾燥低木ステップで繁殖するハマヒバリ *Eremophila alpestris* やクサチヒメドリ *Passerculus sandwichensis* など 13 種の分布を対象に，低木林内の植生など生息地パッチスケールの環境要因と，地形や地理的な位置など広大なスケールで生じる要因の影響を比較した。彼らが用いたのは，統計モデルによる階層分散分割(hierarchical variance partitioning, Cushman & McGarigal 2002)という手法で，「局所スケール」として10～100 mの植生，「コミュニティ・スケール」として400 m以内の植生や地形，標高，「景観スケール」として3 km以内の植生や地形，標高，そして地理的な位置などに注目し，各要因が対象種の生息密度に影響する大きさを解析した。この局所とコミュニティ・スケールが生息パッチスケール，景観がそれより大きなスケールに相当する。その結果，生息パッチスケールの要因である植被度などの要因が，営巣密度の分散値全体の31.4%の説明力をもっていたのに対し，景観スケールの要因である地形は9%，地理的位置は4.3%の説明力しかないことがわかった。つまり，数百kmにわたる鳥の空間パターンに大きな影響を与えていたのは，主に生息パッチ内の植生だったのである。

Thogmartin & Knutson(2007)は，米国で保全対象種に指定されているハシグロカッコウ *Coccyzus erythropthalmus* とズアカキツツキ *Melanerpes erythrocephalus*，モリツグミ *Hylocichla mustelina* を対象に同様の結果を得ている。彼らは1981年から20年分のBBSデータを用い，生息パッチスケールの結果が北米東部約230,000 km^{2}の範囲に外挿可能か検討した。Thogmartinらが用いた統計モデルにもKnickらと同様に生息パッチスケールの要因(植生の構成，生息地パッチサイズなど)とより広大なスケールの要因(気候など)の項が含まれている。また調査地周辺の影響をいれるため，周囲の生息密度と景観要素(0.1 km，1 km，10 kmの範囲)の項も組み込まれている。さらに，空間自己相関や調査員による精度差の効果も含まれている。

このような多くの変数効果を同時に推定するため，Thogmartinらはベイズ統計を用いた。この方法ではベイズの公式に従い，これまでにわかっている情報(事前情報)を出発点とし，新しく得たデータを使いながら，より可能性の高い変数などを探索する(Gelman et al. 2003)。この場合，事前情報として生息パッチスケールで推定した景観と鳥密度との関係モデルの変数推定値を用いた。

これまでの研究から，生息パッチスケールでハシグロカッコウはナラ類の割合が高く森林パッチが大きい場所，ズアカキツツキは草原と二次林の割合が高い場所，モリツグミは二次林の割合が高く湿度が安定して高い場所で繁殖密度が高いことがわかっていた。そして，大スケールの項を組み込んだモデルでもその傾向はほとんど変化せず，気候などの影響も小さいことがわかった（表1）。つまり，これら3種の景観と繁殖分布の関係は数十kmから数百kmのスケールまで変化していなかったのである。

動物の生息地管理が行われる意志決定スケールは，国全体など数百kmにわたる広域であることが多い。例えば，国のなかで希少種が集中的に生息する地域を特定し，そこを優先的に保全するといった手順が踏まれる。そして，その優先地域の選定には，この生息パッチスケールで明らかにされた景観と生息数の関係にもとづき，植生図などの地理情報をもとに作成した潜在分布地図が用いられることが多い（Sample & Mossman 1997）。この場合，生息パッチスケールで得られた結果を単純に広域スケールに外挿してよいかどうかが，重要な問題になる。Thogmartinらは自らの解析結果を踏まえ，少なくとも解析対象とした希少種については，生息パッチスケールの結果をより広域スケールに外挿可能であると結論している。

では，なぜこれらの鳥類で，生息パッチスケールのパターンが数百kmのスケールまで大きく変化しないのか。その理由として以下の3つが考えられる。①気象などの大スケール要因が出生や死亡に影響しがたい，②分散域が想定より広大である，③分散域自体は広くないが，その影響によって密度に正の相関が生じる範囲が広大である。数百km以上のスケールで，これらの個体群パラメータ変異の空間構造を調べた例は限られており，今後の研究が強く望まれる。ただし，①の出生や死亡と気象条件については，ホシハジロ *Aythya ferina* などのカモ類では増加率 r と環境収容力 K が緯度に依存して変化することが明らかにされていること（Sæther et al. 2008），②は分散域推定の研究も遅れてはいるものの，比較的研究が進んだ種の分散域がほとんど数十km以下，多くが数kmであることから，私は③分散の効果が分散域よりもはるかに広い範囲で強く働く機構が関係していると考えている。

表1 米国西部でのハシグロカッコウ，ズアカキツツキ，モリツグミの繁殖密度と周囲0.1 km の円内(800 ha)，1 km(8,000 ha)，10 km(80,000 ha)の環境と空間自己相関の関係(Thogmartin & Knuton 2007 より)。変数重要度および信頼区間はベイズ推定で求めた。

種	独立変数	スケール(ha)	中央値	95%信頼区間 上限	下限	変数重要度
ハシグロカッコウ	ナラ林(%)	800	0.232	0.228	0.236	0.20
		8,000	0.179	0.175	0.184	0.54
		80,000	0.251	0.246	0.256	0.26
	森林パッチサイズ(ha)	800	0.066	0.062	0.069	0.11
		8,000	0.104	0.101	0.108	0.34
		80,000	0.016	0.012	0.020	0.09
	湿度指標(1-19，大きい方が湿)	800	−0.161	−0.165	−0.156	0.20
		8,000	−0.052	−0.056	−0.048	0.11
		80,000	−0.083	−0.087	−0.078	0.15
	湿地林(%)	800	0.187	0.183	0.191	0.20
		8,000	0.205	0.202	0.209	0.54
		80,000	0.192	0.188	0.197	0.26
	都市草原(%)	800	−0.297	−0.301	−0.292	0.20
		8,000	−0.372	−0.377	−0.367	0.54
		80,000	−0.237	−0.241	−0.232	0.26
	空間自己相関		−1.092	−1.098	−1.085	1.00
ズアカキツツキ	草原(%)	8,000	0.285	0.280	0.289	0.26
		80,000	0.329	0.324	0.333	0.74
	都市草原(%)	800	0.130	0.127	0.133	0.26
	二次林(%)	80,000	0.298	0.291	0.304	0.74
	農地(%)	800	0.484	0.479	0.489	0.26
		80,000	0.375	0.369	0.381	0.74
	河川密度	80,000	−0.164	−0.167	−0.160	0.74
	孤立林(%)	80,000	−0.264	−0.268	−0.259	0.74
	疎林(%)	800	0.134	0.130	0.138	0.26
	湿度指標	800	−0.331	−0.337	−0.326	0.26
	空間自己相関		−0.221	−0.224	−0.217	1.00
モリツグミ	湿度指標	800	−0.246	−0.251	−0.241	0.11
		8,000	0.096	0.091	0.100	0.28
		80,000	−0.025	−0.028	−0.022	0.28
	落葉広葉樹林(%)	800	0.532	0.528	0.536	0.11
		8,000	0.548	0.542	0.553	0.42
		80,000	0.567	0.561	0.573	0.43
	湿地林(%)	8,000	0.031	0.026	0.035	0.12
		80,000	0.003	−0.002	0.009	0.10
	針葉樹林(%)	8,000	−0.095	−0.101	−0.089	0.20
		80,000	−0.086	−0.092	−0.080	0.30
	森林隣接面積	800	0.233	0.229	0.237	0.14
	空間自己相関		−0.426	−0.431	−0.422	1.00

7.「マルチ・スケール生態学」

以上，行動圏内の採食分布から大陸規模の大スケールにわたる鳥の分布決定プロセス解明に対するマルチ・スケール解析の有効性を紹介した。繰り返し述べてきたが，分布決定プロセスを理解する鍵は階層性であり，生息地選択や景観構造の階層性を読み解く手段としてマルチ・スケール解析は非常に有効である。古くから複数スケールにわたるパターン認識の重要性は指摘されてきたものの(Morisita 1959)，マルチ・スケール的視点を明示的に組み込んだ研究が盛んになり始めたのは最近である(Fortin & Dale 2005)。鳥の分布決定プロセスを対象としたマルチ・スケール解析はまだ少なく，とくに数百km，数千km，それ以上の大スケールにわたる解析は限られたものしかない(Thogmartin & Knutson 2007)。

大スケールでの研究が遅れた理由として，データ収集の困難さとその精度が地域や年によって大きくばらつくという問題が挙げられる。国やNGOが進めているモニタリング調査はその典型だろう。しかし，これらデータ精度のばらつきも考慮した階層モデルが多く開発されている。例えば，上に挙げたようにThogmartinらの階層モデルでは，調査員の経験値による影響も組み込まれている。また，調査時の見落としの影響も踏まえた解析法も提案されている(例えばRoyle et al. 2007)。

調査の容易さやアマチュア層の豊富さなどの利点から，日本でも鳥類を対象とした広域モニタリングデータにはすでに数十年以上の蓄積がある(例えば，環境省 2004a，本書11章も参照)。大スケールまで含めたマルチ・スケール解析の土台は整っている。さらに希少種の生息地保全，急速に分布域を広げ農林水産業上の被害を引き起こしている種や外来種の個体群管理など，鳥の分布予測に対する社会的要求は急速に高まりつつある(環境省 2004b)。鳥を対象とした「マルチ・スケール生態学」は，今後大いに発展する可能性をもっているといえる。

第IV部

広域分布研究と保全・管理

鳥類は移動力が高いため行動圏は広く，多様な環境要素にまたがって生息することがよくある。鳥類の分布を知り，保全や管理に役立てるためには，広域を対象にした生息，分布情報の収集と整理，解析が必要である。第10章では，保全管理に重要な景観生態学の概念，GISと空間解析技術について概説する。また保全技術への応用として，保護区の設定に役立つギャップ分析がある。ここでは，広域における生息環境評価とギャップ分析の方法について，北海道のクマタカを例にして紹介する。

第11章では，分布の時間的空間的変化を知るために行われている広域で長期にわたるモニタリングを紹介する。長期モニタリングは英米では長い歴史があり，さまざまな種の分布や個体数の変化を捉えて，保全施策にも利用されている。日本では歴史が浅いものの，公的な全国規模の調査(環境省)や私的なNPOによる調査などが始まっている。その成果の一部と今後の課題を論ずる。

渡り鳥の移動を知るためには，対象個体を時空間的に連続して追跡することが重要となる。第12章では，衛星追跡手法の概要について整理し，東アジアを広く移動するコウノトリやハチクマの渡りを紹介する。コウノトリは中国大陸の東端の湿地をたどりながら南下北上するが，中間に位置する重要な湿地が開発などで失われた場合，生息地のネットワークが機能しなくなり，個体群の孤立化を招く危険性が示唆される。タカ類の1種，ハチクマは，春の渡りと秋の渡りにそれぞれ特異的な移動パターンを示す。この独特の移動パターンは，熱帯でハチが発生する場所を追いながらゆっくり移動するという，森林内でハチを好んで食べる性質と関係があるようだ。

最近50年間の地球の平均気温は，過去100年間の約2倍の速さで上昇している。鳥類と植物の生物季節にずれが生じる現象は，欧米に限らず日本でも起きている。第13章では，新潟県のコムクドリをめぐる具体例が示される。コムクドリでは産卵開始日が年々早まっており，繁殖地や渡りの中継地における気温上昇と関係がある。産卵開始日が早まった結果，数十年前には雛によく与えられていたヒョウタンボクなどが実る前に，雛が巣立つようになってきている。また，コハクチョウの越冬個体数が増加しているのは，繁殖地であるロシア北方の夏の気温や越冬地である新潟の冬の気温の上昇などが影響していると考えられる。

第10章 広域における生息環境評価と保護区の設定

鈴木　透・金子　正美

景観生態学や保全生物学の分野において，ある生物種による空間利用状況と空間の生息場所としての属性との関連を分析することは，生物種の分布や存続可能性を検討する上で重要な研究課題である(Guisan & Zimmermann 2000)。リモートセンシング技術の発達により広範囲の環境条件を定量的に把握することが可能になり，また後述する地理情報システム(GIS)および空間解析手法の進歩により，広域的な空間情報を体系的に蓄積し分析することが容易になった。これにともない，大面積の対象地域のなかで生物の生息環境を評価したり潜在的な生息地を推定したりすることが一般的になりつつあり(Turner 1989, Forman 1995)，種の分布状況が環境変化に対してどのように変化するかを予測することも検討されている。多様な種の状況を考慮して広大な土地のなかから保護区を設定する際には，こうした広域的な生息環境評価は有用であり(Scott et al. 1993, Flather & Sauer 1996)，すでにある野生生物の保全計画を，種の分布や個体の移動・分散といった広域的な現象を考慮しつつ補完するための効果的なアプローチとなりうる。

本章ではまず，景観生態学の概念，地理情報システムと空間解析技術，およびこれらを保護区の設定へ応用するための一手法であるギャップ分析について説明する。その上で，広域における生息環境評価と保護区の設定の事例として，北海道におけるクマタカ *Spizaetus nipalensis* を対象とした例を紹介する。

1. 景観生態学の概念

景観生態学とは，単一の生態系，あるいは相互に影響しあう複数の生態系が集まって形成される景観において，生物の分布や移動，生物間相互作用などさまざまな生態的現象の空間的な側面を明らかにすることを主眼とする学問分野である。生態的現象の空間的なパターンに関する概念や理論，手法を成果として提供し得るため，広域にわたる環境問題の顕在化および土地管理の必要性の高まりと相まって発展しつつある(Turner et al. 2001)。

景観生態学において生物種の存続を検討する場合は，(しばしばパッチ状に残存している)生息場所の局所的な状況と，生息場所の空間的配置や孤立性といった広域的な状況の両方を重視する。Wiens(1997)は，生物の分布に影響する景観の特徴を，生息場所パッチの性質，生息場所パッチにおける境界効果，生息場所パッチの空間的な配置状況および生息場所間の連結性としており，これらの特徴の定量化のためのさまざまな手法が開発されている(Turner et al. 2001)。また，景観の特徴の定量化を行った上で，これらの特徴が生物種の分布や豊富さに及ぼす影響が検証されている(Radford et al. 2005, Hatfield & Lebuhn 2007 など)。

景観生態学における重要な概念の１つにスケールがある。スケールとは，対象となる事象の時間的・空間的なきめ・解像度(grain)と範囲(extent)を指す(Forman 1995, Turner et al. 2001)。考慮される時間的・空間的なスケールが異なれば，そこで認識され得る生物種の空間利用と生息場所の属性との関連性も異なってくる(Wiens et al. 1987)。時間的・空間的に小さいスケールを考慮した場合，生物種の分布に影響する生息場所の属性は主に生息環境の種構成や小さな攪乱のような局所的なものであるが，大きなスケールを考慮した場合には生息場所パッチの空間的な配置や植物の遷移のような広域的，長期的な要因が重要となる(Wiens 1989, Knick & Rotenberry 1995 など)。したがって，あるスケールにおける生物分布の空間パターンから他のスケールの空間パターンを推定できるとは限らない(Gutzwiller & Anderson 1987)。生物種の保全や管理を効果的に行うためには，さまざまなスケールについて，生物種の空間利用パターンが生息場所や景観のどのような属性，特徴に影響されているかを知ることが必要である(Gutzwiller 2001，2章参照)。現実の保全や管理においては，対象とする生物種の生息場所における局所的な状況を規定する空間スケール(局所スケール)と，そういった生息場所も含めた周辺環境における生息場所の空間的配置や孤立性といった広域的な状況を規定する空間スケール(景観スケール)の2つを，少なくとも考慮すべきであろう。

2. GISと空間解析

GISとは，geographic information systemの頭文字をとった略称であり，一般的に地理情報システムと訳され，空間情報をもったデータを作成，操作，表示するためのシステムもしくはソフトウェアの総称として使われている。1960年代のカナダにおいて，土地利用を監視するためのCGIS(Canada geographic information system)というシステムとして構築されたものから発展してきた技術である。近年のコンピュータ技術の進歩に加え，地形図などの基盤情報のデジタル化が進み，リモートセンシングやGPS(global positioning system：汎地球測位システム)技術の利用により空間情報をもったデータの取得や作成が容易になったこともあって，広く普及するようになった。

GISは空間情報をもったデータを取り扱うことのできるシステムであるため，現実の社会現象や生態的現象を，その空間的な側面を含めてシステム上で表現することが可能である。これまで扱うことが困難であった空間的な不均一性をもった現象を取り扱うことができる。空間的な情報に加えて時間の情報もともなったデータをも処理し，表示することが可能であり，さまざまな時空間スケールの情報をGISの上で統一的に扱える。さらに，同一の空間における複数の項目に関わる情報の重ね合わせ(オーバーレイ)による解析や，対象空間内の複数の地点の間の移動経路や近接性を評価するためのネットワーク解析などの空間解析もGISにより行うことができる。空間情報やその解析結果をわかりやすい地図として表現できることから，対象地の空間計画や地域における諸問題への対策に関わる人々の間での合意形成や，行政担当者による意思決定の支援にも活用されている。自然環境問題に関連しては，米国のキャンプ・ペンドルトンにおける生物多様性に関する分析や，環境影響評価や将来予測，土地利用計画策定の際の意思決定支援ツールとしてもGISが用いられた例がSteinitz et al.(1999)に報告されている。

3. 保護区の設定——ギャップ分析

生物種の生息環境の保護・保全を行うために，保護区の設定は有用な手法の1つである。日本には自然公園，鳥獣保護区，自然環境保全地域，生息地等保護区，天然保護区域，野鳥保護区などの保護区の制度があり，加えて国際的な枠組みとしてラムサール条約，世界自然遺産などが存在する。保護区には，設定された地域内の生物種や生息環境を破壊や攪乱から保護する効果がある。一方，現在の保護区は高標高の地域に偏っている(金子 1997)など，保護区の設定上の問題点も指摘されている。そのため，限られた労力やコストのもとで効果的に保護区を設定し保全対策を行う優先順位を決めるために，意思決定や合意形成を図るための科学的な手続きが求められる。

効果的に保護区を設定し保全対策を行う優先順位を決めるためのアプローチの1つとして，ギャップ分析がある。ギャップ分析は生物多様性が高い地域(ホットスポット)を確実に保護することを目的とし(Jennings 2000)，ホットスポットが保護区として指定され十分な保全活動の恩恵を受けているか否かを，生物多様性と保護区の設定の両方の状況を地図化して判断するアプローチのことである。Burley(1988)によるギャップ分析の手順は，生物多様性の空間的な変異と保護区の位置を地図化して重ね合わせることにより，ホットスポットと保全活動の間の空間的な隔たり(conservation gap)を探すという，非常にシンプルなものである(図1)。本章ではギャップ分析を，総体的な生物多様性だけでなく個々の生物種をも対象としうるものと考え，生物種の分布や潜在的な生息地と現状の生息情報の把握状況や保護区との隔たりを評価するという，広い意味でのギャップを評価する手法として捉えた。

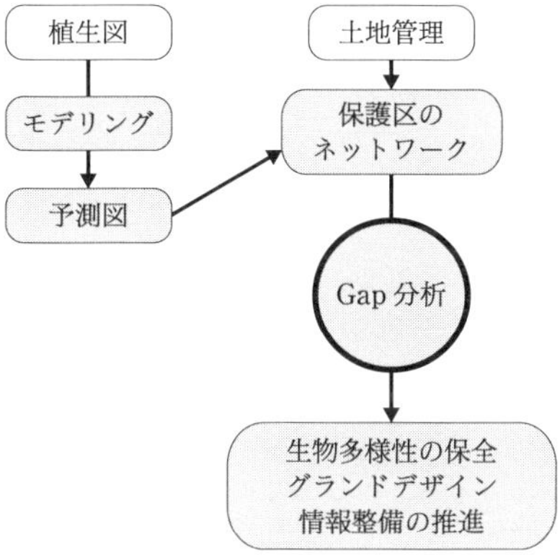

図 1　ギャップ分析の手順(Jennings 2000 を改変)

4. 北海道におけるクマタカの生息環境評価とギャップ分析 ——ケーススタディー

背景と目的

クマタカは，日本では北海道から九州にかけて広く分布している。山地の森林に生息し，主に針葉樹の高木に営巣する(クマタカ生態研究グループ 2000, 埼玉県 2000)。北海道では営巣木として広葉樹(カツラ，ハリギリ，シナノキ，ミズナラなど)の利用も確認されている(第 4 回北海道猛禽類勉強会*(2001)における発表にもとづく)。肉食性で，多様な動物を捕食し，ヘビ類，ウサギ・リスなどの中小型の哺乳類，キジ・ヒヨドリなどの中型以上の鳥類を主としている(クマタカ生態研究グループ 2000)。このように，クマタカの生息には，営巣

*北海道猛禽類研究会：北海道における猛禽類の生態などに関する情報の収集や解析，保護対策の検討などを主な目的として，藤巻裕蔵氏(現帯広畜産大学名誉教授)が中心となり，1998 年に設立された任意団体である。これまで年 1 回(計 4 回)の勉強会が開催されてきた。メンバーは，北海道で猛禽類の調査・研究にたずさわっている研究者(大学，博物館，個人)，事業者(北海道開発局，自治体，電力会社)，行政担当者(北海道，北海道営林局)，調査従事者などによって構成されている。1999 年 2 月には，第 1 回勉強会の結果の一部が「北海道のクマタカとオオタカ」と題した小冊子としてまとめられ，研究や事業に際して利用されている。

できる高木や餌となる動物が豊富であるなど，森林としての機能が高い森林生態系が必要である。また，クマタカは移動性が高く，その行動圏は 4～25 km^2 ある（クマタカ生態研究グループ 2000）。そのため，クマタカの個体数を維持するためには，個々の営巣地や採食場所の保全，管理といった局所的な対策に加えて，景観スケールにおける保護，管理も行われる必要があると考えられる。しかし，クマタカの保護，管理は，これまでのところ営巣環境の保護といった比較的小さなスケールでの対策が主であり，広域における生息環境の保護管理を行うための資料は少ない。

そこで，北海道においてクマタカを対象として，景観スケールの環境条件や空間構造が生息分布に与える影響を検証した。具体的には，①環境条件や空間構造とクマタカの生息分布の関係を示すモデルの構築，②構築されたモデルから北海道全域におけるクマタカの潜在的生息地の推定，地図化を行った。さらに，生息分布状況と潜在的生息地の重ね合わせ，および潜在的生息地と既存の保護区の重ね合わせによりギャップ分析を行い，クマタカの保護の現状と課題を検討した。

方　法

事業者，研究者，調査者を対象に聞き取り調査を行い，クマタカの生息分布の位置と確認状況を記録した結果（北海道猛禽類勉強会* 提供）をもとに，北海道全体をカバーする 5 km×5 km メッシュを設定し，メッシュ内のそれぞれのセルについてクマタカの生息の有無を示した。クマタカは希少種であり生息場所の特定を避けることが望ましいため，分布を市町村ごとに再集計したものを図 2 に示した。

自然環境に関するデータとしては，国土交通省が整備している国土数値情報より空間分解能 50 m のデジタル標高モデル（DEM）と土地利用図を，国土地理院が整備している数値地図 25000 空間データ基盤より河川の位置情報を用いた。加えて，2 万 5 千分の 1 地形図と環境省自然環境 GIS から，現存植生図を作成した。生物の生息環境を示す指数は多数存在するが，対象とした生物種の特性をもとに適切な指数が選択される必要がある（Haines-Young & Chopping 1996）。そこで今回は，クマタカの生物学的，地理的特性を

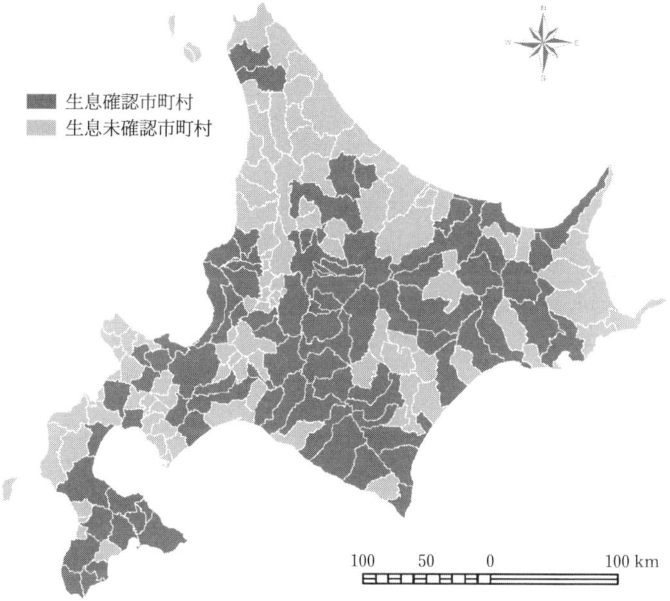

図2　北海道における市町村単位のクマタカの生息状況（北海道猛禽類勉強会提供資料をもとに描く）。クマタカの生息が確認された5 km×5 kmメッシュが存在する市町村を生息確認市町村とした。

考慮し，地形条件と土地被覆の状況，および森林パッチの面積，形状，配置，分断化を示す指数を合わせて15種類選択し（表1），上述の5 kmメッシュのそれぞれのセルについて算出した。

15個の指数のいくつかの組み合わせについては有意な相関が見られたため（Pearson's correlation coefficients, $r>0.6$, $P<0.01$），15個の指数を対象として主成分分析を行い，互いに無相関の主成分に変換した。4つの主成分（principal components，以下PC）が抽出され，PC1は高標高，急峻で分断化の少ない森林の指標であり，PC2は分断化した針広混交林が存在する市街地の景観の指標，PC3は針葉樹林の指標，PC4は森林の分断化の指標であると考えられた（表2）。

それぞれのセルにおけるクマタカの生息の有無を予測するためのモデルの構築には判別分析を用い，変数選択はステップワイズ前進法を用いた。ステップワイズ前進法とは，変数を選択する手法の1つである。まずそれぞれ

表1　クマタカの生息分布を評価するための主成分分析に用いた指数

指数	定義
ELE	平均標高
SLOPE	平均傾斜
SLOPE30	30度以上ある傾斜地の合計面積
DIFELE	最大標高と最小標高の差
ROAD	道路密度
URBAN	市街地面積割合
BROAD	広葉樹林面積割合
CONIF	針葉樹林面積割合
MIXF	針広混交林面積割合
FOREST	森林面積割合
MPA	森林パッチの平均面積
AWMSI	森林パッチの Shape Index (McGarigal & Marks 1995) の平均値
MPN	森林パッチの個数
MNND	森林パッチの Nearest Neighbor Distance (McGarigal & Marks 1995) の平均値
SI	森林パッチの Splitting Index (Jaeger 2000) の平均値

表2　15個の指数を用いた主成分分析の結果

指数	PC1	PC2	PC3	PC4
ELE	0.809		0.318	
SLOPE	0.939	0.177		
SLOPE30	0.825			
DIFELE	0.919	0.165		
ROAD	−0.698	0.279	0.201	−0.177
URBAN	−0.72	0.492		
BROAD		0.577	−0.614	−0.169
CONIF			0.876	−0.11
MIXF		0.689	0.245	−0.356
FOREST	0.847	0.348		
MPA	0.953		−0.109	
AWMSI		0.286		0.873
MPN	−0.847	0.293	0.173	0.339
MNND	−0.638	0.221		0.105
SI	−0.847	−0.295		
寄与率(寄与率の合計)	50.579(50.579)	10.855(61.437)	9.430(70.864)	7.477(78.340)
Z 値*	−5.488	−2.335	−0.321	−2.807
P 値*	<0.0001	0.020	0.748	0.005

*Mann-Whitney の U 検定の結果を示す。有意差が見られる場合，クマタカの生息の有無に影響している変数であると考えられる。

の変数について単変量のモデルを構築し，F 値が最大となる変数に関して指定した F_{in} 値より大きければ1つ目の変数として採用する。さらに，採用した変数を含めたモデルを構築し，F 値が最大でかつ F_{in} 値より大きい変数を追加する工程を繰り返し，採用された変数の F 値が F_{in} 値より小さくなったらこれ以上変数を取り込まず最終的なモデルとして採用する方法である。また，モデルの評価には Sensitivity (Fielding & Bell 1997) を用いた。Sensitivity は，モデルで生息適地であると判断されたセルのうち，実際に生息が確認されているセルの割合である。今回，北海道という広域な対象地における調査のためクマタカの生息情報の有無を網羅することはできなかった。そのためモデルの評価には実際に確認されたセルの判別率である Sensitivity のみを用いた。

クマタカの生息環境評価

クマタカは133個のセルで確認された。北海道全体に広く分布していたが，確認されたセル数は北海道全体のわずか3.9%であり，分布が限られていることが示唆された。判別分析の結果，PC1とPC4が有意な変数として選択され，クマタカの生息にはPC1が正，PC4が負の影響を示した(表3)。また，PC4と比較してPC1の係数が高い値を示したため，PC1はPC4と比較して，クマタカの生息により大きな影響を与えていた(表3)。構築したハビ

表3　判別分析の結果

変数	分類結果	
	不在	在
定数*	−0.693	−0.836
PC1*	−0.02	0.498
PC2*	有意差なし	
PC4*	0.008	−0.206
χ^2*	39.428	
df*	2	
Sensitivity**	71.4	

* 判別分析の結果：各変数の値は判別関数の係数を示し，χ^2・df は等共分散の検定の統計量を示す。
**Sensitivity (Fielding & Bell 1997 より)

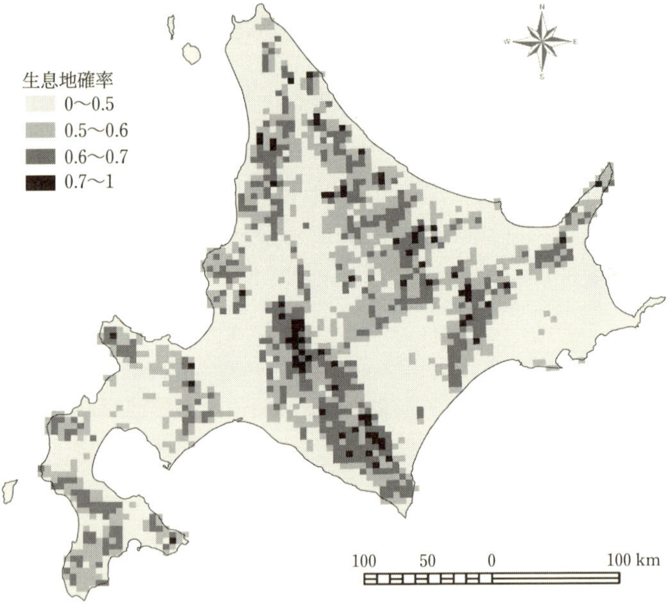

図 3　北海道におけるクマタカの潜在的な生息地確率。潜在的な生息地確率とは，判別分析を用いて構築したハビタットモデルにおいて生息が確認されているグループへの距離を確率として示した値であり，生息が確認される確率が高いほど高い値を示す。

タットモデルの Sensitivity は 71.4%であり，比較的高い精度でハビタットモデルは構築できたと考えられたため，このモデルをもとに潜在的な生息地を推定した(図 3)。推定された潜在的な生息地(全体の 43.8%)は今回の観察結果にもとづく分布域(全体の 3.9%)より広く分布していた。これはモデルが比較的高い精度を示したことを加味すると，北海道においてクマタカが潜在的に生息できるような環境は比較的多く残されているが，他の要因(人為的な影響など)に分布が制限されている，もしくはクマタカの広域的な情報が不足していると考えられた。

これまで，主に営巣地を中心とした局所的な生息条件に関する研究で，クマタカは山地の森林に生息することが報告されている(クマタカ生態研究グループ 2000)。またクマタカは針葉樹林もしくは広葉樹林の急峻な地形で多く繁殖が確認されている(クマタカ生態研究グループ 2000)。PC1 は高標高，急峻で分断化の少ない森林の指標であるため，クマタカの繁殖に適した場所の指標であると考えられる。構築された生息予測モデルにおいてPC1はクマタカの生息に強い正の影響を示しており，景観スケールにおいてもこれまでの研究と同様に，急峻な地形にある森林にはクマタカは生息しやすいことが明らかになった(表3)。一方，PC4はクマタカの生息に負の影響を示した。PC4は森林の分断化の指標であると考えられ，分断化が進むにつれて値は大きくなる。生息場所の分断化は本来の生息場所の消失や生息場所面積の減少，パッチ状に残された生息場所の孤立化を引き起こし，生息場所における生物多様性を減少させる(Wilcox 1980, Wilcox & Murphy 1985)。過去の研究においても，分断化などハビタットの配置(configuration)に関わる状況は，生物種の分布(Askins & Philbrick 1987, Villard et al. 1995)や移動(Machtans et al. 1996, Sutcliffe & Thomas 1996)に影響することが明らかになっている。北海道に生息するクマタカについても，景観スケールにおける生息場所の分断化はその生息分布に負の影響を与えていたと考えられた。

生息場所の分断化と生物種の生息分布の関連については多くの研究が行われている(Opdam et al. 1985, Hinsley et al. 1995, Skidmore et al. 1996, Fitzgibbon 1997, Rushton et al. 1997, Tucker et al. 1997など)。これらの研究は生息場所の分断化の影響に着目しているが，McGarigal & McComb(1995)は生息場所の面積の方が生息場所の分断化よりも強く影響したと報告している。今回のクマタカについても，最適な生息場所がどれくらいあるかという指標(PC1)は，生息場所がどれくらい分断化しているかという指標(PC4)よりも強く影響していた。これより，クマタカの保全対策を景観スケールにおいて考える際には，まず生息場所を確保し消失を防ぐことが，生息場所の分断化を防ぐことよりも重要な課題であることが明らかになった。

ギャップ分析

推定されたクマタカの潜在的生息地(図3)と現存の生息確認情報(市町村単位)をオーバーレイさせた(図4)。図4の円で示された範囲が，潜在的な生息確率が高いにもかかわらず生息が確認されていない場所(以下，生息情報ギャップ)の例である。生息情報ギャップは特に道北地域に多く，続いて道南の島牧町・瀬棚町近辺，積丹半島にも多かった。こうした生息情報ギャッ

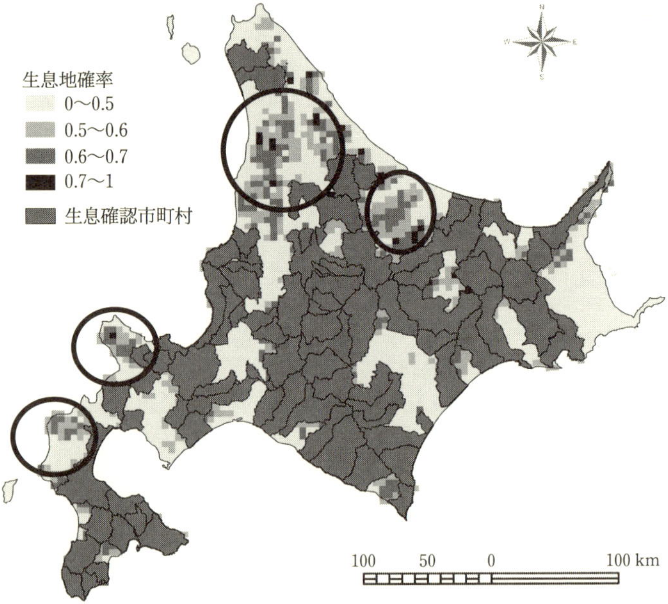

図 4　ギャップ分析により抽出されたクマタカの生息情報ギャップ。生息情報ギャップとは，図の円で囲まれた箇所のような潜在的な生息地確率が高いにもかかわらず，生息が確認されていない地域を示しており，クマタカの生息情報を収集する必要性がある地域である。

プには，未確認の生息個体がいる可能性があるため，今後重点的に調査を行う必要がある。

さらに，国立公園など保護区と潜在的生息地を重ね合わせた(図5)。保護区として取り上げたのは，国や道の自然公園，保全地域，鳥獣保護区である。図5の円は，クマタカの潜在的な生息地と見なせるにもかかわらず，保護区が設定されていないか，もしくは設定範囲が狭すぎる場所(以下，保護区ギャップ)の例である。保護区ギャップは，特に道北地域，夕張市・占冠村近辺，積丹半島に多く見られた。北海道全体におけるクマタカの保全計画の策定に際しては，このような保護区ギャップの多い地域にまず着目すべきである。また，道北地域や積丹半島は，生息情報ギャップと保護区ギャップがともに多い。このような場所にクマタカが生息している場合は，現状の生息確認情報がなくかつ保護区などの規制もないため，開発などの人為的な影響

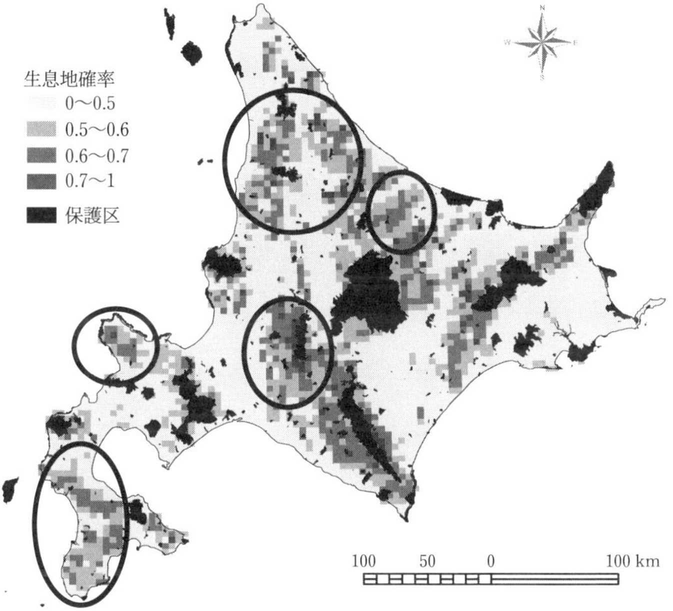

図5　ギャップ分析により抽出されたクマタカの保護区ギャップ。保護区ギャップとは，図の円で囲まれた箇所のようなクマタカの潜在的な生息地確率が高いにもかかわらず，保護区が設定されていない，もしくは設定範囲が小さい地域を示しており，早急な対応が求められる地域である。

を最も受けやすいと考えられる。このような地域では，早急な生息の有無の確認とそれに応じた対応が必要となってくるであろう。

5. 今後の展望

生息のために大面積の空間を利用する生物にとり，景観スケールにおいて生息に適した条件が保たれることは，繁殖・営巣や採餌のための生息場所の保全とともに重要な課題である。本章では，クマタカを対象として北海道全域における生息環境評価とギャップ分析を行い，保護管理への応用を試みた事例を紹介した。景観生態学的な概念やGIS技術を用いた広域を対象とした生息環境評価は，今後より多くの地域で行われていくと考えられる。その際には，種によって対象とすべき空間スケールは異なり，種の生息を理解する上で適切な空間スケールを，多くの場合には複数考慮しなければならないことを認識する必要がある。また，Murakami et al.(2008)は，森林に生息する生物は，種によって異なる空間スケールの森林構造により影響を受けているため，森林の生物多様性を保全するためには異なる空間スケールに対応した複数の種のモニタリングが必要であると報告している。今後，鳥類の効果的な保全管理を行うためには，多様な空間スケールや種を対象とした生息環境評価手法の開発・検討が望まれる。

第11章 広域長期モニタリングにもとづく鳥類分布の時間的空間的変化

植田　睦之

長期的な鳥類の生息状況の変化を明らかにするために，鳥類の生息状況のモニタリング調査が行われている。このようなモニタリングは，どのような種が減っていて，保護する必要があるのかといったレッドリストの検討や，どのような環境に問題が生じていて保全の優先順位が高いのかといった保全計画を立てる上など，行政施策の面で重要である。また，環境や気候の変化で鳥の分布や生態がどう変化するかといった基礎・応用両面の研究上でも重要である。

モニタリング調査には，特定の場所で行う局地的な調査と広域での調査がある。局地的な調査は，詳細な情報をもとに，その原因やメカニズムなどを明らかにできる点で優れている。反面，そこで得られた結果は必ずしも広域的に起きていることと一致するとは限らず，その場所の特殊な事情によるものなのかもしれない。例えば，ある場所の調査でサシバ *Butastur indicus* が増加していたことが明らかになったとする。その結果は事実だが，全国的にサシバが減少している現状とは異なっている。なぜサシバがその場所で減っていないのかを明らかにする上で極めて重要な結果ではあるが，これをもとに全国の状況を判断してしまうと大きな間違いを犯すことになる。また，広域の調査でなければ捉えられない分布の変化や，特定の場所の調査では見えてこない大きなスケールでのメカニズムもあり，広域での調査の重要性は大きい。

局地的なモニタリングは，研究者個人でも実施することができる。しかし，広域モニタリングは，通常，個人の手では行うことができない。すなわち広域モニタリングで最も重要なのは，調査を担う多数の調査者がいることである。研究者やプロの調査員の人数は限られており，広域調査をするのに十分でない場合が多い。また，それらの人に正当な対価を払った場合，その調査経費は膨大な額になり，調査を長期継続することは困難になってしまう。そのため国内外を問わず，広域調査はアマチュアの鳥類観察者を中心としたボランティアの手により行われていることが多い。

鳥類のモニタリングのためには，局地的な調査と広域的な調査の両方が行われることが必要であるが，この章では，広域的な調査に焦点を当て，欧米での歴史のある2つの調査の概要を紹介し，日本での現状と課題について述べていく。

1. 国外で行われている広域長期の鳥類相調査

欧米では，ボランティアの手による歴史のある広域長期のモニタリング調査が行われており，その結果が政策や基礎研究に活かされている。その例として有名なのがイギリスの繁殖鳥調査(Breeding Bird Survey)と米国のクリスマスバードカウント(Christmas Bird Count: CBC)である。

イギリスの繁殖鳥調査はBritish Trust for Ornithologyが中心となって，1,700人を超えるボランティア調査員の協力のもと，イギリスの2,000か所以上の場所で，繁殖している鳥の生息状況を調べている。調査方法は簡単で，調査対象の1 kmメッシュ内に2 kmの調査経路を設け，留鳥の繁殖最盛期に1回，夏鳥の最盛期に1回の計2回，片側100 mの計200 mの幅のなかにいる鳥の種と数を調査するものである。調査頻度の高くない調査だが，この調査により100種にのぼる鳥の個体数変動指数(ある年を基準値とした変化の指標)が把握されている。この個体数変動指数は，レッドリストの策定など保護の必要な種の選定のために用いられている。また，森林と農地に依存している種を選定して，それらの種の個体数変動指数を集計することにより，森林や農地の環境の状態を表す指標をつくっている。日本では大気や水質の値が環境の指標として使われている。これと同様に，イギリスではこの鳥の指標も地域の自然の状態を測るための値として，政府や市民により注目され，政府や民間組織が地域の保全のために使うことが多くなっているのである。

この指標をイギリス全体で見ることにより，特に農地の鳥の減少が激しいことがわかっている。それがきっかけになり，なぜ農地の鳥が減っているのかを明らかにするためのたくさんの生態研究が行われることになった。そして除草剤等の影響で，食物となる動植物が減っていること，大規模農業により環境が単純化してしまっていること，春撒きから秋撒き小麦への転換で冬の食物が不足したり，繁殖期に草丈が高いことによる好適な繁殖場所の減少が生じたりしていることなどが明らかになり（Newton 1998, Donald 2004），農業のあり方が議論されるなど，さまざまな保全活動や研究のきっかけにもなっている。

米国で行われているクリスマスバードカウント（以下，CBC）は，繁殖鳥類調査よりもイベント的な位置づけの強い調査である。19世紀，人々は狩りをしてクリスマスの日を祝っていた。より多くの獲物を持ち帰った人が勝者になるというちょっとしたゲームのようなもので，誰もが夢中になって鳥や獣を狩っていた。自然保護団体オーデュボン協会は，新しいクリスマスの過ごし方として狩るのではなく，見た鳥の数を競うことでクリスマスを祝おうと，1900年，CBCがスタートした。それ以来，現在まで100年を超えて続く調査となっている。今では米国を中心に，カナダ，メキシコ，エクアドル，アルゼンチンなど，アメリカ大陸の多くの国と地域の市民，約50,000人が参加し，調査地数は約1,800か所にもなる。

CBCは半径24 kmの円を1つの調査地とし，その円の内部に，重ならないようにいくつかのルートを設定し，複数のグループに分かれて出現した鳥の種と数を記録する調査である。このような，かなりラフな設計の調査であるが，多地点で長期間続けることにより，鳥の分布がどのように変化してきたのかを明瞭に示すことができる。この結果からは，イギリスの繁殖鳥調査と同様，ワキアカトウヒチョウ *Pipilo erythrophthalmus*，シロハラミソサザイ *Thryomanes bewickii* などが減っていること，アメリカチョウゲンボウ *Falco*

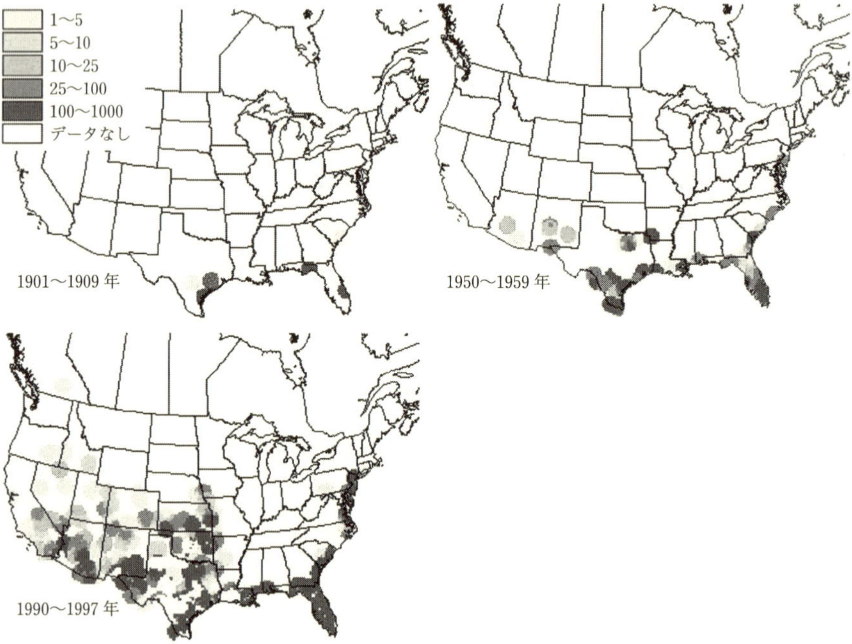

図 1　クリスマスバードカウントで明らかにされたキタオナガクロムクドリモドキ *Quiscalus major* とオナガクロムクドリモドキ *Q. mexicanus* の分布の変化。分布が急速に拡大しているのがわかる。数字の単位は調査地当たりの個体数

sparverius，ハト類，ムクドリモドキ類などが分布を拡大していることなど多くの種の分布や個体数の変化が示され(図 1)，鳥類の保全施策に役立てられている(Audubon Society http://www.audubon.org/bird/cbc/)。

また，米国では西ナイルウイルスの影響でカラス類を中心とした鳥が大量死した。その際に，西ナイルウイルスが鳥の個体群へどのような影響を及ぼしたかの評価にも用いられているし(Eidson et al. 2001)，エルニーニョの影響(Vandenbosch 2000)や，コウウチョウ *Molothrus ater* による托卵の森林性の鳥への影響(Brittingham & Temple 1983)の検討など，何らかの問題が生じたときに，その影響を検証するために CBC のデータが用いられている。さらに繁殖期に行われている広域モニタリングの結果とこの CBC の結果を比べることにより，どの時期に鳥たちが多く死に，どのような環境要素(例えばチャバラマユミソサザイ *Thryothorus albinucha* の場合は積雪)が死亡に影響してい

るのかも解析されている(Link & Sauer 2007)。

このように，広域長期のモニタリングの結果は，分布や個体数の変化を示すだけでなく，解析者のアイディア次第で，さまざまな事象の影響評価などにも用いることができる。そのため，データは多くの研究者に利用され，CBCのデータを解析した論文は，これまでに300本以上にものぼっている。

ボランティア調査には，調査員による調査能力の差，調査が個人の事情で行われないことがあるなどといった欠点もある。しかし，多地点で長期的な調査を行うことで，その欠点は薄めることができるし，そういった欠点を小さくするための統計的手法も考案されている(Ter Braak et al. 1994，山道 2007)。今後も広域のモニタリング調査にはボランティア調査員が不可欠であり，重要な役割を担っていくだろう。

2. 日本で行われている広域長期の調査

鳥類相のモニタリング——全国鳥類繁殖分布調査とモニタリングサイト1000

このように，欧米で保全施策や基礎研究に大きく貢献している広域長期の鳥類のモニタリングだが，日本でも，過去の鳥類相と現在の鳥類相を比べることのできる全国調査が1つ行われている。緑の国勢調査とも呼ばれる，環境省の自然環境保全基礎調査のなかで行われる全国鳥類繁殖分布調査である。イギリスの繁殖鳥調査やアメリカのクリスマスバードカウントのように毎年行われている調査ではないが，1974〜1978年にかけてと1997〜2002年にかけての2期に分けて調査が行われており，過去と現在の鳥類相を比べることができる。この調査では，日本を5万分の1の地形図と同じサイズのメッシュに区切り，それぞれのメッシュの各種鳥類の生息の有無と繁殖の可能性を示すために現地調査とアンケート調査を行っている。調査は欧米と同様に，プロの調査員ではなく各地の日本野鳥の会の会員などにより行われている。この結果から各種鳥類の分布状況の変化が明らかになっている(環境省生物多様性センター 2004a)。

その結果の概要は環境省生物多様性センター(2004b)，植田・平野(2005)にまとめられているが，各種鳥類の分布変化を見渡すといくつかの共通点が見えてくる。1つは鳥の分布変化の地域的な違いである。個々の鳥を見ていくと，分布の変化は種によって，地域によってさまざまである。そのなかで共通点としてめだつのは，首都圏および関西圏での鳥の減少とともに，北海道・東北地方における変化が他の地域と異なっていることである。例えば全国的に見ると分布を縮小させているセンダイムシクイやカワガラス，サシバ(図2：北海道には分布していない)などは，北海道・東北地方では逆に分布を拡大している。また，ヤブサメ，ミソサザイといった種は他地域ではあまり分布に変化がないのだが，北海道・東北地方では分布が拡大している。このような地域的な傾向が見られる理由ははっきりしないが，環境の変化がこれらの地域のみ違っている可能性と，南方から分布が拡大したような状況になっているので，温暖化の影響が生じている可能性が考えられる。昆虫の分布を決める要素として気温は重要な要素であるので，温暖化によって，鳥たちの食物条件が変わる可能性はある。ただ，このような短い時間スケールのなかで鳥たちの分布に関わるような植生や食物に影響が出ているのだろうか。温暖化の影響があるのかどうか，あるとしたらどのような仕組みでそのようなことが生じるのかなど，この調査結果から今後の研究の課題が見えてくる。

また，どのような環境選好や生態的特質をもつ鳥が減少しているのかについても明らかにされている。ウズラ，シマアオジ，アカモズ，ヒバリといった草原性の鳥や，ヒクイナ，タマシギ，ヨシゴイといった湿地性の鳥，チドリ類，イソシギ，コアジサシといった河原や砂礫地に生息している鳥，スズメ，ムクドリ，ツバメ，キジバトなどの身近な場所にいる鳥の分布が縮小していることが示されている。一方，カイツブリ，コサギ，ササゴイなどの小型魚食性の鳥の分布が縮小している反面，カワウ，ダイサギ，アオサギなどの大型の魚食性鳥類の分布が広がっていること，シジュウカラ，ヤマガラ，キビタキなどの小型の樹洞営巣性鳥類の分布が広がっていることも示されている。さらにAmano & Yamaura(2007)，天野(2007)は，体格や繁殖力など生息環境以外の種の特性も加え，分布を狭めている鳥に共通する性質について解析を行った。それによると，体重が中くらい(30〜200 g)，繁殖力が低い，コロニーで繁殖しない，長距離渡りを行う，農地を利用するといった性質を複数もっている種の分布が縮小していることが明らかになった。例とし

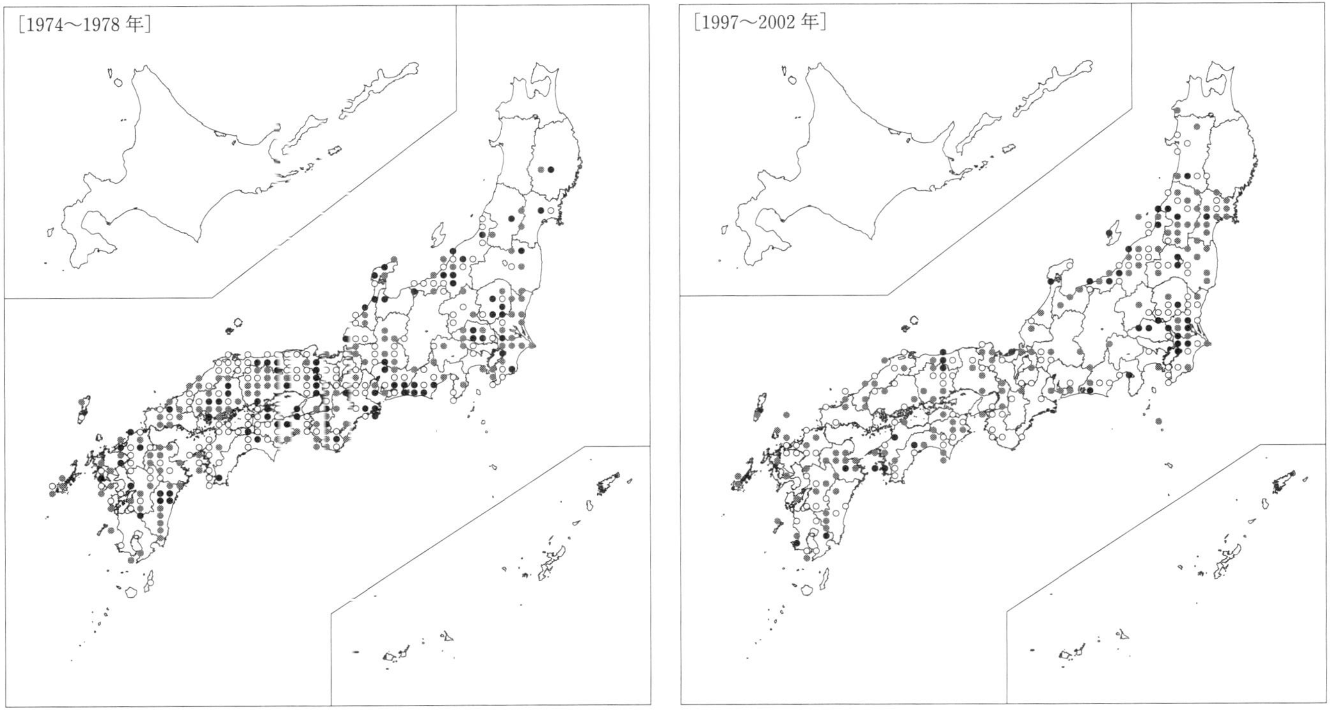

図 2　全国鳥類繁殖分布調査で明らかにされたサシバの分布の変化(環境省生物多様性センター 2004a をもとに描く)。黒丸が繁殖が確認されたメッシュ，白丸が繁殖の可能性のあるメッシュ，灰色の丸が生息が確認されたメッシュ。全国的にはサシバの分布が縮小しているが，東北地方だけで見ると分布が拡大していることがわかる。

ては，ウズラ，ヒクイナ，タマシギ(農地を利用する中型種)，アカモズ，チゴモズ(長距離渡りを行う中型種)，ヨタカ(繁殖力が低く，長距離渡りを行う中型種)などが挙げられる。

特定の地域での詳細な調査とは異なり，全国規模のモニタリング調査では，各調査地それぞれでの繁殖成績，環境要素などについての詳細なデータはないので，なぜ上記のような特性をもつ鳥が減っているのか，その原因を具体的に示すことはできない。しかし，既存の調査と組み合わせることにより，推測をすることができる。例えば草原性や湿地性の鳥や農地を利用する鳥が減っているのは，草地や湿地が減少し，その代替地として利用されていた水田や畑も耕地整備や機械化といった農業の近代化や耕作放棄により環境が変わったからなのかもしれない。また，河原や砂礫地に生息している鳥が減っているのは，治水による河川の流路の安定に関連した植生の繁茂や河原の人による利用が効いているのかもしれない。身近な鳥の分布の縮小については，都市部では過度の都市化が，中山間地では，過疎化により生息域が縮小している可能性がある。また，同様の特性をもつ鳥のなかでも，あるものは減少していてあるものは減少していないことがある。その鳥たちの生態的差異をさらに見ていくことによって，保護のためのヒントが得られるかもしれない。

環境省では緑の国勢調査に加え，2003 年よりモニタリングサイト 1,000 という調査を始めた。日本全国に約 1,000 か所のモニタリングサイトを設定し，その変化を 100 年間見続けようというものである。調査サイトにより異なるが，毎年あるいは 5 年に 1 度の頻度でより細かいデータが収集されている。今後データが蓄積されていくことにより，欧米と同様，さまざまな切り口の研究が可能になるだろう。

特定の鳥類群を対象にしたモニタリング──ガンカモ類の生息調査

鳥類相の長期的な調査は日本ではないものの，特定の鳥類群に限れば，シギ・チドリ類一斉調査(天野 2006)やガンカモ類の生息調査(通称「全国ガンカモ一斉調査」)がある。全国ガンカモ一斉調査は，日本に渡来するガンカモ類の冬期の生息状況の把握を目的として，1970 年から都道府県の協力のもと環境省が実施しているものである。日本の生物の体系的な広域モニタリングとしては，おそらく最も長期間にわたり大規模に行われているものであろう。最新の2008年1月13日に行われた調査では，全国約9,000地点，約5,000人の調査員が参加している。

この調査からは長期的な，ガンカモ類の個体数の動向が明らかにされており，カモ類の個体数は近年頭打ちになっているが，ガン類やハクチョウ類は増加傾向にあることがわかっている。

カモ類の種の識別をあまり厳密にできない狩猟者や鳥獣保護員が調査をしている地域もあるなど，調査精度に難点があることが指摘されてきたこともあり，この調査結果をもとにした解析はあまり行われていない。しかし最近，積雪や低温がガンカモ類に与える影響についての解析が行われた（植田 2007）。この研究では，識別の問題を軽減するためにカモ類，ハクチョウ類といった大区分で解析を行うことと，データ精度が比較的良い近年のデータを対象に，積雪や低温の影響が大きい北海道，東北，中部日本海側の地域のカモ類やハクチョウ類の個体数とアメダスの気象データを比較し，積雪や低温のカモ・ハクチョウ類に与える影響を解析している。その結果，ハクチョウ類については経年的な増加傾向とともに気温が越冬数に影響していることが明らかになった（図3）。つまり低温の年は北海道，東北，中部日本海側の越冬数が少なく，おそらくより南方へ移動していると考えられる。このことは低温の年に関東地方や関西地方などの南方の地域で越冬数が多くなることからも支持される。また，カモ類については積雪の影響が大きく，積雪の多い年には北海道，東北，中部日本海側の越冬数が少ないことがわかった（図3）。

ハクチョウ類には影響の小さかった積雪がカモ類に大きな影響を与える理由の１つとして，カモ類の体がハクチョウ類よりも小さいことが考えられる。体が小さいために，積雪が深くなるとハクチョウ類よりもより採食が困難になるのだろう。また，給餌に依存している個体の割合がハクチョウ類よりも小さいこと（環境省自然環境局 2003）も，その一因の可能性がある。給餌に依存しないマガモは主に水田などで採食することが，石川県での調査から明らかにされている（山本ほか 2002）。そのような個体は積雪が深くなると水田での採食が阻害され，その影響が大きく出る可能性がある。

それに対して，ハクチョウ類で気温の影響が大きかったのは，給餌に依存

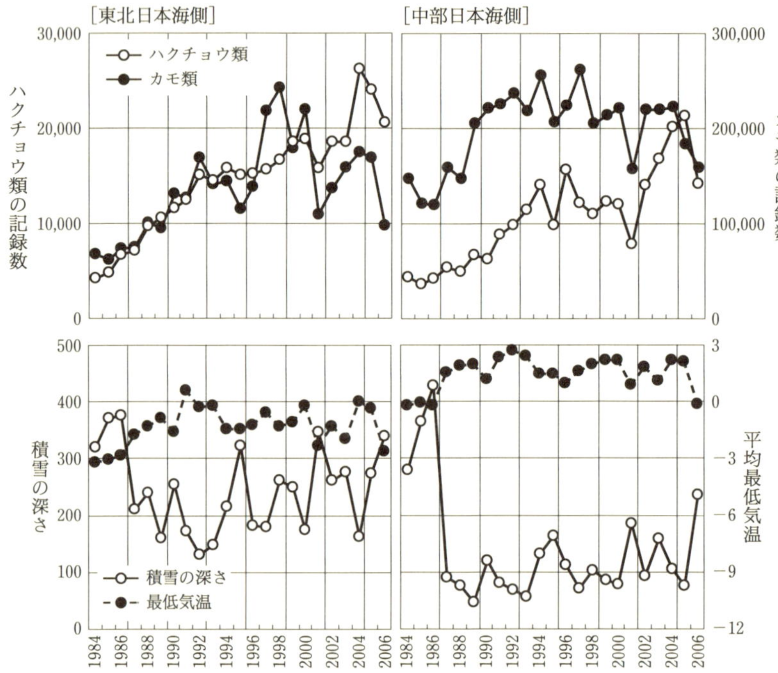

図 3　カモ類やハクチョウ類の越冬数と積雪や気温との関係(植田 2007 をもとに描く)。積雪が多く，気温の低い年には越冬数が少ない傾向がうかがえる。

している個体の割合が高く，採食環境よりもねぐらや休息地の環境の影響が大きいためかもしれない。つまり，気温が低くなると，ねぐらや休息地が凍結するなどして条件が悪化し，滞留しにくくなることを示しているのかもしれない。ハクチョウ類はカモ類よりも湖沼などの止水域への依存度が大きいので(樋口ほか 1988)，カモ類よりも凍結の影響が顕著に見られるのだと考えられる。

ガンカモ一斉調査には，調査地点数が一定でないこと，初期のころは種の識別に問題があったこと，日中の湖沼で調査を行っているため，日中に水田に採食に出かけているガン類については良いデータが得られていないことなど，細かく見ればいろいろな問題はある。しかし，ここで示した「カモ類」のような大きなくくりでの解析や，温暖化の影響を示したりするなど大きな視点を導入することで有効な解析ができると考えられる。また，現地調査を行った団体などの情報をもとに，調査精度が高い情報のみを対象にして解析を行ったり，特定の調査地を選択して調査地点数の変化の影響をなくして解析したりと，詳細な解析も可能である。ガンカモ一斉調査の結果は1988年度以降のものを環境省生物多様性センターのホームページより自由にダウンロードすることができ（http://www.biodic.go.jp/moni1000/gankamo/index.html），環境省に使用申請することで，自由に解析することができる。

その他の広域モニタリング

本来の調査目的とは異なるが，広域的なモニタリングとして活用できると考えられるのが，標識調査の結果である。米田・上木（2002）は標識調査の捕獲数をもとに福井県織田山のカシラダカやメジロなどが減少していることを明らかにしている（図4）。標識調査の本来の目的は，鳥に足環をつけてその渡り経路などを明らかにすることである。そのため，できるだけ多くの鳥を効率的に捕まえるために網の枚数が変わったり，鳥を誘引するために鳴き声を流したりと，モニタリングのために単純に解析できないデータも多いと聞くが，枚数や鳴き声の誘因でどの程度捕獲数が違うのかについて検討/補正

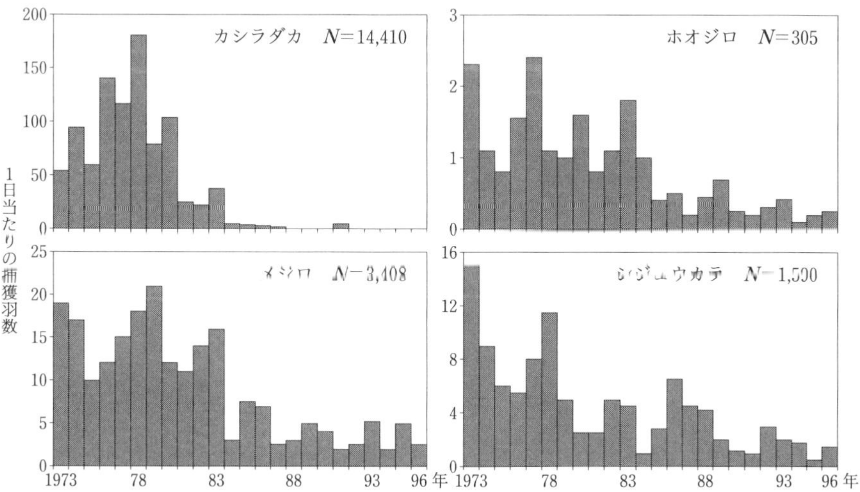

図4　福井県織田山での標識調査で捕獲された各種鳥類の捕獲数の年変化（米田・上木2002をもとに描く）。個体数の減少傾向がわかる。

すれば有用なモニタリングデータとすることができると思われる。Miller-Rushing et al.(2008)は，標識調査で各種渡り鳥が捕獲される時期をもとに捕獲数の年変化を解析し，北米東部の渡り鳥の飛来時期に対する温暖化の影響についてまとめている。Yom-Tov et al.(2006)は捕獲した鳥の形態の情報をもとに，イギリスの鳥類の形態変化についてまとめている。捕獲数よりもこういった捕獲時期や形態についてのデータは，捕獲方法の違いの影響を受けにくいので，解析の切り口を変えることによってもモニタリングに利用できるようになるかもしれない。

3. 広域長期モニタリングへの新しい手法の導入

インターネットの活用

広域的な調査を進めていく上で調査員の確保が重要であることはすでに述べたが，もう１つ大変なのが各地から送られてくる膨大なデータの処理である。この問題を軽減するため，国内外の調査でインターネットを活用した調査員によるデータの入力が進められている。著者が所属しているNPO法人バードリサーチも，鳥への温暖化の影響を明らかにするために実施している「季節前線ウォッチ」という広域での生物季節のモニタリング調査に，インターネットによる入力を活用している(図5)。この調査では，全国からツバメ，カッコウ，ホトトギス，アオバズク，ジョウビタキ，ツグミの飛来日とウグイス，ヒバリ，モズの初鳴き日の情報を収集し，温暖化による変化を明らかにしようとしている(http://www.bird-research.jp/1_katsudo/kisetu/index_kisetsu.html)。

情報の収集にはインターネットを使い，ホームページ上でGoogleマップを使って観察した場所を選択し，観察日や，見た種を選択して，簡単に情報を送信することができる。また，識別が簡単な種を対象種として採用しているので，普通は調査に関わることがないような，家にツバメの巣がある一般の人にも調査に参加してもらい，調査の普及的な役割も担っている。

このようにインターネットを利用することで，調査の事務局側はデータ入力の手間を軽減することができるのだが，利点はそれだけではない。調査員

図 5　インターネットを使った「季節前線ウォッチ」の情報収集(http://www.bird-research.jp/1_katsudo/kisetu/index_kisetsu.html より)

への結果のフィードバックがすばやくできる利点もある。「季節前線ウォッチ」では調査員が観察場所を地図から選ぶと，事務局へは緯度経度の情報が届く。事務局はその情報を簡単に地図に反映して，現在の飛来状況を情報提供者にフィードバックすることができる。自分の情報や他人が観察した情報が日々更新されるので，調査者側も興味をもってさらにデータを送るという好循環が生まれている。この調査は始まって 4 年目となるが，毎年集まる情報が増えている。

最近の携帯電話の多くには GPS 機能が搭載されているので，その機能を利用することでさらに簡単に情報収集ができるかもしれない。このように，調査手法や対象を選ぶなど，アイディアしだいで，今までと違う広域調査をすることができるだろう。

科学機器によるモニタリング

ここまで紹介してきたモニタリングは，ボランティアの膨大な労力の上に成り立っている。しかし，それだけではおのずとできることに限界がある。そこで，まだ実際の調査が始まるまでには至っていないものの，科学機器による広域モニタリングができないかという試みが始まっている。

その1つは音声の自動認識装置によるモニタリングである。野外に設置した音声レコーダーで記録した音源を，コンピュータ処理することで，鳥の鳴いている部分を抽出し，その種を識別するシステムが森林の夜行性の鳥類を対象に開発されつつある(牧野ほか 2008，高橋ほか 2008)。この装置によるモニタリングが可能になれば，調査に必要な労力を減らすことができるだけでなく，鳴き声の識別能力のない，あるいは低い人でも調査に参加できることになるだろう。

もう1つは温度ロガーによる鳥の繁殖時期のモニタリングである。第13章で紹介されているが，温暖化によりコムクドリの繁殖時期が変化していることが明らかにされている。これは，調査者による毎日の観察という大きな努力なしには知ることのできなかった現象である。しかし，この努力を多くの人にしてもらうことは困難であり，そのため，その他の種が温暖化の影響を受けているのか，あるいは広域でどういう影響が見られているのかを知ることは難しい。そこで，巣箱に温度ロガーを取り付けて(図6)，繁殖開始時期をモニタリングする試みが行われた。この結果，巣箱を使う多くの鳥では，繁殖開始や巣立ち，そして繁殖に失敗した時期を把握できることが示されている(図7：村濱ほか 2007，植田ほか 2007a, b)。

また，2001年より全国31か所に設置され，運用が始まっているウィンドプロファイラという高層の風向，風速を観測する大気観測用のレーダーに渡り鳥が映り，それにより渡り鳥の状況をモニタリングできる可能性が示されている(植田ほか 2008)。同様の試みは米国ではすでに行われており(Gauthreaux & Belser 2005)，夏鳥の減少などが示されているし，ヨーロッパでもモニタリングシステムの検討が進められている(van Gasteren et al. 2008)。また，米国(野村 2006)やイスラエル(Leshem 2006)では鳥の衝突による航空機の損傷の防止のためにもレーダーが使われており，レーダーで渡り経路を明らかに

図6　巣箱に設置した温度ロガーとそこに営巣したヤマガラの巣と卵。関伸一氏撮影

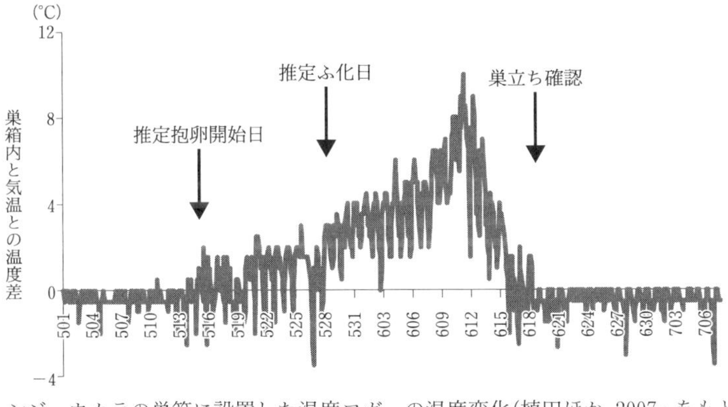

図7　シジュウカラの巣箱に設置した温度ロガーの温度変化(植田ほか 2007aをもとに描く)。温度ロガーの情報でシジュウカラの繁殖状況がよくわかる。

することによる衝突危険地帯の特定やリアルタイムの鳥の飛行状況で警報を発したりすることにより，鳥による航空事故を大幅に減らすことに成功している。

このように，新しい機材の導入や，モニタリングを意図していない他のシステムの活用などにより，今後，今まではできなかった広域モニタリングが可能になっていくことが予想される。

ここまで紹介してきたように広域の鳥類のモニタリングは，日本の現状を把握し保全を図っていく上で，何を優先的に保全すべきかといった状況の把握，さらには保全施策を行った場合の効果の測定のために重要な役割を果たす。また過去に蓄積されてきたデータを解析することで，今後起こりうる変化の予測や，今後行うべきあるいは興味深い結果が得られそうな研究テーマの抽出もできるだろう。日本で蓄積されている広域モニタリングのデータは欧米と比べれば貧弱なものだが，それでもここまで示してきたように，それなりに蓄積されてきている。反面，レッドリストの改訂などにはすでに使われているが，利用や解析はまだまだ十分に行われておらず，データを活かしきれていない。データは前述したように，一般公開されているものもあるし，環境省のデータのように一般公開されていないものでも研究目的であるならば，使用申請することで解析することができるものも多い。この章を読んで，自分ならこんな解析ができるというアイディアがわいてきた人は，ぜひ解析に挑戦してほしい。

また，調査に参加するボランティアが高齢化しており，今後の調査の継続が，もう１つの問題点としてある。ここまで紹介してきた広域調査には，種の識別やセンサス方法などの調査技術がなくてはできないものもあるが，季節前線ウォッチのように誰でも参加できるものもある。本章を読んで，調査に興味をもった人は，ぜひ参加して欲しい。著者が運営している NPO 法人バードリサーチはこれらの調査の大部分に関わっているので，まずは以下のホームページをご覧いただきたい。

http://www.bird-research.jp

第12章 衛星追跡と渡り経路選択の解明

島﨑　彦人・山口　典之・樋口　広芳

鳥類の多くは，何千 km も離れた繁殖地と越冬地の間を，季節の変化に応じて移動する渡り鳥である。このような性質は長時間かけて彼らに進化したものであり，多くの場合，現在も何らかの適応的意義があるために維持されていると思われる。一見，極めて危険やコストが高いと思われる地球規模での渡りを，鳥たちはいかに巧みになしとげているのであろうか。彼らが，どのような渡り経路を，どのような時間スケジュールでたどることにより，渡りを安全に，かつ時間的，エネルギー的観点からみて経済的に行っているのかを探ることは，進化学あるいは生態学の基礎研究として大変に興味深い問題である。

また，世界中のいたるところで環境破壊が進み，生物種の急速な減少が懸念されている今日，渡り鳥とその生息環境の保全を目指した応用研究の重要性も増している。膨大な数の集団となって移動する鳥たちが減少あるいは消滅することになれば，渡る先々の生態系において，それらを媒介とした生物間の相互作用が機能しなくなり，生態系の健全性が損なわれる恐れがある。その意味で，渡り経路を解明し，それにもとづいて保全策を探ることは，単に対象種を保全するということにとどまらず，地理的に離れた各渡来地の生態系保全にも深く関わっている(樋口 2001, 2005)。

さらに，近年では，渡り鳥によって，さまざまなものが長距離運搬される可能性に注目が集まっている。これまでも，広範囲に移動分散することは困難と思われる湖沼の水生植物や無脊椎動物が，カモ類などの水禽によって運搬される可能性が指摘されてきた(Green et al. 2002)。そして，高病原性鳥インフルエンザウイルスや西ナイル熱ウイルスについても，その拡散に渡り鳥が関与している可能性が疑われたことから(Rappole et al. 2000, Li et al. 2004, Chen et al. 2006)，渡り鳥の移動に関する研究は，現在では，公衆衛生にも関わる極めて重要かつ必要性の高い問題となっている。

渡り鳥の移動に関する研究を行うためには，対象個体の移動を時空間的に追跡することが必須となる。つまり，繁殖地と越冬地に対応した2地点の位置データだけでなく，その間の移動経路や中継地をも特定できる詳しい位置データと，各位置に対象個体がいつ存在していたのかを示す時間データを，できるだけ正確に把握することが必要となる。人工衛星を利用した渡り鳥の移動追跡手法(以下，衛星追跡手法)は，広範囲かつ長期間に及ぶ渡り鳥の移動の実態を，時空間的に明らかにできる画期的な，そして，いまのところ唯一の調査手法である。衛星追跡手法によって得られる渡り鳥の位置と時間のデータを詳しく解析することによって，移動経路や中継地の位置，さらには，時間経過にそった移動様式など，渡りについての理解を深めるために必要な貴重な情報を得ることができる(Higuchi et al. 2004)。

本章では，まず，衛星追跡手法の概要について整理する。次に，東アジアの湿地に生息する大型の渡り鳥のなかで，特に近年，個体数の減少と生息環境の悪化が懸念されているコウノトリ *Ciconia boyciana*，日本と東南アジアの間を特異な経路にそって移動するハチクマ *Pernis ptilorhyncus*，鳥インフルエンザウイルスの代表的宿主であるマガモ *Anas platyrhynchos* を対象とした研究成果を紹介する。これらの成果は，衛星追跡手法の応用が，保全生態学研究，基礎生態学研究，そして疫学研究に大きく貢献することを示すものである。

1. 衛星追跡手法の概要

渡り鳥の移動に関するデータは，これまで，足環や首環を利用した標識調査によって収集されてきた。標識調査の歴史は古く，現在でも世界中で実施されており，鳥の移動や生態に関する貴重なデータが蓄積されている。しかしながら，この方法は，標識を装着した鳥を再観察あるいは再捕獲する必要があるため，データの得られる可能性は，調査者の存在と調査努力に依存して大きく変化する。結果として，移動に関して得られるデータは，時間的にも空間的にも偏った，断片的なものとなる。一方，衛星追跡手法では，Platform Transmitter Terminal(以下，PTT)と呼ばれる小型送信機を調査対象の鳥に装着することによって，地球規模で日々刻々と移動する鳥の位置データを，人手に頼らず，また昼夜を問わず，遠隔地から得ることができる。そのため，交通手段の制約や政治的な理由から，立ちいりの困難な国や地域を移動する鳥をも，調査対象とすることができる。最近では，重量20g以下の送信機も開発され，比較的軽量な鳥種をも追跡調査することが可能となっている。

衛星追跡手法によって鳥の位置を特定するためには，ARGOSシステム(ARGOS 2008)と呼ばれるデータ処理体系が利用される。鳥に装着した送信機からは，一定の搬送周波数(401.65 MHz)の信号が，あらかじめ設定した時間間隔で発信される。送信機から発信された信号は，地球を周回する人工衛星によって受信された後，地上局を経由して，情報処理センターに転送される(図1)。情報処理センターでは，人工衛星で受信した信号の搬送周波数のずれを計測し，それにもとづいて，信号の発信源である送信機の位置を推定する。このずれは，ドップラーシフトと呼ばれ，ドップラー効果(すなわち，一定の搬送周波数で発信された信号が，人工衛星が送信機に近づくときには

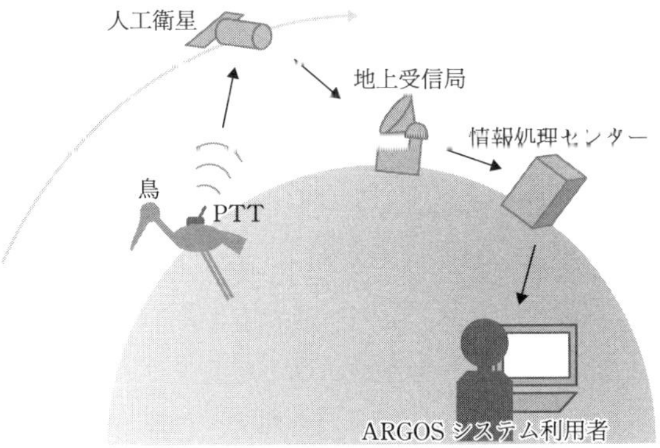

図1　ARGOSシステムにおけるデータ処理の流れ

より高い周波数として，また，遠ざかるときにはより低い周波数として観測される現象）に由来して生じるものである。最終的な位置の推定値は，インターネットなどの通信回線を通じて，利用者側に提供される（図1）。送信機が信号を発信してから，その位置の推定結果が利用者に届くまでに要する時間は，1〜2時間程度である。

推定された位置データは，測地系WGS84に準拠した測地座標，すなわち，緯度と経度の値として提供される（ARGOS 2008）。また，各位置データには，位置の推定に用いた信号の受信時刻を表す時間データと，さらに，位置の推定精度に関する指標も添付される。この指標は，Location Class（以下，LC）と呼ばれ，精度が高い順に，「3」，「2」，「1」，「0」，「A」，「B」および「Z」，という異なる7種類の記号が割り当てられる。ここでいう精度とは，緯度と経度の軸方向にそった，位置推定値のばらつきの大きさのことである。具体的には，各軸方向のばらつきが，互いに独立に同一の正規分布に従うと仮定したときの，標準偏差σによって表現される。LCが3〜0の値をとる場合の推定精度σは，それぞれ次のように報告されている（ARGOS 2008）。

$\sigma<150$ m（LC＝3），$\sigma=150$〜350 m（LC＝2），$\sigma=350$〜1000 m（LC＝1），$\sigma>1000$ m（LC＝0）。

LCがその他の値をとる場合の推定精度は保証されていないため，そうした位置データを利用する際には，利用者側での慎重な判断が求められる。

2. 渡り鳥とその生息環境の保全に向けた衛星追跡手法の応用

長距離を移動する渡り鳥は，渡る先々の中継地において，環境変化にともなう食物獲得効率の変動や食物をめぐる競争，さらには，捕食関係に由来する危険など，その生存を左右するさまざまな困難に直面する。利用可能な中継地の数が減少した場合，こうした困難を回避できる可能性が低下し，渡りを安全に行うことが困難となる。また，鳥たちが無事に渡りを行えるか否かは，中継地の数だけではなく，繁殖地，越冬地および中継地の相対的な位置関係，すなわち，生息地全体の空間分布様式にも左右される（Farmer & Wiens 1999）。こうしたことから，地球規模あるいは大陸規模で移動する渡り鳥の保全を進めるためには，繁殖地や越冬地だけでなく，渡り途中で一時的に利用される中継地の位置をも特定し，各生息地の位置関係や生息地全体の連結性を考慮にいれた保全策を検討していく必要がある。

現状の衛星追跡手法によって得られる鳥の位置データには，測位精度や不規則なデータ欠損などの問題点はあるが，これらに配慮した詳しい解析を行うことによって，対象種とその生息地の保全に関わる重要な情報を得ることができる。例えば，鳥の経時移動様式や生息地の位置などに関する情報である(Higuchi et al. 2004)。これらの情報は，各生息地の位置関係や生息地全体の連結性を定量的に評価する上で欠かせないものである。以下では，東アジアの湿地に生息する大型の渡り鳥のなかで，特に近年，個体数の減少と生息環境の悪化が懸念されているコウノトリを対象とした研究成果(Higuchi et al. 2000, Shimazaki et al. 2004a, b)から，渡り鳥とその生息環境の保全に向けた，衛星追跡手法の応用事例を紹介する。

コウノトリは，IUCN Red List Category で絶滅危惧種に指定されている湿地性の渡り鳥であり，現存する野生の個体数は，約2,500羽と推定されている(Birdlife International 2000)。野生個体の多くは，極東ロシアのアムール川中流域およびウスリー川流域で繁殖し(Smirenski 1991)，冬の訪れとともに集団で南下移動し，中国南部の揚子江中下流域で越冬することが知られている(Wang 1991)。しかし，渡りの途中で利用する中継地の位置や数，そして各中継地における滞在期間などについては，断片的にしかわかっていなかった。

ロシアおよび中国政府は，コウノトリを含む湿地性渡り鳥とその生息地の保全を目的として，法律や自然保護区の整備を進めているが，そうした努力は，主として多くの鳥が共通に利用する繁殖地と越冬地に集中している(Birdlife International 2000)。繁殖地と越冬地の間の地域では，著しい人口増加と経済発展に後押しされた開発行為によって，鳥たちが利用できる湿地環境が急速に失われ，結果として，渡り鳥の個体数と種数の減少が生じている(Asia-Pacific Migratory Waterbird Conservation Committee 2001)。利用可能な中継地が消失した場合には，渡りを安全に行うことが困難となり，繁殖地や越冬地における保全努力も無駄になってしまうかもしれない。こうしたことから，コウノトリの保全を進めるためには，渡り途中で利用される中継地を正確に特定した上で，繁殖地や越冬地だけでなく，中継地をも含めた生息地全体の連結性を考慮にいれた保全策が必要となる。

1998〜2000年の夏，筆者らは，極東ロシアのアムール川中流域およびウスリー川中流域の湿地帯において，巣立ちを間近に控えた13羽の若いコウノトリを捕獲し，送信機を装着した。装着した13羽のうち9羽については，越冬地までの全渡り経路の追跡に成功し，これによって，これまで漠然としていたコウノトリの渡り経路が具体的に明らかになった。さらに，移動速度の変化に着目して，生息地内にいる鳥の位置データのみを抽出し，得られた点群の時空間的な近接性にもとづいたクラスター分析を行うことによって，繁殖地，中継地および越冬地の正確な位置を特定することに成功した(図2)。また，それぞれの調査対象個体について，移動の様子を時系列で調べることにより，渡り途中で利用する中継地の数や滞在日数，中継地に立ち寄らずに移動する距離など，渡り様式に関わる重要な情報を抽出することができた。

衛星追跡によって明らかとなった中継地のほとんどは，人口増加と経済発展の著しい地域にあるため，そのすべての地点を保全対象とすることは現実的には困難である。当該地域の開発と生息地保全との妥協点を探るためには，保全のための優先順位を検討することも必要である。

筆者らは，渡り経路の連結性を維持する上で重要な位置にある中継地を，特に，優先的あるいは協調的に保全すべき重要中継地と考えた。そして，こうした重要中継地を客観的に特定するために，繁殖地，中継地および越冬地の空間分布様式とコウノトリの移動様式を考慮しながら，各生息地の結び付きを，数学的な取り扱いが容易な「生息地ネットワーク」として表現した。生息地ネットワークは，「ノード」と「リンク」から構成される非平面有向グラフであり，ノードは，繁殖地，中継地および越冬地などの生息地に対応し，リンクは，ある生息地から他の生息地へ向かうコウノトリの移動の有無を表している(図3A)。

生息地相互の連結性を生息地ネットワークとして表現することにより，渡り鳥が繁殖地から越冬地へ向けて移動する際の「経路」を，始点(繁殖地に対応するノード)と終点(越冬地に対応するノード)を結ぶ一連のノードとり

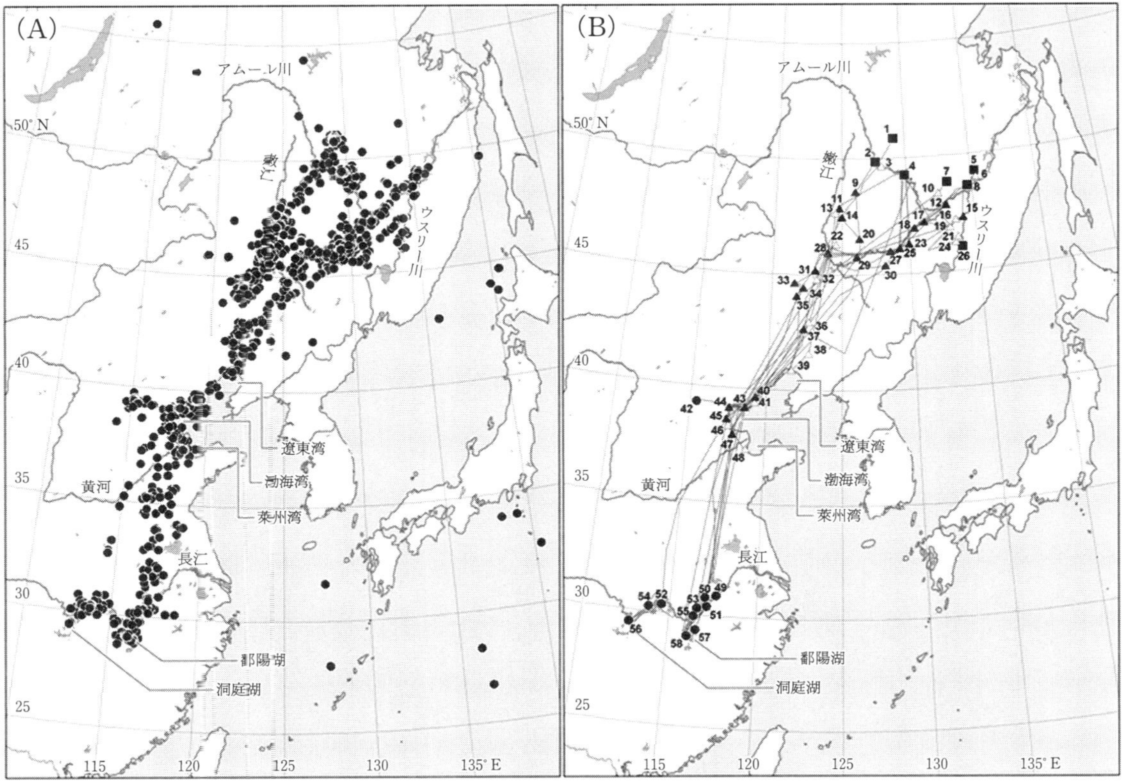

図 2　衛星追跡手法によって得られた 13 羽のコウノトリの位置データとその解析結果(Shimazaki et al. 2004a より)。(A)得られたすべての位置データ(●)を地図上にプロットしたもの。海上に分布する位置データは，位置誤差に起因したものであり，追跡した鳥の位置を表しているわけではない。このようなデータは，解析を行う際には除外される。(B)解析によって明らかとなった繁殖地(■)，中継地(resting site △/staging site ▲)および越冬地(●)の分布。中継地のうち，鳥の滞在期間が 2 日以上であったものを staging site とし，2 日未満だったものを resting site として区別した。各生息地を結ぶ直線は，13 羽の南下経路を表す。

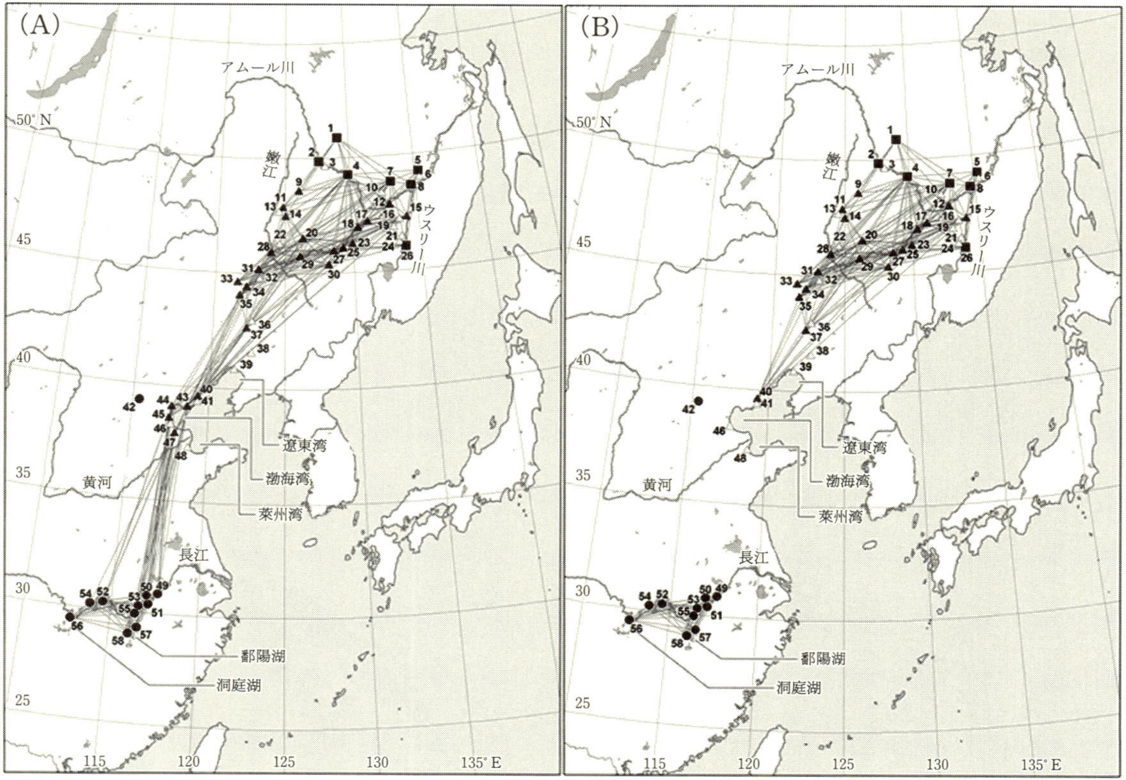

図 3 生息地ネットワークの連結性と断片化(Shimazaki et al. 2004a より)。(A)生息地ネットワークの連結性が維持されている状態。(B)渤海湾(Bohai Bay)沿岸に位置する中継地の消失によって，生息地ネットワークが南北に断片化した状態。

ンクの集合として表現できる。こうした渡り経路のうち，3〜6本のリンクから構成される経路を，特に，「潜在的渡り経路」と定義した。その理由は，繁殖地から越冬地までの追跡に成功した9羽のコウノトリが，渡り途中で2〜5か所の中継地を利用したからである。そして，このような潜在的渡り経路の数を，繁殖地から越冬地までの生息地の連結性の強さを表す指標と見なし，ノードの消失が生息地ネットワークの連結性にどのような影響を与えるのかを評価した。

生息地ネットワークの連結性評価の結果，中国東部の渤海湾沿岸に位置する中継地が利用不可能になった場合，繁殖地と越冬地を結ぶ潜在的渡り経路の数がゼロとなり，中国南部の揚子江流域に位置する越冬地が地理的に孤立することが示された(図3B)。このことから，渤海湾沿岸に位置する中継地は，繁殖地と越冬地を結ぶ渡り経路を維持する上で重要な役割を果たしていると考えられる。特に，渤海湾北岸に位置するJiantuozhi Gley Mire(北緯39.19°，東経118.63°)は，衛星追跡研究を行った3年間において，毎年共通に利用された中継地であった。このことは，Jiantuozhi Gley Mireが，南下移動するコウノトリにとって，特に重要な中継地であることを示唆している。

コウノトリの個体数のさらなる減少を防ぐためには，繁殖地や越冬地だけでなく，渤海湾沿岸の中継地環境を保全し，繁殖地から越冬地までの各生息地間の連結性を維持することが重要である。しかしながら，現在，これらの中継地の環境を保全するための自然保護区は設置されていない。渤海湾沿岸には，黄河三角州自然保護区や天津古海岸湿地自然保護区など，国家級自然保護区が設置されている地点もあるが(China Population and Environment Society 2000)，急速な開発行為に起因する環境汚染により，沿岸環境が適切に制御されているとは言い難い(National Wetland Conservation Action Plan for China 2000)。もし，渤海湾沿岸の中継地が利用不可能になれば，生息地ネットワークが南北に断片化し，繁殖地と越冬地における保全努力が損なわれることになるだろう。中継地の保全に関する具体的な指針を提示するため，今後は，より詳細な空間規模での調査・研究を実施する必要がある。

3. 渡り性猛禽類の特殊な移動経路とその適応的意義の解明

鳥類の多くは，繁殖地と越冬地が地理的に大きく離れており，その間を季節的に長距離移動する渡りという行動をとる。毎年多大なエネルギーを費やし，生命の危険を犯してでも繰り返す，そのような行動は，生存し，子を残す上で適応的であるからこそ進化し，現在でも維持されていると思われる。その渡りという仕組みを詳しく記述し，どのような適応的意義があるのかを解明することは，行動生態学，動物行動学的に見て非常に魅力的な問題である。しばしば地球規模で行われる鳥類の渡りを個体レベルで追跡することは，衛星追跡という技術革新によって初めて可能となり，その結果，思いもよらぬ移動経路と行動パターンで渡りを行っている鳥種がいることが明らかになっている(Gill et al. 2009)。

筆者らは，渡りを行う猛禽類数種を対象に，この基礎科学的問題に取り組んでおり，本節では，そのなかでも特に興味深いことがわかりつつあるハチクマの渡りについて紹介する。ハチクマは，シベリア南部，モンゴル北部，中国南東部，韓国，日本で繁殖し，東南アジアで越冬する。食性は特殊であり，ハチ類の巣，特に巣盤に入っているハチの幼虫や蛹を好んで食う。地中にあるハチの巣を掘るために適した爪や，ハチが皮膚まで到達しにくいと思われる密集して生える羽毛など，外部形態がハチ食に特殊化しており，そのことからも，ハチという食餌への依存性がうかがえる(樋口 2007)。

筆者らが，2003年夏に長野県の繁殖地にて成鳥2羽(雌雄各1羽)，幼鳥1羽に送信機を装着し，秋と春の渡りを追跡したところ，少なくとも一部の個体は，越冬地と繁殖地の間を，最短距離を移動しているとは思えない遠回りの経路を渡っていることがわかった(Higuchi et al. 2005；図4)。彼らは，秋には九州西部から東シナ海を横断し，中国東部を南西に移動，ベトナム，ラオス，タイといった東南アジア各国を縦断し，マレー半島に到達した。幼鳥はそこで広い範囲を周回する形で越冬したが，成鳥2羽はさらに移動を続け，雌はジャワ島中心部に到達，雄にいたってはスマトラ島からジャワ海を横断し，ボルネオ島を北上，ついにはフィリピンのミンダナオ周辺にまで移動し，

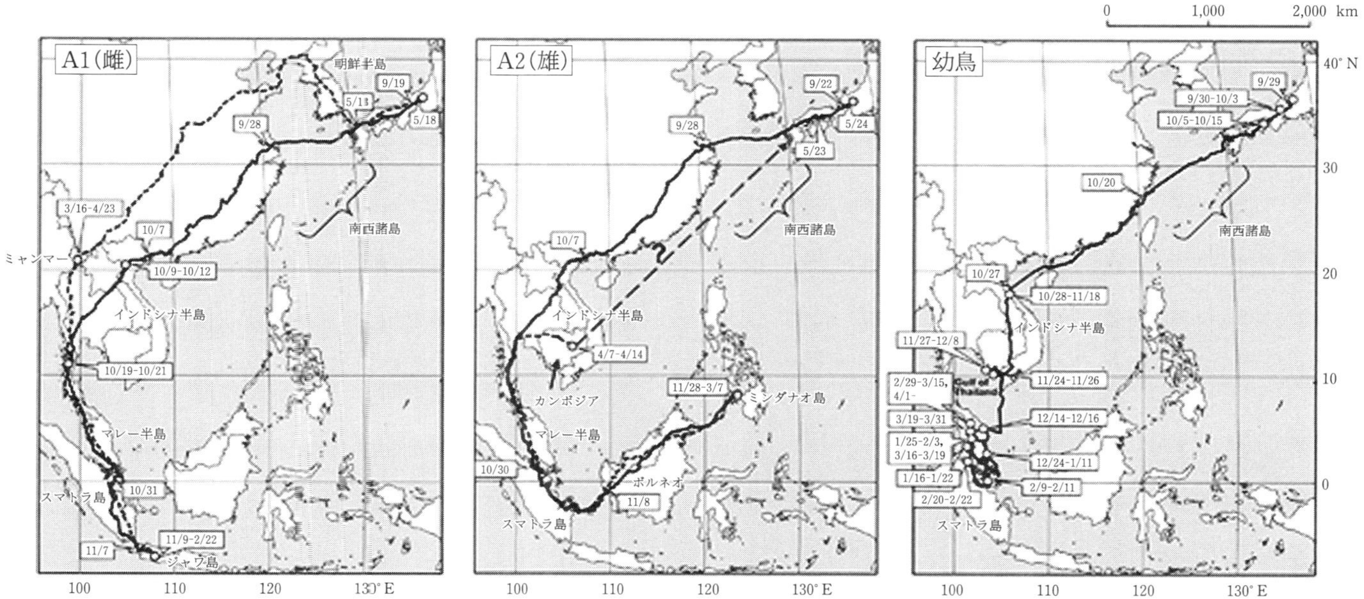

図 4　ハチクマ 3 羽の 2003 年秋と 2004 年春の渡り経路(Higuchi et al. 2005 より)。実線は秋の渡り経路を，点線は春の渡り経路を示す。○は繁殖地，中継地，越冬地を示す。途中送信機からの通信が一時的に途絶えたため，雄成鳥の春の渡り経路は 4 月 14 日～5 月 23 日まで不明である。その間は「?」マークとともに破線で示している。

そこで越冬した。

春の渡り経路は基本的に秋のそれを逆にたどるものであるが，春の渡りを追跡できた成鳥2個体のいずれも，①中国に入る前に，東南アジアで1週間から1か月以上にわたり中継地で長期滞在すること，②秋とは異なり，東シナ海を横断せずに朝鮮半島を北から縦断し，日本海を渡って日本に入ることが特徴的であった。

筆者らは，この特異な渡り経路がハチクマに一般的なものなのか，もしそうならなぜそのような経路を渡るのかを明らかにしたく，2006年に長野県と山形県の繁殖地でそれぞれ成鳥3羽(すべて雄)と成鳥5羽(雄2羽，雌3羽)を捕獲し，再び秋の渡りを追跡した。その結果，やはり追跡できたすべての個体が中国〜東南アジア〜マレー半島という経路をとり，8個体中5個体がジャワ海を渡りボルネオ島に移動する遠回りの経路をとった(Yamaguchi et al. 2008b)。本種の遠回りな渡りは，どうやら日本で繁殖するハチクマには決してめずらしいものではないようである。

では，なぜ彼らはそのような移動を行うのであろうか？　筆者らが，前節のコウノトリでの研究でも採用した移動速度変化の解析を行ったところ，ハチクマは，①明確な中継地をほとんどもたない代わりに，頻繁に，その移動速度を繁殖地や越冬地での通常生活並みの速度にまで落とす，②そのような「ゆっくりした移動」は南回帰線以南の，熱帯林が良く発達した地域で頻繁に見られ，日本国内から中国南部にかけては比較的直線的な経路をすばやく移動する，ということがわかった(Yamaguchi et al. 2008b)。

このような「ゆっくりした移動」を彼らが熱帯で頻繁に行うことについて，現在我々は，彼らが採食を行いながら移動しているという仮説を考えている。冒頭に書いた通り，本種はハチ類を好んで採食する生態をもつ。しかし，春・秋の渡り時期の日本から中国南部にかけては，ハチ資源が乏しい季節である。そのため，彼らはこれらの地域はすばやく移動し，ハチ資源が豊かである熱帯林に到達すると，探餌・採食を繰り返しながら長距離移動を行っているのかもしれない。

今後，この仮説を確かめるために，主食となっているハチ種のコロニーの時空間的分布と，本種の移動時期・経路との重ね合わせを考えている。

4. 鳥インフルエンザウイルスの宿主となる鳥種の複雑な渡り経路構造

鳥インフルエンザは，インフルエンザAウイルスが感染することによる鳥類の感染症であり，カモ目とチドリ目が主な宿主となっている(Olsen et al. 2006)。そのほとんどの亜型は感染しても宿主がほとんど症状を示さない低病原性であるが，H5およびH7型は高病原性で，家禽および野生鳥類に大量死をもたらすことがあり，その流行および地理的拡散が，野生鳥類保全，商業，そして公衆衛生の面で，現在，世界的な問題となっている。

高病原性鳥インフルエンザ(Highly Pathogenic Avian Influenza: HPAI)が国境を越えて広範囲に拡散する主要因は，いまだに特定されていない。だが，人間活動にともなう拡散以外では，HPAIウイルスに感染した飼育鳥や家禽そのもの，あるいはウイルスに汚染されたケージを流通させることや(BirdLife International 2008)，ウイルスに感染した野生鳥類が長距離移動して運搬すること(Li et al. 2004, Chen et al. 2006)が可能性として指摘されている。いずれにせよ，そのメカニズムの解明には広域での調査と国際協力が必要となってくる。

筆者らは，HPAIを含む鳥インフルエンザウイルスの代表的な宿主として考えられているマガモの春，秋の渡り経路および移動の時間的パターンを，2005〜2007年にかけて，衛星追跡により調査した。鳥インフルエンザウイルスの拡散と野生鳥類の移動の関連性を調べるためには，対象種の移動経路や移動の時間的パターンを全体的に把握する必要があり，そのためには数個体の追跡では不十分で，かなりたくさんの個体数を追跡しなければならない。それには多大な調査努力と研究費が必要となるが，筆者らは現在までに，マガモ27羽を国内の4つの越冬地(北海道帯広市，埼玉県越谷市，長崎県佐世保市，宮崎県佐土原市)から追跡し，日本の越冬地から繁殖地までの春の渡りの概要を明らかにすることに成功している(Yamaguchi et al. 2008a)。

追跡の結果，どの越冬地においても，ほとんどの個体は越冬地を出発すると，すぐさま長距離を移動し，いっきに日本海を縦断，北朝鮮やロシアの沿岸に到着した。しかし，その渡り経路は非常に個体差が大きく，同じ越冬地から出発した個体間でも，移動経路がばらつき，全個体の移動経路を地図上に描くと箒の先のように見える(図5)。しかし，いくつか主要な中継地が存在し，特に中国とロシアの国境に位置する巨大な湖，ハンカ湖付近は，いずれの越冬地についても少なくとも1羽は利用個体がおり，日本で越冬するマ

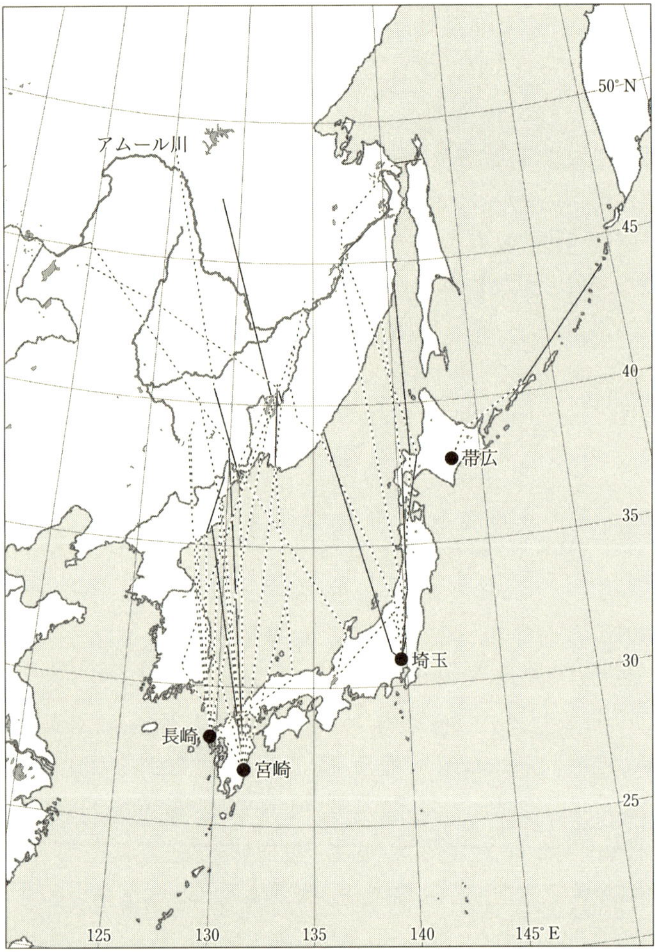

図5　日本国内の4つの越冬地からの追跡に成功したマガモ27羽の春の渡り経路(Yamaguchi et al. 2008a より)。●は越冬地を示す。送信機からのシグナルの受信間隔が2日以上開いた部分は破線で示している。

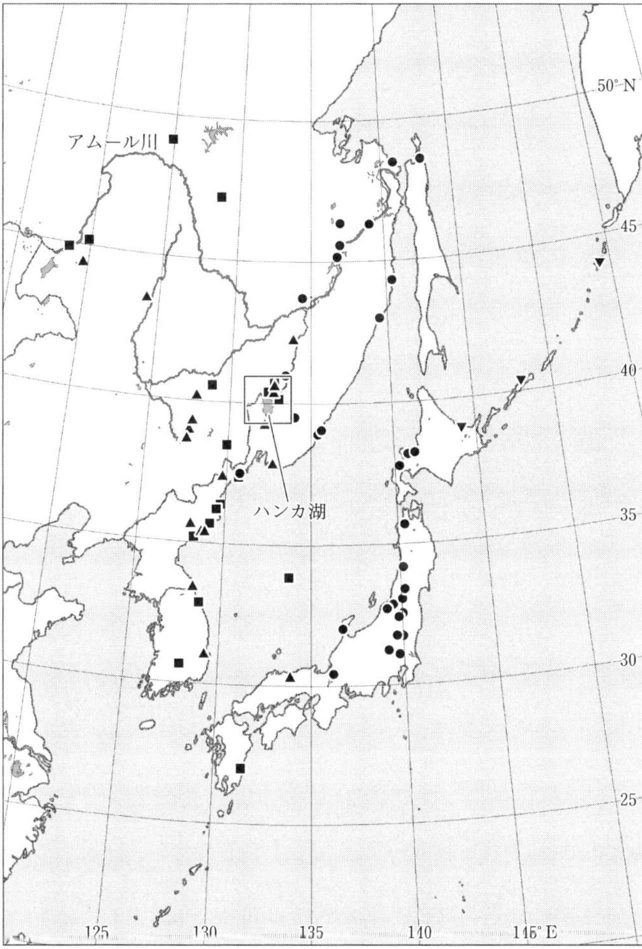

図6　日本国内の4つの越冬地からの追跡に成功したマガモ27羽が利用した中継地（Yamaguchi et al. 2008a より）。埼玉が越冬地である個体が利用した中継地は●，長崎は▲，宮崎は■で示す。それら3か所の越冬地から追跡した個体の一部により共有されていた中継地を□で囲む。

ガモの多くが共有する主要中継地であることが示唆された(図6)。

この事実は，マガモの渡り経路のなかに，経路がいくつかの地域に広がるハブ的な中継地があることを示しており，本種の渡り経路のこのような構造が，ウイルスの拡散範囲を広くする可能性を示唆している。例えば，鳥インフルエンザウイルスに感染した個体がハブ中継地に立ち寄ることで，感染個体とは別の越冬地から来て，さまざまな繁殖地に移動していく個体にウイルスを渡す可能性が考えられるからである。本種の移動の時間的パターンは，〝long-stay and short-travel〟型であり，数日間でいっきに長距離を移動した後に，中継地で数週間ほどの休息を挟む(Yamaguchi et al. 2008a)。これは，移動の際に羽ばたき型の飛行しか行わないカモ類が移動中に消費したエネルギーを，中継地で採食することで回復するために必要な戦略と考えられるが，そのような中継地での長期滞在は，ウイルスの相互感染を助けているかもしれない。

極東でのこのような研究は，アジアから北米への鳥インフルエンザウイルス拡散のリスクを評価する上でも極めて重要である。現在，北米では高病原性鳥インフルエンザが頻発する状況にないが，東アジアや東南アジアに存在するウイルスが拡散すれば，家禽や野生鳥類などに深刻な影響が生じるかもしれない。

アジアから北米にウイルスを運搬する候補となる種に，オナガガモ *Anas acuta* が挙げられる。本種はマガモと同様に鳥インフルエンザの一般的宿主として知られており，日本などの極東アジアおよび北米で越冬する。これらの越冬個体の繁殖地は，ロシア東部で大きく重複していることがわかっている。さらに，日本で足環標識されたオナガガモが，米国で回収された事例が複数報告されているのである。現在筆者らは，米国内務省地質調査局と共同で，本種がアジアから低病原性，高病原性鳥インフルエンザウイルスを運搬する可能性があるかどうかを探るため，大規模な衛星追跡研究を実施している。

第13章 地球温暖化と鳥類の生活

小池　重人・樋口　広芳

世界の平均地上気温は，過去100年間(1906～2005年)で0.74℃上昇した。最近50年間の気温上昇率は10年当たり0.13℃で，過去100年間の約2倍となっている(IPCC 2007)。また，気象庁(2008)による北半球の1950年以降の年平均気温データによれば，特に1970年代後半以降の約30年間に急激に気温が上昇し，1975～2007年では10年当たり0.20℃上昇している(図1)。気温上昇にともない，さまざまな自然現象に変化が現れている。極端な高温や熱波，大雨の頻度が増加し，干ばつの影響を受ける地域が拡大する可能性が

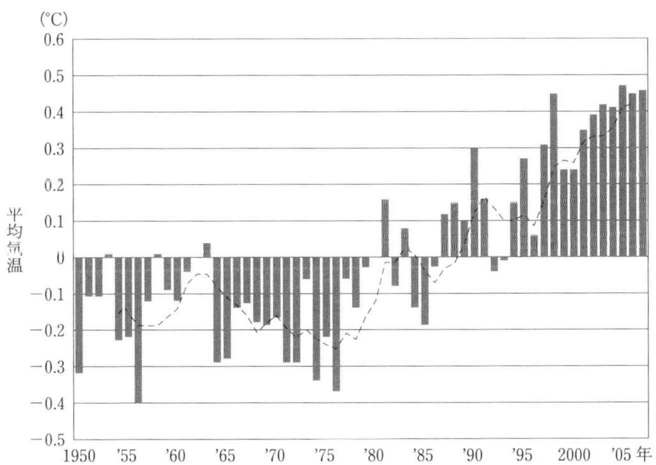

図1　北半球の1950～2007年の年平均気温(気象庁2008より)。各年の平均気温は平年値との差。平年値は1971～2000年の30年間の平均値。点線は5年ごとの移動平均を示す。

高い(IPCC 2007)。

雪国の新潟では，以前，冬季に大雪が降るのが普通であった。近年，時折大雪の年はあるものの，雪は明らかに少なくなった。またサクラの開花時期も4月中～下旬が多かったのが，最近では4月上旬が普通である。こういった気象や生物季節の変化が，生物界にさまざまな影響を及ぼしていると思われる。地球温暖化が生物の多様性に与える影響については樋口(2008a, b)などによる総説があるが，この章では，鳥類の生物季節や個体数の増減などに焦点を当てて述べていくことにする。

1. 生物季節の変化

産卵開始日の変化

ヨーロッパや北米では，鳥類の繁殖時期についての情報が長期間にわたって収集されている。産卵開始日を基準にすると，イギリスでは65種のうち20種(31%)で，1971～1995年の24年間に平均して9日間早くなった(Crick et al. 1997, Crick & Sparks 1999)。イギリスでは，シジュウカラ *Parus major* で1971～1997年の26年間に約11日間早くなった(McCleery & Perrins 1998)。ドイツでは，1970～1995年の25年間に，マダラヒタキ *Ficedula hypoleuca* で約4日間，シジュウカラで約7日間，アオガラ *P. caeruleus* で約7日間早まった(Winkel & Hudde 1997)。オランダではタゲリ *Vanellus vanellus* で1950年代から2000年代までに約10日間早まった(Both et al. 2005b)。北米では，メキシコカケス *Aphelocoma ultramarina* で1971～1998年の27年間で約10日間早まり(Brown et al. 1999)，ミドリツバメ *Tachycineta bicolor* で1990～2000年の10年間に約6日間早くなった(Hussell 2003)。これらの研究では，産卵開始日が早くなることは産卵前の気温の上昇が原因であると考えられている。

1年当たりの産卵開始日の早まりをいくつかの種で比較すると，イギリスではシジュウカラが0.44日(McCleery & Perrins 1998)，ドイツではシジュウカラが0.26日，アオガラが0.26日，マダラヒタキが0.17日(Winkel & Hudde 1997)早くなっている。北米のカナダでは，ミドリツバメが0.55日早くなっている(Hussell 2003)。Both et al.(2004)は，ヨーロッパの25か所でマダラヒタキの産卵開始日の早まりの程度を調べた。それによると繁殖地の気温上昇の程度が大きい地域ほどより早まっていることが明らかになった。最も変化が大きいドイツのリンゲンでは0.49日早まっていた。このように，種によっても地域によっても早まりの程度には違いがある。

マダラヒタキはサハラ砂漠より南の西アフリカで越冬する(Cramp 1993)。春にはサハラ砂漠を縦断したのち北アフリカを通過し，ヨーロッパの繁殖地域に到着する(Both et al. 2006b)。オランダで繁殖する個体群の1960年以降の調査では，繁殖地だけでなく通過地域の北アフリカの気温が高い年は産卵開始日が早くなる傾向を示した。北アフリカや繁殖地の春の気温は，1年当たり0.052〜0.075℃上昇している(Both et al. 2005a)。渡り鳥の場合，渡ってくる途中の気温上昇の影響も受けて産卵開始日が早まっている可能性がある。

コムクドリの産卵開始日の変化

コムクドリ *Sturnia philippensis* は，ボルネオなど東南アジアで越冬し，春に日本の本州中部からサハリンにかけて渡来して繁殖する(Brazil 1991, Feare & Craig 1999, 日本鳥類目録編集委員会 2000)。台湾や南西諸島を3〜4月に通過し(Brazil 1991，宮古野鳥の会 2000，Koike & Higuchi 2002)，繁殖地の新潟市には4月上旬以降に到着する。樹洞や巣箱に営巣し，3〜9個産卵する。繁殖失敗がなければ，年1回しか繁殖しない(小池 1988)。

Koike et al.(2006)は，1978〜2005年の新潟市のコムクドリの繁殖調査で，産卵開始日が年々早くなる傾向があることを明らかにした(図2)。3月1日を初日(1日)とすると，この期間で最も遅い年は1978年の86.4日(5月25.4日)，最も早い年は2002年の64.5日(5月3.5日)であった。産卵開始日は1年当たり0.57日，27年間で15.3日早くなった。また，それぞれの年の産卵開始日の標準偏差に減少傾向が認められたことから，繁殖期間は年々短くなっているといえる。

産卵開始日の変化と気象との関係を解析した結果，新潟市の早春(2〜4月)の気温が高い年ほどコムクドリの産卵開始日が早い，という傾向が認められた(図3)。また南西諸島の沖縄県那覇市の2〜4月の気温とも似た傾向があった。越冬地であるボルネオのコタキナバルの2〜4月の気温との間には関係

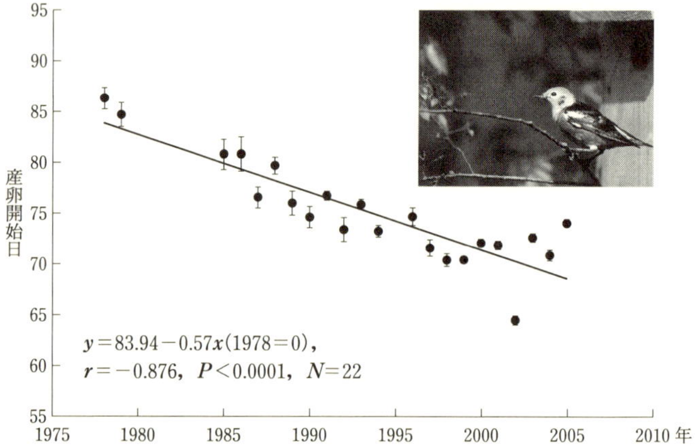

図 2　コムクドリの産卵開始日の年変化(Koike et al. 2006 より)。3 月 1 日を 1 としている。各年の値は平均値±標準誤差。一元配置分散解析の結果：$F＝48.12$，df＝21,836，$P＜0.0001$。写真はコムクドリの雄。

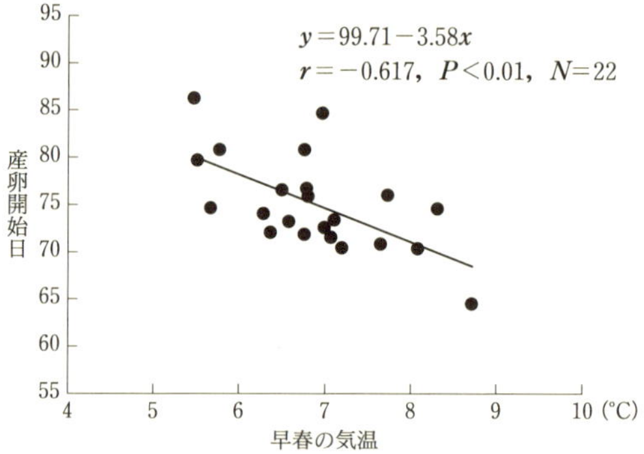

図 3　新潟市の 1978〜2005 年早春(2〜4 月)の平均気温とコムクドリの産卵開始日の関係(Koike et al. 2006 より)

は認められなかった。新潟市および那覇市の 2〜4 月の気温は近年上昇している。新潟市の早春の気温は 1 年当たり 0.06℃，27 年間で 1.5℃上昇し(図 4)，那覇市の早春の気温は 1 年当たり 0.04℃，27 年間で 1.1℃上昇している。また，新潟市と那覇市の年平均気温も上昇している。一方，コタキナバルの 2〜4 月の気温および年平均気温は上昇していない。これらのことから，コムクドリの産卵開始日が早まったのは，繁殖地や渡り途中の中継地におい

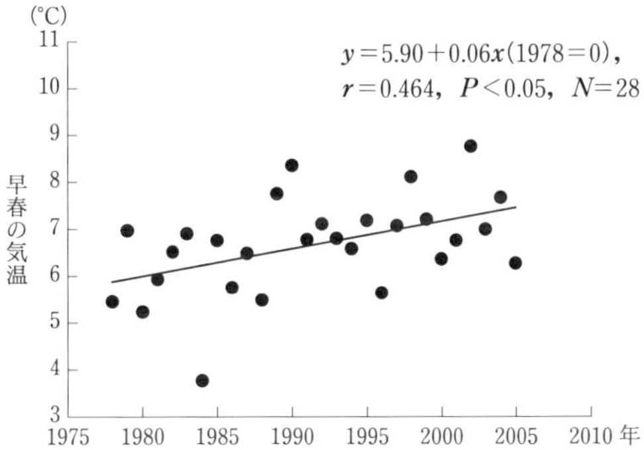

図 4　新潟市の1978〜2005年早春(2〜4月)の平均気温の年変化
(Koike et al. 2006 より)

て気温が年々上昇してきたことが関係しているといえる(Koike et al. 2006)。

コムクドリでは，一腹卵数も年々増加している(Koike et al. 2006)。1978年の5.0卵から1年当たり0.038卵増加し，27年間で約1.0卵増加した。一腹卵数はどの年も早い時期に産卵するほど多い傾向があり，年が違っても同じ時期の一腹卵数はあまり違わない。また，産卵開始日が早い年には一腹卵数が多い傾向があるので，一腹卵数が増加したのは産卵開始日が早まったことが原因であると考えられる。一腹卵数の増加は，ヨーロッパのマダラヒタキなどでも認められている(Winkel & Hudde 1997)。

囀りや渡りの時期

日本では，囀(さえず)る時期，渡りの時期が早くなる傾向が認められている(樋口 2008a)。30年以上の記録がある地域を対象に気象庁の情報を解析したところ，九州の大分市では最近の50年間でウグイス *Cettia diphone* の囀り開始時期が約32日も早くなっている。また愛知県名古屋市では，ツバメ *Hirundo rustica* の初渡来日が最近の52年間で約10日早くなっている。ただし例外も多く，対象地域91のうち，ウグイスの初鳴き日が早まっているのは7地域ある一方，遅くなっている地域は20もある。ツバメの初渡来日では，早くなっている地域は19，遅くなっている地域は6ある。それ以外の地域は明らかな傾向はない。北海道のウトナイ湖では，1982〜2006年にウグイスの初認日が1年当たり0.6日早まっている(樋口・鈴木 2008)。

海外では，イギリスで春の渡り鳥の26〜72%が，20〜30年間に2〜3週間早めに渡来するようになった(DEFRA 2005)。カナダでは，63年間に調査した96種のうち27種で渡来日が変化し，大部分の種では早くなったが，2種だけは遅くなった。この63年間に春の月平均気温は，2月で3.8℃，3月で3.1℃上昇していた(Murphy-Klassen & Heather 2005)。オーストラリアでは24種を対象に，1960年以降40年間の春の渡来日を調べたところ，平均して10年間に3.5日早まり，そのうち半分は有意に早まっていた(Beaumont et al. 2006)。秋については，北米で調査した13種のうちキヅタアメリカムシクイ *Dendroica coronata* などの5種が，温暖化にともなって渡去日を遅らせている(Mills 2005)。

ヨーロッパでは，クサシギ属の3種，ツルシギ *Tringa erythropus*，アオアシシギ *T. nebularia*，タカブシギ *T. glareola* で春と秋の渡りの時期を調べたところ，3種とも秋は渡りが遅れ，春は渡りが早まることが明らかになった(Anthes 2004)。秋の渡りは，繁殖地域の気象条件と繁殖成功率の両方によって変化した。一方，春の渡りの時期は気象条件と関連があると考えられた。

オランダで繁殖するマダラヒタキは，サハラ砂漠を縦断し，長距離の渡りをして繁殖地に到着する。雄の渡来時期は，繁殖地だけでなく，渡ってくる途中の北アフリカの気温が高いと早くなる傾向がある(Both et al. 2005a)。フィンランドでは1970〜2002年の約30年間に，マダラヒタキの春の渡来時期がほぼ1週間早まった。特に最初に渡ってくる5%の個体がかなり早く渡来するようになった。しかし，産卵開始日の早まりは認められていない(Ahola et al. 2004)。

ヨーロッパのバルト海にある島では，25種の渡り鳥で1976〜1997年までの21年間に，平均して1年当たり0.26日渡来日が早まっている(Tøttrup et al. 2006)。そのなかで，最も小さな変化はニワムシクイ *Sylvia borin* の1年当たり0.01日，最も大きな変化はクロウタドリ *Turdus merula* の1年当たり0.89日であった。そして，渡りの距離が短い種ほど早まりが大きく変化する傾向を示した。

米国のマサチューセッツ東部では，1970〜2002年に調査した32種のうち

8種で春の平均渡来日が有意に早くなっていた(Miller-Rushing et al. 2008)。この地域の気温は1970年以降1.5℃上昇しているので，気温上昇が原因と考えられる。ワキアカトウヒチョウ *Pipilo erythrophthalmus* のような米国南部で冬を過ごす短距離渡り鳥は，気温上昇に合わせて早く渡って来るようになっている。一方，ズグロアメリカムシクイ *Dendroica striata* のような南米で冬を過ごす長距離渡り鳥は，渡来日が早まっていない。

渡り鳥の繁殖地への到着時期は，越冬地から繁殖地までの間にある地域の気候の影響を受けて変化すると考えられている。越冬地と繁殖地の距離が遠いほど繁殖地以外の影響を多く受けるため，繁殖地に戻ったときに適切な時期に繁殖できなくなる可能性が生じる(Lehikoinen et al. 2004)。

2. 温暖化による個体数の減少と増加

繁殖時期と雛の餌の時期のずれ

オランダのホーヘ・フェルウェでは，1985〜2004年の19年間にガの幼虫の多い時期が1年当たり0.74日早まった。シジュウカラの産卵開始日も早まったが，幼虫の最も多い時期が1日早まっても産卵開始日は0.3日の割合でしか早まらなかった。違いが生じた原因は，それぞれが影響を受ける気温の時期が異なっていることだと考えられている(Visser et al. 2006)。

オランダでは，最近の20年間に昆虫の最も多い時期が早まったが，マダラヒタキの産卵開始日はそれよりも早まらなかった。なぜならこの鳥は，アフリカで越冬する長距離の渡り鳥のため，越冬地や渡る途中の気候の影響を受けるので，それほど早く繁殖地に到着できないからである。そのため各地で，雛に餌を与える時期に昆虫の幼虫の最も多い時期が過ぎているというずれが生じている。ずれが大きい地域ほど個体数が減少しており，最もずれが大きい地域では，20年間に90％も個体数が減少した(Both et al. 2006a)。

スペインでは，1984〜2001年の17年間にマダラヒタキの繁殖成功率がおよそ15％減少した。この場合も，早く繁殖地に到着できなかったために，雛が最も必要とする時期に昆虫の幼虫の最も多い時期が過ぎてしまっていることが原因であると考えられている(Sanz et al. 2003)。

日本のコムクドリでは，今のところ繁殖個体数は減少していない(Koike et al. 2006)。繁殖成功率にも有意な年変化は見られない。この鳥は巣内の雛に昆虫や木の実を餌として与える。木の実としてはサクラ，ヒョウタンボクなどで，雛は熟した果肉だけ消化し，堅くて大きい種子は巣内に吐き出す。木の実は餌の2〜3割である。1970年代にはどちらの種子も巣内に多かったが，2000年代にはヒョウタンボクの種子はほとんど見られなくなった。6月半ばにヒョウタンボクの実が熟し始める前に，ほとんどの巣で雛が巣立ってしまっている。少なくとも一部の餌で豊富な時期とのずれが生じているのである。

サクラの種子は，まだ巣内に見られるが，サクラ(ソメイヨシノ)の開花日とコムクドリの産卵開始日を比較してみると，サクラでもずれが生じていることが明らかである(Koike et al. 2006)。新潟市における1978〜2005年のサクラの開花日は，平均40.8日(4月10日)である。開花日は27年間に8.46日，1年当たり0.31日早まっている一方，コムクドリの産卵開始日の方は，同じ27年間で15.33日，1年当たり0.57日早くなっている。産卵開始日の変化の方が開花日の変化よりも速く，両者の差は1978年には40.86日だったが，2005年には31.52日になり，差が9.34日間減少した。開花日に応じて果実の熟す時期も変化するので，今後，コムクドリの繁殖時期と開花時期の差がより短くなれば，コムクドリはヒョウタンボク同様にサクラの果実が熟す前に巣内での育雛を終えてしまうことになり，繁殖成功率に影響を及ぼすかもしれない。

個体数の大規模な減少と増加

Bolger et al.(2005)によれば，米国のカリフォルニア南部沿岸の乾燥地では，2002年に起きた干ばつにより，4種の鳥類，ズアカスズメモドキ *Aimophila ruficeps*，ミソサザイモドキ *Chamaea fasciata*，カリフォルニアムジトウヒチョウ *Pipilo crissalis*，ホシワキアカトウヒチョウ *P. maculates* の繁殖がほとんど失敗した。2001年には，巣立ち雛の割合が1つがい当たり2.37羽であったのに対し，2002年には0.07羽にまで減少した。この年は，150年間の気象観測史上最も乾燥した年であった。2002年の干ばつの原因が地球温暖化によるものとは必ずしもいえないが，1970年代以降，世界的に干ばつの影響を受ける地域が拡大した可能性が高いので(IPCC 2007)，もともと乾燥したこの地でわずかでも乾燥化が進めば，この地域に生息するこれらの鳥類は絶滅する恐れがある(Climate Risk 2006)。

米国のカリフォルニア海流の流れる近海では，1987〜1994年の7年間に海鳥が40%減少した。優占種であるハイイロミズナギドリ *Puffinus griseus* は，90%が減少した。原因は海面気温の長期の上昇によるものである(Veit et al. 1996)。

イギリスでは2004年に，北海沿岸のシェトランド諸島とオークニー諸島のウミガラス *Uria aalge*，クロトウゾクカモメ *Stercorarius parasiticus*，オオトウゾクカモメ *S. skua*，ミツユビカモメ *Rissa tridactyla*，キョクアジサシ *Sterna paradisaea* などの海鳥のコロニーで，大規模な繁殖の失敗が起きた。原因は，主要な食物であるイカナゴが減少したためで，海水温の上昇により海の食物連鎖を支える生物の分布が大きく変化したことが関係していると見られている(Climate Risk 2006)。

南極の昭和基地に近いプリンス・オラフ・コーストでは，1971〜2000年の調査で，アデリーペンギン *Pygoscelis adeliae* が増加していることがわかった。一方，コウテイペンギン *Aptenodytes forsteri* は，1990年代半ばから2000年にかけて急減した(Kato et al. 2004)。南極のテール・アデリーでは，コウテイペンギンは1950〜1975年ごろには5,000〜6,000羽生息していた。しかし，1970年代後半から1980年代初めまでに50%まで減少した。長引く異常に暖かい気温によって海氷が減少したこと，主な食物であるオキアミが減少したことが，コウテイペンギンが減った原因と見られている(Barbraud & Weimerskirch 2001)。

日本で越冬するコハクチョウの増加

コハクチョウ *Cygnus columbianus* は，秋に日本の各地の湖沼に渡来して越冬し，春に北に帰る冬鳥である。1975年以降の1月15日ごろの全国ガンカモ一斉調査(環境省 1975-2008)によると，全国のコハクチョウの越冬個体数は，1975年には1,745羽だったが，1980年代になると急激に増加を始め，2008

図 5　越冬期におけるコハクチョウの 1975〜2008 年の全国個体数変化（環境省 1975-2008 より）。写真はコハクチョウのつがい。

年には 40,485 羽（約 23 倍）までに増加した（図 5）。特に増加が著しい新潟県では，1975 年には 69 羽だったが，2008 年には全国の 40％，16,277 羽（約 236 倍）までになった。

コハクチョウは，北極海沿岸の主に北緯 65°以北のツンドラ地帯で繁殖する（Brazil 1991）。人工衛星によって追跡した結果では，日本のコハクチョウはロシアのチャウン湾付近やコリマ川河口付近で繁殖するらしいことがわかっている（Higuchi et al. 1991；樋口 2005）。コハクチョウは主に 5〜6 月に産卵を開始する（Rees & Belousova 2006）。繁殖を終えると，10〜11 月に日本最北端の北海道大沼やクッチャロ湖に立ち寄り，日本の各地に南下していく。各地で越冬したコハクチョウは，2 月下旬から 3 月にかけて繁殖地に向けて旅立つ。北上の途中 3〜5 月に大沼やクッチャロ湖に立ち寄るが，クッチャロ湖の 2004〜2008 年の記録では，4 月中〜下旬に最も個体数が多くなり，2,100〜10,000 羽になる（浜頓別町クッチャロ湖水鳥観察館 2008）。

温暖化の影響を探るため，渡来個体数を①成鳥・若鳥と②幼鳥の 2 つに区別し，それぞれの個体数の変化と気象要因の関係性を一般化線形モデル（GLM）を用いて解析し，AIC（Akaike's information criterion）を基準としたモデル選択法により，観測データを最もよく説明する要因セットを抽出した（小池・樋口，準備中）。ここでいう幼鳥とは，当年生まれの灰色の個体，成鳥・若鳥とは，それ以外の白い羽色の個体を指している。幼鳥の個体数については，浜頓別町の山内昇氏や同町クッチャロ湖水鳥観察館に提供いただいた秋の渡来個体資料にもとづき，1993〜2005 年の間で調査記録のある 7 年間の全国の幼鳥数を推定した。以下，結果の概要について紹介する。

まず，前年の全越冬数に対する成鳥・若鳥の越冬数の割合(%)を成鳥・若鳥の生存率とすると，1993〜2005 年の生存率は，69〜100%の範囲で変化する。解析の結果，越冬地の代表，新潟(北緯 37.9°，東経 139.0°)の前年 1 月 16 日〜3 月 15 日(1〜3 月)の降雪量(2 か月間の日平均)が少なく，繁殖地の代表，コリマ川河口付近のチェルスキー(北緯 68.8°，東経 161.3°)の前年 5〜6 月の最高気温(2 か月間の日平均)とクッチャロ湖から約 20 km にある枝幸(北緯 44.9°，東経 142.6°)の前年 3〜4 月の最高気温(2 か月間の日平均)が高いときほど，成鳥・若鳥の生存率が大きくなるという傾向が示唆された(表 1)。このことから，越冬地の降雪量，繁殖地の気温，春の渡り中継地の気温が成鳥と若鳥の個体数変化に影響を与えていることがうかがえる。越冬地の降雪量が減れば，水田などで餌を採りやすくなるだろうし，中継地や繁殖地の気温が上昇することにより，生息に十分な餌を早くから得ることができる。

表 1　1993〜2005 年にわたるコハクチョウ成鳥・若鳥の生存率(%)の変化に影響する要因のモデル選択結果(気象情報は，チェルスキーは TuTiempo.net(2008)，枝幸と新潟は気象庁(2008)より)。モデル選択法では，AIC の値が最小となる変数の組み合わせがデータを最もよく説明するとされる。

目的変数	コハクチョウの成鳥と若鳥の生存率(%)				
説明変数	新潟 前年 1〜3 月 降雪量(推定値)	枝幸 前年 3〜4 月 最高気温(推定値)	チェルスキー 前年 5〜6 月 最高気温(推定値)	AIC	Δi
	−6.43	4.86	2.86	24.6	0.0
	−7.88		3.25	26.2	1.6
		7.62	3.78	29.5	4.9
	−8.59	6.61		29.7	5.1
	−11.08			30.4	5.8
			4.85	31.2	6.6
		11.59		33.3	8.7
	Null model			35.5	10.9

次に，1993〜2005 年の越冬数の 1〜2 割を占める幼鳥数の変化と気象との関係を解析した結果，繁殖地であるチェルスキーの前年 5〜6 月の最高気温が高い年ほど，また越冬地である新潟の前年 1〜3 月の降雪量が少ない年ほど，繁殖地で多くの雛が育ち，結果として幼鳥が多く渡来することが示唆された(表 2，図 6)。一方，1 月の越冬数が多いと翌年に多くの幼鳥が渡来するという傾向はなかった。

幼鳥などが区別されている個体数情報は 1993 年以降にしかないので，それ以前の状況を含めた同様の解析はできない。試みに，1975〜2008 年の日

表 2 1993〜2005 年にわたるコハクチョウ幼鳥数の変化に影響する要因のモデル選択結果

目的変数	コハクチョウの幼鳥数				
説明変数	新潟 前年 1〜3 月 降雪量(推定値)	枝幸 前年 3〜4 月 最高気温(推定値)	チェルスキー 前年 5〜6 月 最高気温(推定値)	AIC	Δi
	−399.3		260.9	85.8	0.0
	−382.3	57.1	256.3	87.7	1.9
			341.9	88.2	2.5
		221.2	310.9	89.5	3.7
	−656.5			91.1	5.3
	−576.1	213.8		92.7	6.9
	Null model			94.2	8.4

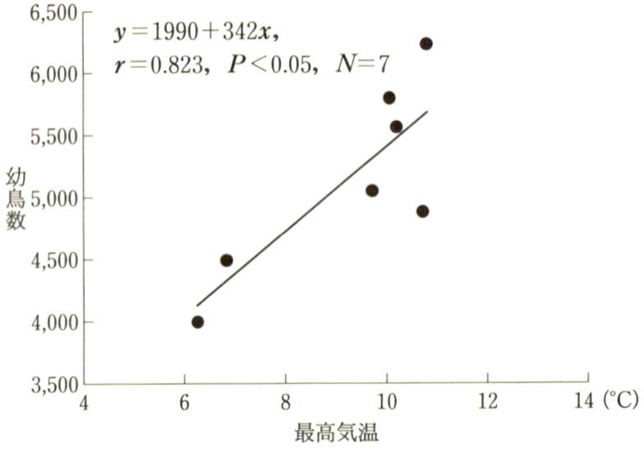

図 6 コハクチョウの幼鳥数とチェルスキーの前年 5〜6 月最高気温の関係(1993〜2005 年)

本全国の越冬数を対象に，成鳥，若鳥，幼鳥を込みにした個体数変化と新潟，枝幸，チェルスキー3 地域の気象要因との関係を解析してみた。その結果，越冬数はチェルスキーの前年 5～6 月の最高気温，枝幸の前年 3～4 月の最高気温，新潟の前年 1～3 月の降雪量から影響を受けていた。一方，調査前 2 か月間の降雪量からはほとんど影響を受けていなかった。この結果からは，繁殖地および春の渡りの中継地の気温が高く，越冬地の厳冬期以降の降雪量が少ないと，翌年の越冬数が多くなることが示唆される。

チェルスキーの 1974～2007 年の 5～6 月の最高気温は，年々上昇している(図 7)。回帰式によれば，1974 年の 7.0°Cから 2007 年の 10.8°Cまで，33 年間で約 3.8°C，1 年当たり 0.11°Cも上昇している。枝幸の 1974～2007 年の 3～4 月の最高気温も年々上昇し，回帰式によれば 33 年間で約 1.5°C，1 年当たり 0.04°C上昇している(図 8 左)。新潟の 1974～2007 年の 1 月 16 日～3 月 15 日の降雪量は年々減少し，回帰式によれば 33 年間で約 1.4 cm，1 年当たり 0.04 cm 減少している(図 8 右)。新潟の同時期の最高気温は年々上昇し，回帰式によれば 33 年間で約 2.6°C，1 年あたり 0.08°C上昇しており，気温が高いほど降雪量は減少する傾向にある。3 地域とも，北半球の同期間の平均気温の年間上昇率 0.02°Cに比べて大きく変化している。以上より，コハクチョウの越冬数の増加は，繁殖地や渡りの中継地，および越冬地の気温上昇が原因である可能性が高い。

コハクチョウの繁殖地であるシベリア北部にあるツンドラは，地面がほと

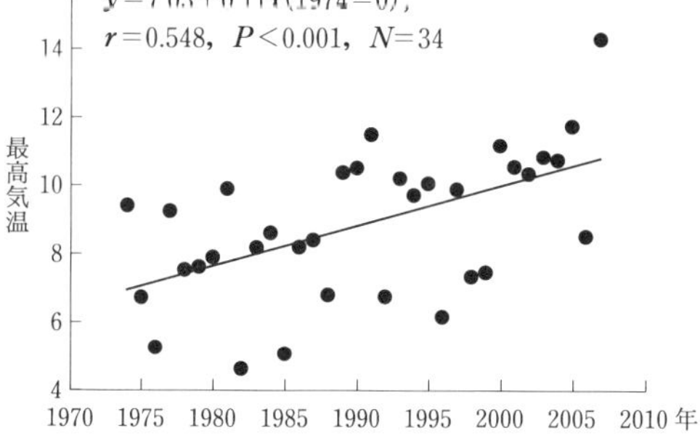

図 7　チェルスキーの 5～6 月の最高気温の年変化(1974～2007 年)

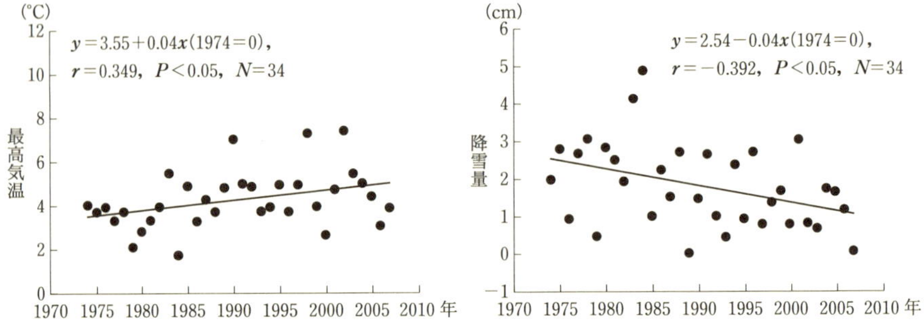

図8　枝幸の3～4月の最高気温(左)および新潟の1～3月(1月16日～3月15日)の降雪量(右)の年変化(1974～2007年)

んど1年中凍結しているが，夏の間に表面だけが融けて湿地帯を形成する。気温が高い年はツンドラの凍土の融ける速度が加速し，好適な繁殖場所が増加することが予想される。また，雪解けが早い年は産卵開始日が早くなり，幼鳥の生育期間が十分に確保されるのかもしれない。Foster et al.(2006)は，気象衛星NOAAの1967～2004年の記録から，北緯70°付近の雪に覆われている期間や雪解け時期を調べた。それによると，コリマ川流域周辺では，雪に覆われている期間が37年間で15.4日，10年当たり4.05日短くなり，春の雪解け時期も1～7日早くなっていた。Stone et al.(2005)は，アラスカのバロー観測所(北緯71.3°，西経156.6°)の1941～2004年の記録から，63年間に雪解け時期がおよそ10日早まったことを明らかにした。そのなかでも1977～2004年の27年間の早まりは速く，この期間だけでも約8日間早まっていた。

以前は，コハクチョウの越冬数の増加要因として給餌が考えられてきた。新潟県では主に瓢湖で，1954年以降給餌を行っている。1970年代のコハクチョウの少ない期間は，降雪量も多く，十分な餌が採れないため給餌に依存していた割合も多かったと思われる。しかし近年，給餌場で餌を食べるコハクチョウは，以前より多いものの数百羽程度で，瓢湖に渡来するコハクチョウの1割以下である。多くは朝のうちに，周辺の水田で採食するために瓢湖を離れる。また，給餌場で餌を盛んに食べているのはオオハクチョウや多くのカモ類で，コハクチョウは周辺部で食べるくらいである。瓢湖以外でコハクチョウの多い福島潟，鳥屋野潟，佐潟では給餌は行っていない。2008 年に県内で 16,277 羽記録されていることから考えて，給餌の影響はわずかなものである。したがって，給餌がコハクチョウの越冬数の急激な増加要因であるとは考えにくい。

ただし，新潟県以外の中継地，例えば北海道北部のクッチャロ湖や稚内大沼では，春秋の渡りの時期にかなり多量の餌を与えている。この影響がどの程度のものかは，今後検討してみる必要がある。

3. 今後の調査の必要性

本章では，地球温暖化と鳥類の生活について，海外と日本の状況を紹介し，日本のコハクチョウの越冬数について少し詳しく紹介した。温暖化は鳥の生活にさまざまな影響を与え，生物季節のずれ，分布域の変化，個体数の大きな増減を引き起こす。個体数が増えたものでさえ，今後，減少に転じる可能性も否定できない。温暖化がどのように鳥に影響しているのか，まだわかっていないことが実に多い。今後，注意深く長期的に多くの鳥の生態を調べていく必要があると思われる。

引用・参考文献

[日本の鳥類の分布と独自性]

Alström, P. 2002. Species limits and systematics in some passerine birds. Comprihensive summaries of Uppsala dissertations from the Faculty of Science and Technology 726. Acta Universitatis Upsaliensis, Upsala.

Choi, C. Y. and Nam, H. Y. 2008. Distribution of the Japanese Wagtail (*Motaccila grandis*) in Korea. Ornithol. Sci. 7: 85-92.

Grant, P. R. 1986. Ecology and evolution of Darwin's Finches. 488pp. Princeton Univ. Press, Princeton.

Higuchi, H. 1976. Comparative study on the breeding of mainland and island subspecies of the Varied Tit, *Parus varius*. Tori 25: 11-20.

樋口広芳. 1979. 島にすむ鳥の生態. サイエンス 9(8)：74-88.

Higuchi, H. 1980. Colonization and coexistence of woodpeckers in the Japanese Islands. Misc. Rep. Yamashina Inst. Ornithol. 12: 139-156.

樋口広芳. 1985. 赤い卵の謎. 277pp. 思索社.

Higuchi, H. 1989. Responses of the Bush Warbler *Cettia diphone* to artificial eggs of *Cuculus* cuckoos in Japan. Ibis 131: 94-98.

樋口広芳. 1996a. 日本の鳥類相. 日本動物大百科　第3巻　鳥類 I (樋口広芳・森岡弘之・山岸哲編), pp. 6-9. 平凡社.

樋口広芳. 1996b. 飛べない鳥の謎. 278pp. 平凡社.

Higuchi, H. 1998. Host use and egg color of Japanese cuckoos. In "Parasitic birds and their host -studies in Coevolution" (ed. Rothstein, S. I. and S. K. Robinson), pp. 80-93. Oxford University Press, Oxford.

Higuchi, H. and Hirano, T. 1989. Breeding season, courtship behaviour, and territoriality of White and Japanese Wagtails, *Motacilla alba* and *M. grandis*. Ibis 131: 578-588.

Higuchi, H. and Momose, H. 1981. Deferred independence and prolonged infantile behaviour in Varied Tits, *Parus varius*, of an island population. Anim. Behav. 29: 523-528.

樋口広芳・尾崎研一. 1994. センダイムシクイへの赤い卵の托卵例. Strix 13：227-229.

Higuchi, H. and Sato, S. 1984. An example of character release in host selection and egg colour of cuckoos *Cuculus* spp. in Japan. Ibis 126: 398-404.

Higuchi, H., Minton, J. and Katsura, C. 1995. Distribution and ecology of birds of Japan. Pacific Science 49: 69-86.

日野輝明. 2004. 鳥達の森. 242pp. 東海大学出版会.

今野怜・藤巻裕蔵. 2001. 繁殖期における利尻山の鳥類. 帯広畜産大学学術研究報. 自然科学 22(3)：125-133.

金井裕・黒沢令子・植田睦之・成末雅恵・釜田美穂. 1996. 森林の類型と生息する鳥類の関係. Strix 14：33-39.

清棲幸保. 1937. 日本北アルプスの鳥. 243pp. 養賢堂.

黒田長久. 1972. 鳥類の研究：生態. 326pp. 新思潮社.

黒田長久・千羽晋示・由井正敏・中村司. 1971. 富士山地域の鳥類. 富士山総合学術調査報告書, pp. 856-948. 富士急行.

Kurosawa, R. and Askins, R. A. 1999. Differences in bird communities on the forest edge and in the forest interior: are there forest-interior specialists in Japan? J. Yamashina Inst. Ornithol. 31: 63-79.

Kurosawa, R. and Askins, R. A. 2003. Effects of habitat fragmentation on birds in deciduous forests in Japan. Conserv. Biol. 17: 695-707.

MacArthur, R. H. and Wilson, E. O. 1967. The theory of island biogeography. 216pp. Princeton University Press, Princeton, New Jersey.

増田隆一・阿部永(編著). 2005. 動物地理の自然史―分布と多様性の進化学. 288pp. 北海道大学図書刊行会.

Nieberding, C., Morand, S., Libois, R. and Michaux, J. R. 2006. Parasites and the island syndrome: the colonization of the western Mediterranean island by *Heligmosomoides polygyrus* (Dujardin, 1845). J. Biogeography 33: 1212-1222.

日本鳥類目録編集委員会. 2000. 日本鳥類目録(改訂第 6 版). 345pp. 日本鳥学会.

高木昌興. 2007. 鳥類の保全における単位について. 保全鳥類学(山岸哲監修), pp. 33-56. 京都大学学術出版会.

高木昌興. 2009. 島間距離から解く南西諸島の鳥類相. 日鳥誌 58：1-17.

由井正敏. 1988. 森に棲む野鳥の生態学. 237pp. 創文.

Zusi, R. 1969. Ecology and adaptation of the Trembler on the island of Dominica. Living Bird 8: 137-164.

[陸鳥類の集団の構造と由来]

Bellemain, E. and Ricklefs, R. E. 2008. Are islands the end of the colonization road? Trends Ecol. Evol. 23: 411-468.

Cox, G. W., 1985. The evolution of avian migration systems between temperature and tropical regions. Am. Nat. 126: 451-474.

Del Hoyo, J., Elliott, A. and Sargatal, J. (eds). 2002. Handbook of the birds of the world. Vol. 7. Jacamars to Woodpeckers. 613pp. Lynx Edicions, Barcelona.

Freeland, J. R. 2005. Molecular ecology. 388pp. Wiley, West Sussex.

Hachisuka, M. 1926. Avifauna of the Riukiu Islands. Ibis 12: 235-237.

Hamao, S., Veluz, M. J. S., Saito, T. and Nishiumi, I. 2008. Phylogenetic relationship and song differences between closely related bush warblers (*Cettia seebohmi* and *C. diphone*). Wilson J. Ornithol. 120: 268-276.

ジェンキンス, イアン. 2004. 生命と地球の進化アトラスIII 第三紀から現代(小畠郁生訳). 144 pp. 朝倉書店.

Klicka, J. and Zink, R. M. 1999. Pleistocene effects on North American songbird evolution. Proc. Roy. Soc. Lond., B. 266: 695-700.

黒田長禮. 1931. 脊椎動物の分布上より見たる渡瀬線. 動物学雑誌 43：172-175.

Kuroda, N. 1957. Notes on the evolution in the Eurasian Jay, *Garrulus glandarius* (L.). J. Fac. Sci. Hokkaido Univ. Ser. VI, Zool. 13: 72-77.

Mayr, E. 1970. Population, species and evolution. 453pp. Harvard Univ. Press, Cambridge.

Mila, B., Smith, T. B. and Wayne, R. K. 2006. Postglacial population expansion drives the evolution of long-distance migration in a songbird. Evolution 60: 2403-2409.

溝口優司. 2006. アジア大陸から来た弥生時代人. 日本列島の自然史(国立科学博物館編), pp. 286-293. 東海大学出版会.

日本鳥類目録編集委員会. 2000. 日本鳥類目録(改訂第 6 版). 345pp. 日本鳥学会.

西海功. 2006. 海を越えてきた鳥たちの今. 日本列島の自然史(国立科学博物館編), pp. 98-107. 東海大学出版会.

Nishiumi, I. and Kim, C. H. 2004. Little genetic differences between Korean and Japanese populataions in songbirds. Natn. Sci. Mus. Monogr. (24): 279-286.

Nishiumi, I., Yao, C.-t., Saito, D. S. and Lin, S. R.-S., 2006. Influence of the last two glacial periods and the late Pliocene on the latitudinal population structure of resident songbirds in the Far East. Mem. Natn. Sci. Mus., Tokyo (44): 11-20.

Packert, M., Martens, J., Eck, S., Nazarenko, A. A., Valchuk, O. P., Petri, B. and Veith, M., 2005. The great tit (*Parus major*) - a misclassified ring species. Biol. J. Linn. Soc. 86: 153-174.

Seki, S., 2006. The origin of the East Asian Erithacus robin, *Erithacus komadori*, inferred from cytochrome b sequence data. Mol. Phylogenet. Evol. 39: 899-905.

Seki, S., Takano, H., Kawakami, K., Kotaka, N., Endo, A. and Takehara, K. 2007. Distribution and genetic structure of the Japanese wood pigeon (*Columba janthina*) endemic to the islands of East Asia. Conserv. Genet. 8: 1109-1121.

篠田謙一. 2006. 遺伝子で探る日本人の成り立ち. 日本列島の自然史(国立科学博物館編), pp. 296-307. 東海大学出版会.

Templeton, A. R. 1998. Nested clade analyses of phylogeographic data: testing hypotheses about gene flow and population history. Mol. Ecol. 7: 381-397.

山階芳麿. 1955. 琉球列島における鳥類分布の境界線. 日本生物地理学会会報 16-19：371-375.

[移動能力の高いカモメ類の遺伝的構造]

Avise, J. C. 2000. Phylogeography: the history and formation of species. 464pp. Harvard University Press, Cambridge.

Avise, J. C. and Aquadro, C. F. 1982. A comparative summary of genetic distances in the vertebrates-patterns and correlations. Evol. Biol. 15: 151-185.

Avise, J. C. and Walker, D. 1998. Pleistocene phylogeographic effects on avian populations and the speciation process. Proc. R. Soc. Lond. B. 265: 457-463.

Cooke, F. and Buckley, P. A. 1987. Avian genetics: a population and ecological approach. 488pp. Academic Press, Lomdon.

Crochet, P. A., Bonhomme, F. and Lebreton, J. D. 2000. Molecular phylogeny and plumage evolution in gulls (*Larini*). J. Evol. Biol. 13: 47-57.

Crochet, P. A., Lebreton, J. D. and Bonhomme, F. 2002. Systematics of large white-headed gulls: patterns of mitochondrial DNA variation in western European taxa. Auk 119: 603-620.

del Hoyo, J., Elliott, A. and Sargatal, J. 1996. Family Laridae (Gulls). In "Handbook of the birds of the world, Vol. 3 Hoatzin to Auks", pp. 572-623. Lynx Ediciones, Barcelona, Spain.

Dobzhansky, T. 1937. Genetics and the origin of species. 364pp. Columbia University Press, New York.

Friesen, V. L., Burg, T. M. and Mccoy, K. D. 2007. Mechanisms of population differentiation in seabirds. Mol. Ecol. 16: 1765-1785.

Gay, L., Neubauer, G. Zagalska-Neubauer, M. Debain, C. Pons, J. M. David, P. and Crochet, P. A. 2007. Molecular and morphological patterns of introgression between two large white-headed gull species in a zone of recent secondary contact. Mol. Ecol. 16: 3215-3227.

Grant, P. R. and Grant, B. R. 1992. Hybridization of bird species. Science 256: 193-197.

Grant, P. R. and Grant, B. R. 1997. Hybridization, sexual imprinting, and mate choice. Am. Nat. 149: 1-28.

Hasegawa, O. 2004. Genetic structure of two gull species based on mitochondrial DNA control region sequences. 121pp. Ph. D. thesis, Hokkiado University.

Liebers, D., De Knijff, P. and Helbig, A. J. 2004. The herring gull complex is not a ring species. Proc. R. Soc. Lond. Ser. B. Biol. Sciences 271: 893-901.

Liebers, D., Helbig, A. J. and De Knijff, P. 2001. Genetic differentiation and phylogeography of gulls in the Larus cachinnans-fuscus group (Aves: Charadriiformes). Mol. Ecol. 10: 2447-2462.

Martens, J. and Packert, M. 2007. Ring species: do they exist in birds? Zool. Anz. 246: 315-324.

Mayr, E. 1963, Animal species and evolution. 811pp. Belknap Press of Harvard University Press, Cambridge.

Nei, M. 1987. Molecular evolutionary genetics. 512pp. Columbia University Press, New York.

Olsen, K. M. and Larsson, H. 2004. Gulls of Europe, Asia and North America. 608pp. A & C Black Publishers, London.

Pierotti, R. 1987. Isolating mechanisms in seabirds. Evolution 41: 559-570.

Pons, J. M., Crochet, P. A. Thery, M. and Bermejo, A. 2004. Geographical variation in the yellow-legged gull: introgression or convergence from the herring gull? J. Zool. Syst. Evol. Res. 42: 245-256.

Pons, J. M., Hassanin, A. and Crochet, P. A. 2005. Phylogenetic relationships within the Laridae (Charadriiformes: Aves) inferred from mitochondrial markers. Mol. Phylogenet. Evol. 37: 686-699.

Smith, A. L., Monteiro, L., Hasegawa, O. and Friesen, V. L. 2007. Global phylogeography of the band-rumped storm-petrel (Oceanodroma castro; Procellariiformes: Hydrobatidae). Mol. Phylogenet. Evol. 43: 755-773.

Wyles, J. S., Kunkel, J. G. and Wilson, A. C. 1983. Birds, behavior, and anatomical evolution. Proc. Natl. Acad. Sci. U. S. A. 80: 4394-4397.

[遺跡から出土した骨による過去の鳥類の分布復原]

Avise, J. C. 2000. Phylogeography: the history and formation of species. 447pp. Harvard University Press, Massachusetts.

BirdLife International 2008. *Phoebastria albatrus*. *In* "IUCN 2008. 2008 IUCN red list of threatened species." http://www. iucnredlist. org.

知里真志保. 1962. 分類アイヌ語辞典 第二巻 動物篇. 235pp. 日本常民文化研究所.

江田真毅. 印刷中. 人と動物の関わりあい 6　鳥類. 縄文時代の考古学Ⅳ 人と動物のかかわりあい―食料資源と生業圏(小杉康・谷口康浩・西田泰民・水ノ江和同・矢野健一編). 同成社.

Eda, M., Koike, H., Sato, F. and Higuchi, H. 2005. Why were so many albatross remains found in northern Japan? *In* "Feathers, grit and symbolism: birds and humans in the ancient Old and New Worlds" (eds. Grupe, G. and Peters, J.), pp. 131-140. Rahden, Westf.

Eda, M., Baba, Y., Koike, H. and Higuchi, H. 2006. Do temporal size differences influence species identification of archaeological albatross remains when using modern reference samples? J. Arch. Sci. 33: 349-359.

Eda, M. and Higuchi, H. 2004. Distribution of albatross remains in the Far East regions during the Holocene, based on zooarchaeological remains. Zool. Sci. 21: 771-783.

藤巻裕蔵. 2000. 北海道鳥類目録(第 2 版). 83pp. 帯広畜産大学野生動物管理学研究室.

長谷川博. 2007. 大型海鳥アホウドリの保護. 保全鳥類学(山階鳥類研究所編), pp. 89-104. 京都大学学術出版会.

Hasegawa, H. and DeGange, A. R. 1982. The short-tailed albatross, *Diomedea albatrus*, its status, distribution and natural history. American Birds 36: 806-814.

樋口広芳・森岡弘之・山岸哲(編). 1996. 日本動物大百科 第3巻 鳥類 I. 182pp. 平凡社.

IPCC. 2007. Climate change 2007: the physical science basis. Contribution of working group I to the fourth assessment report of the intergovernmental panel on climate change (eds. Solomon, S. D., Qin, D., Manning, M., Chen, Z., Marquis, M., Averyt, K. B., Tignor, M. and Miller, H. L.). 996pp. Cambridge University Press, Cambridge.

James, F. C. 1983. Environmental component of morphological differentiation in birds. Science 221: 184-186.

Järvinen, O. and Ulfstrand, S. 1980. Species turnover of a continental bird fauna: northern Europe, 1850-1970. Oecologia 46: 186-195.

Loreille, O., Vigne, J. D., Hardy, C., Callou, C., TreinenClaustre, F., Dennebouy, N. And Monnerot, M. 1997. First distinction of sheep and goat archaeological bones by the means of their fossil mtDNA. J. Arch. Sci. 24: 33-37.

Newton, I. 2003. The speciation and biogeography of birds. 668pp. Academic Press, London.

日本鳥類目録編集委員会. 2000. 日本鳥類目録(改訂第6版). 日本鳥学会.

日本野生生物研究センター. 1987. 過去における鳥獣分布情報調査報告書. http://www.biodic.go.jp/reports/oldbird/ae000.html

Nunn, G. B. and Stanley, S. E. 1998. Body size effects and rates of cytochrome b evolution in tube-nosed seabirds. Mol. Bio. Evol. 15: 1360-1371.

小野昭・小池裕子・福澤仁之・山田昌久. 2000. 環境と人類. 179pp. 朝倉書店.

尾崎清明. 2007. 人工衛星で渡りの追跡. 保全鳥類学(山階鳥類研究所編), pp. 261-277. 京都大学学術出版会.

Rhymer, J. M. 1992. An experimental study of geographic variation in avian growth and development. J. Evol. Bio. 5: 289-306.

佐藤晴子・田澤道広・長谷川正人. 2008. 知床・根室海峡におけるアホウドリ *Diomedea albatrus* の確実な初の連続目視記録. 知床博物館研究報告 29：11-15.

Steadman, D. W. 2006. Extinction and biogeography of tropical Pacific birds. 594pp. The University of Chicago Press, Chicago.

Simkiss, K. 1961. Calcium metabolism and avian reproduction. Biol. Rev. 36: 321-367.

Tickell, W. L. N. 2000. Albatrosses. 448pp. Yale University Press, New Haven.

Waugh, S. M., Prince, P. A. and Weimerskirch, H. 1999. Geographical variation in morphometry of black-browed and grey headed albatrosses from four sites. Polar Bio. 22: 189-194.

Yang, D. Y., Cannon, A. And Saunders, S. R. 2004. DNA species identification of archaeological salmon bone from the Pacific Northwest Coast of North America. J. Arch. Sci. 31: 619-631.

[オナガの分布域拡大にともなうカッコウとの新たな関係]

Andou, D., Nakamura, H., Oomori, S. and Higuchi, H. 2005. Characteristics of brood parasitism by Common Cuckoos on Azure-winged Magpie, as illustrated by video recordings. Ornith. Sci. 4: 43-48.

Barabâs, L. Gilicze, B., Takasu, F. and Moskât, C. 2004. Survival and anti-parasite defense in a host metapopulation under heavy brood parasitism: a source-sink dynamics model. J. Ethol. 22: 143-151.

Brooke, M. de L. and Davies, N. B. 1988. Egg mimicry by cuckoos *Cuculus canorus* in relation to discrimination by hosts. Nature 335: 630-632.

Brooke, M. de L. and Davies, N. B. 1991. A failure to demonstrate host imprinting in the cuckoo (*Cuculus canorus*) and alternative hypotheses for the maintenance of egg mimicry. Ethology 89: 154-166.

Chance, E. P. 1940. The truth about the cuckoo. 207pp. Country Life, London.

Davies, N. B. 2000. Cuckoos, Cowbirds and Other Cheats. 312pp. T & A D Poyser, London.

Davies, N. B. and Brooke, M. de. L. 1988. Cuckoos versus reed warblers: adaptations and counteradaptations. Anim. Behav. 36: 262-284.

Davies, N. B. and Brooke, M. de. L. 1989a. An experimental study of co-evolution between the cuckoo, *Cucurus canosus*, and its hosts. I. Host egg discrimination. J. Anim. Ecol. 58: 207-224.

Davies, N. B. and Brooke, M. de. L. 1989b. An experimental study of co-evolution between the cuckoo, *Cucurus canosus*, and its hosts. II. Host egg markings, chick discrimination and general discussion. J. Anim. Ecol. 58: 225-236.

Davies, N. B., Brooke, M. de L. and Kacelnik, A. 1996. Recognition errors and probability of parasitism determines whether reed warblers should accept or reject mimetic cuckoo eggs. Proc. R. Soc. Lond. B. 263: 925-931.

Dawkins, R. and Krebs, J. R. 1979. Arms races between and within species. Proc. R. Soc. Lond. B. 205: 489-511.

Gosler, A. G., Barnett, P. R. and Reynolds, S. J. 2000. Inheritance and variation in eggshell patterning in the great tit *Parus major*. Proc. R. Soc. Lond. B. 267: 2469-2473.

Higuchi, H. 1998. Host use and egg color of Japanese cuckoos. *In* "Parasitic birds and their hosts" (eds. Rothstein, S. I. and Robinson, S. K.), pp. 80-93. Oxford University Press, Oxford.

Honza, M., Taborsky, B., Taborsky, M., Teuschl, Y., Vogl, W., Moksnes, A. and Røskaft, E. 2002. Behaviour of female common cuckoos, *Cuculus canorus*, in the vicinity of host nests before and during egg laying: a radiotelemetry study. Anim. Behav. 64: 861-868.

Lotem, A., Nakamura H. and Zahavi, A. 1992. Rejection of cuckoo eggs in relation to host age: a possible evolutionary equilibrium. Behav. Ecol. 3: 128-132.

Lotem, A., Nakamura, H. and Zahavi, A. 1995. Constraints on egg discrimination and cuckoo-host co-evolution. Anim. Behav. 49: 1185-1209.

Marchetti, K. 1992. Costs to defence and the persistence of parasitic cuckoos. Proc. R. Soc. Lond. B. 248: 41-45.

Martín-Gálvez, D., Soler, J. J., Martínez, J. G., Krupa, A. P., Richard, M., Soler, M., Møller, A. P. and Burke, T. 2006. A quantitative trait locus for recognition of foreign eggs in the host of a brood parasite. J. Evol. Biol. 19: 543-550.

Moksnes, A. and Røskaft, E. 1989. Adaptations of meadow pipits to parasitism by the common cuckoo. Behav. Ecol. Sciobiol. 24: 25-30.

Moskát, C., Avilés, J. M., Bán, M., Hargitai, R. and Zölei, A. 2008. Experimental support for the use of egg uniformity in parasite egg discrimination by cuckoo hosts. Behav. Ecol. Sociobiol. 62: 1885-1890.

Nakamura, H. 1990. Brood parasitism by the cuckoo *Cuculus canorus* in Japan and the start of new parasitism on the azure-winged magpie *Cyanopica cyana*. Jpn. J. Ornithol. 39: 1-18.

Nakamura, H., Kubota, S. and Suzuki, R. 1998. Coevolution between the common cuckoo and its major hosts in Japan - stable versus dynamic specialization on hosts. *In* "Parasitic birds and their hosts" (eds. Rothstein, S. I. and Robinson, S. K.), pp. 94-112, Oxford University Press, Oxford.

Røskaft, E., Moksnes, A., Stokke, B. G., Moskát, C. and Honza, M. 2002. The spatial habitat structure of host populations explains the patterns of rejection behavior of hosts and parasitic adaptations in cuckoos. Behav. Ecol. 13: 163-168.

Røskaft, E., Takasu, F., Moksnes, A. and Stokke, B. G. 2006. Importance of spatial habitat structure on establishment of host defenses against brood parasitism. Behav. Ecol. 17: 700-708.

Rothstein, S. I. 1975. Evolutionary rates and host defenses against avian brood parasitism. Am. Nat. 109: 161-176.

Rothstein, S. I. 1990. A model system for coevolution: Avian brood parasitism. Ann. Rev. Ecol. Syst. 21: 481-508.

Soler, M. and Møller, A. P. 1990. Duration of sympatry and coevolution between the great spotted cuckoo and its magpie host. Nature 343: 748-750.

Stokke, B. G., Moksnes, A. and Røskaft, E. 2002. Obligate brood parasites as selective agents for evolution of egg appearance in passerine birds. Evolution 56: 199-205.

Thompson, J. N. 2005. The geographic mosaic of coevolution (interspecitic interactions). 400pp. The University of Chicago Press, Chicago.

Takasu, F. 1998. Modelling the arms race in avian brood parasitism. Evol. Ecol. 12: 969-987.

高須夫悟. 2002. 数理生態学と鳥類学(山岸哲・樋口広芳共編), pp. 191-222. 裳華房.

Takasu, F., 2003. Co-evolutionary dynamics of egg appearance in avian brood parasitism. Evol. Ecol. Res. 5: 345-362.

Takasu, F., 2005. A theoretical consideration on co-evolutionary interactions between avian brood parasites and their hosts. Ornithol. Sci. 4: 65-72.

Takasu, F., Kawasaki, K., Cohen, J. E. and Shigesada, N. 1993. Modeling the population dynamics of a cuckoo-host association and the evolution of host defenses. Am. Nat. 142: 819-839.

ワイリィ, イアン. 1983. カッコウの生態(安部直哉訳). 261pp. どうぶつ社.

Yamagishi, S. and Fujioka, M. 1986. Heavy brood parasitism by the common cuckoo *Cuculus canorus* on the azure-winged magpie *Cyanopica cyana*. Tori 34: 91-96.

Yamauchi, A. 1995. Theory of evolution of nest parasitism in birds. Am. Nat. 145: 434-456.

Yom-Tov, Y. 2001. An updated list and some comments on the occurrence of intraspecific nest parasitism in birds. Ibis 143: 133-143.

[外来鳥類ソウシチョウの生態と在来鳥類へ与える影響]

Amano, H. E. and Eguchi, K. 2002a. Nest-site selection of the Red-billed Leiothrix and Japanese Bush Warbler in Japan. Ornithol. Sci. 1: 101-110.

Amano, H. E. and Eguchi, K. 2002b. Foraging niches of introduced Red-billed Leiothrix and native species. Ornithol. Sci. 1: 123-131.

Avise, J. C. 2000. Phylogeography. The history and formation of species. 447pp. Harvard University Press, London.(西田睦・武藤文人監訳. 2008. 生物系統地理学. 303pp. 東京大学出版会).

Blackburn, T. M. and Duncan, R. P. 2001. Determinants of establishment success in introduced birds. Nature 414: 195-197.

Case, T. J. 1991. Invasion resistance, species build-up and community collapse in metapopulation models with interspecies competition. Biol. J. Linn. Soc. 42: 239-266.
Clout, M. 2000. IUCN guidelines for the prevention of biodiversity loss caused by alien invasive species. 21pp. IUCN. http://www.issg.org/infpaper_invasive.pdf
江口和洋. 2002. ソウシチョウ. 外来種ハンドブック(村上興正・鷲谷いずみ監修), p. 86. 地人書館.
江口和洋・天野一葉. 2000. 移入鳥類の諸問題. 保全生態学研究 5：131-148.
Eguchi, K. and Amano, H. E. 2004. Spread of exotic birds in Japan. Ornithol. Sci. 3: 3-11.
江口和洋・天野一葉. 2008. ソウシチョウの間接効果によるウグイスの繁殖成功の低下. 日鳥学誌 57：3-10.
江口和洋・増田智久. 1994. 九州におけるソウシチョウ *Leiothrix lutea* の生息環境. 日鳥学誌 43：91-100.
Elton, C. S. 1958. The ecology of invasion by animals and plants. 181pp. Methuen, London.(川那部浩哉・大沢秀行・安部琢哉訳. 1971. 侵略の生態学. 223pp. 思索社).
Genner, M. J., Seehausen, O., Lunt, D. H., Joyce, D. A., Shaw P. W., Carvalho, G. R., and Turner, G. F. 2007. Age of cichlids: new dates for ancient lake fish radiations. Mol. Biol. Evol. 24: 1269-1282.
濱尾章二. 1992. 番い関係の希薄なウグイスの一夫多妻について. 日鳥学誌 40：51-65.
羽田健三・岡部剛士. 1970. ウグイスの生活史に関する研究1 繁殖生活. 山階鳥研報 6：131-140.
Hoi, H. and Winkler, H. 1994. Predation on nests; a case of apparent competition. Oecologia 98: 436-440.
Holling, C. S. 1959. Some characteristics of simple types of predation and parasitism. Can. Ent. 91: 385-398.
堀本尚宏. 2007. 京都府におけるソウシチョウの繁殖初確認. Strix 25：147-150.
金井裕. 2007. 日本の外来鳥類の現状と対策. 保全鳥類学(山岸哲監修), pp. 191-209. 京都大学学術出版会.
Kawano, K. K., Amano, H. E. and Eguchi, K. 2000. Sexual dimorphism of the Red-billed Leiothrix *Leiothrix lutea*. Jpn. J. Ornithol. 49: 59-61.
Koike, F. 2006. Prediction of range expansion and optimum strategy for spatial control of feral raccoon using a metapopulation model. In "Assessment and control of biological invasion risks" (eds. Koike, F., Clout, M. N., Kawamichi, M., De Poorter, M. and Iwatsuki, K.), pp. 148-156. Shoukadoh Book Sellers, Kyoto, Japan and IUCN, Gland, Switzerland.
Lever, C. 1987. Naturalized birds of the world. 644pp. Longman, London.
Long, J. L. 1981. Introduced birds of the world. 560pp. Reed, Wellington.
Long, Z. 1987. Leiothrix. In 〝中国動物志〞 (eds. Chen, T., Long, Z. and Zheng, B.), pp. 154-162. 科学出版社. 北京.
Martin T. E. 1995. Avian life history evolution in relation to nest sites, nest predation and food. Ecol. Monogr. 65: 101-127.
Martin, P. R. and Martin, T. E. 2001. Ecological and fitness consequences of species coexistence: a removal experiment with wood warblers. Ecology 82: 189-206.
McQuistion, T. E., McAllister, C. T. and Buice, R. E. 1996. A new species of Isospora (Apicomplexa) from captive Pekin Robins, *Leiothrix lutea* (Passeriformes: Sylviidae), from the Dallas Zoo. Acta Protozool. 35: 73-75.
Melville, D. S. 1994. International trade in birds with special reference to trade from China through Hong Kong to Japan. In "Status Report on Wild Bird Poaching", pp.

1-27. National Wild Bird Poaching Countermeasure Committee, Japan.
Moulton, M. P. 1985. Morphological similarity and the coexistence of congeners: an experimental test with introduced Hawaiian birds. Oikos 44: 301-305.
Nagata, H. 2006. Reevaluation of the prevalence of blood parasites in Japanese passerines by using PCR based molecular diagnostics. Ornithol. Sci. 5: 105-112.
中村登流. 1970. 日本におけるカラ類群集構造の研究　II 採餌場所, 食物の季節的変動および生態的分離. 山階鳥研報 6：141-169.
中村登流. 1978. 日本におけるカラ類群集構造の研究　Ⅳ くちばしの使用法とその使用空間による生態的分離. 山階鳥研報 10：94-118.
小笠原暠. 1975. 東北大学植物園におけるシジュウカラ科鳥類の混合群の解析　Ⅳ 混合群形成各種の採餌習性と餌の奪いあい(supplanting attacks). 山階鳥研報 7：637-651.
佐藤重穂. 1992. 九州脊梁山地におけるソウシチョウの定着状況. 1991 年度日本鳥学会大会講演要旨. 日鳥学誌 40：143.
Simberloff, D. 1992. Extinction, survival, and effects of birds introduced to the Mascarenes. Acta Oecol. 13: 663-678.
白水隆. 1947. 従来の日本蝶相の生物地理学的方法の批判及びその構成分子たる西部支那系要素の重要性に就いて. 松蟲 2(1)：1-8.
Sorci, G., Møller, A. P. and Clobert, J. 1998. Plumage dichromatism of birds predicts introduction success in New Zealand. J. Anim. Ecol. 67: 263-269.
菅原浩・柿澤亮三. 1993. 図説日本鳥名由来辞典. 648pp. 柏書房.
東條一史. 1994. 筑波山塊におけるソウシチョウ *Leiothrix lutea* の増加. 日鳥学誌 43：39-42.
山田文男. 2006. マングース根絶への課題. ほ乳類科学 46：99-102.
吉野智生・川上和人・佐々木均・宮本健司・浅川満彦. 2003. 日本における外来鳥類ガビチョウ *Garrulax canorus* およびソウシチョウ *Leiothrix lutea*(スズメ目：チドリ科)の寄生虫学的調査. 日鳥学誌 52：39-42.

[鳥類の空間分布のあり方]

Albert, J. 2007. Bayesian computation with R. 267pp. Springer, New York.
東淳樹・武内和彦・恒川篤志. 1998. 谷津環境におけるサシバの行動と生息条件. 第 12 回環境情報科学論文集：239-244.
東淳樹・時田賢一・武内和彦・須川篤史. 1999. 千葉県手賀沼流域におけるサシバの生息地の土地環境条件. 農村計画論文集 1999 年 11 月：253-258.
Burnham, K. P. and Anderson, D. R. 2002. Model selection and multimodel inference: a practical information-theoretic approach. 488pp. Springer, New York.
Crawley, M. J. 2005. Statistics: an introduction using R. 327pp. John Wiley & Sons, Chichester.
遠藤孝一. 1996. オオタカ. 日本動物大百科 3 鳥類 I (樋口広芳・森岡弘之・山岸哲編), pp. 152-153. 平凡社.
樋口広芳. 2005. 鳥たちの旅―渡り鳥の衛星追跡. 251pp. NHK 出版.
樋口広芳・森下英美子. 2000. カラス, どこが悪い!?　222pp. 小学館.
Kawakami, K. and Higuchi, H. 2003. Population trend estimation of three threatened bird species in Japanese rural forests: the Japanese night heron *Gorsachius goisagi*, goshawk *Accipiter gentilis* and grey-faced buzzard *Butastur indicus*. J. Yamashina Inst. Ornithol. 35: 19-29.
Matsubara, H. 2003. Comparative study of territoriality and habitat use in symtopic Jungle Crow (*Corvus macrorhynchos*) and Carrion Crow (*C. corone*). Ornithol. Sci. 2: 103-111.

松江正彦・百瀬浩・植田睦之・藤原宣夫. 2006. オオタカ(*Accipiter gentilis*)の営巣密度に影響する環境要因. ランドスケープ研究 69：513-518.
McCarthy, M. A. 2007. Bayesian methods for ecology. 296pp. Cambridge University Press, New York.
百瀬浩. 2001. 地理情報システムを活用した動物の生息環境の解析. 日本生態学会誌 51：239-246.
百瀬浩. 2005. 猛禽類の生息を指標とした農村・里山景観と生物多様性の保全. 水環境学会誌 28(3)：163-166.
百瀬浩・伊勢紀・橋本啓史・森本幸裕・藤原宣夫. 2004. 都市環境の広域的評価の指標種としてのシジュウカラ生息分布予測モデル. ランドスケープ研究 67：491-494.
百瀬浩・植田睦之・藤原宣夫・内山拓也・石坂健彦・森崎耕一・松江正彦. 2005. サシバ(*Butastur indicus*)の営巣場所数に影響する環境要因. ランドスケープ研究 68：555-558.
百瀬浩・吉田保志子・山口恭弘. 2006. ハシボソガラスとハシブトガラスの営巣密度推定のための予測モデル構築. ランドスケープ研究 69：523-528.
農林水産省生産局：農林水産省ホームページ　http://www.maff.go.jp/j/seisan/tyozyu/higai/index.html
Noss, R. F. 1990. Indicators for monitoring biodiversity: a hierarchical approach. Conserv. Biol. 4: 355-364.
Primack, R. B. 2004. A primer of conservation biology. 3rd edition. 320pp. Sinauer Associations, Sunderland.
Ralph, C. J. and Scott, M. (eds.). 1981. Estimating numbers of terrestrial birds. Studies in Avian Biology No. 6. 630pp. Cooper Ornithological Society.
R Development Core Team. 2009. R: A language and environment for statistical computing. R Foundation for Statistical Computing, Vienna, Austria. http: //www. R-project. org.
Sakai, S., Fujita, G., Higuchi, H. and H. Momose. 2001. Perch site selection of Grey-faced buzzards (*Butastur indicus*) during the breeding season. Abstracts of the 4th Eurasian Congress on Raptors. Seville-Spain 25-29 September 2001: 162.
Seber, G. A. F. 1982. The estimation of animal abundance and related parameters (2nd ed.). 654pp. Griffin, England.
Turner, M. G., Gardner, R. H. and O'Neill. R. V. 2004. 景観生態学―生態学からの新しい景観理論とその応用(中越信和・村上拓彦・原慶太郎・名取睦・名取洋司・長島啓子訳). 399pp. 文一総合出版.
植田睦之・百瀬浩・中村浩志・松江正彦. 2006. 栃木県と長野県の低山帯におけるオオタカ・サシバ・ハチクマ・ノスリの営巣環境の比較. 日本鳥学会誌 55(2)：48-55.
Yamaguchi, N. and Higuchi, H. 2008. Migration of birds in East Asia with reference to the spread of avian influenza. Glob. Env. Res. 12: 41-54.
吉川勝秀・奥山詳治・百瀬浩. 2003. 自然共生型流域圏・都市再生のための基盤情報「コモンデータベース」の作成について. 土木学会誌 88：40-42.
吉田保志子・百瀬浩・山口恭弘. 2006. 農村地域におけるハシボソガラスとハシブトガラスの繁殖成績とそれに影響する要因. 日本鳥学会誌 55(2)：56-66.

[周辺環境が鳥類の生息に及ぼす影響]

Andrén, H. 1994. Effects of habitat fragmentation on birds and mammals in landscape with different proportions of suitable habitat: a review. Oikos 71: 355-366.
Askins, R. A., Philbrick, M. J. and Sugeno, D. S. 1987. Relationship between the regional abundance of forest and the composition of forest bird communities. Biol.

Conserv. 39: 129-152.
Barlow, J., Gardner, T. A., Araujo, I. S., Avila-Pires, T. C., Bonaldo, A. B., Costa, J. E., Esposito, M. C., Ferreira, L. V., Hawes, J., Hernandez, M. I. M., Hoogmoed, M. S., Leite, R. N., Lo-Man-Hung, N. F., Malcolm, J. R., Martins, M. B., Mestre, L. A. M., Miranda-Santos, R., Nunes-Gutjahr, A. L., Overal, W. L., Parry, L., Peters, S. L., Ribeiro-Junior, M. A., da Silva, M. N. F., da Silva Motta, C. and Peres, C. A. 2007. Quantifying the biodiversity value of tropical primary, secondary, and plantation forests. Proc. Natl. Acad. Sci. USA 104: 18555-18560.
Baum, K. A., Haynes, K. J., Dillemuth, E. P. and Cronin, J. T. 2004. The matrix enhances the effectiveness of corridors and stepping stones. Ecology 85: 2671-2676.
Bélisle, M. 2005. Measuring landscape connectivity: the challenge of behavioral landscape ecology. Ecology 86: 1988-1995.
Bélisle, M., Desrochers, A. and Fortin, M.-J. 2001. Influence of forest cover on the movements of forest birds: a homing experiment. Ecology 82: 1893-1904.
Betts, M. G., Forbes, G. J. and Diamond, A. W. 2007. Thresholds in songbird occurrence in relation to landscape structure. Conserv. Biol. 21: 1046-1058.
Brotons, L. and Herrando, S. 2001. Factors affecting bird communities in fragments of secondary pine forests in the north-western Mediterranean basin. Acta Oecol. 22: 21-31.
Brown, J. H. and Kodric-Brown, A. 1977. Turnover rates in insular biogeography: effect of immigration on extinction. Ecology 58: 445-449.
Castellón, T. D. and Sieving, K. E. 2006. An experimentally test of matrix permeability and corridor use by an endemic understory bird. Conserv. Biol. 20: 135-145.
Chetkiewicz, C.-L. B., St. Clair, C. C. and Boyce, M. S. 2006. Corridors for conservation: integrating pattern and process. Annu. Rev. Ecol. Evol. Syst. 37: 317-342.
Cooper, C. B. and Walters, J. R. 2002. Experimental evidence of disrupted dispersal causing decline of an Australian passerine in fragmented habitat. Conserv. Biol. 16: 471-478.
Creegan, H. P. and Osborne, P. E. 2005. Gap-crossing decisions of woodland songbirds in Scotland: an experimental approach. J. Appl. Ecol. 42: 678-687.
Curry, G. N. 1991. The influence of proximity to plantation edge on diversity and abundance of bird species in an exotic pine plantation in north-eastern New South Wales. Wildl. Res. 18: 299-314.
Davies, Z. and Pullin, A. 2007. Are hedgerows effective corridors between fragments of woodland habitat? An evidence-based approach. Landsc. Ecol. 22: 333-351.
Desrochers, A. and Hannon, S. J. 1997. Gap crossing decisions by forest songbirds during the post-fledging period. Conserv. Biol. 11: 1204-1210.
Dunning, J. B., Danielson, B. J. and Pulliam, H. R. 1992. Ecological processes that affect populations in complex landscapes. Oikos 65: 169-175.
Fahrig, L. 2001. How much habitat is enough? Biol. Conserv. 100: 65-74.
Fahrig, L. 2007. Landscape heterogeneity and metapopulation dynamics. *In* "Key topics in landscape ecology" (eds. Wu, J. and Hobbs, R. J.), pp. 78-91. Cambridge University Press, Cambridge.
Fahrig, L. and Nuttle, W. K. 2005. Population ecology in spatially heterogeneous environments. *In* "Ecosystem function in heterogeneous landscapes" (eds. Lovett, G. M., Jones, C. G., Turner, M. G. and Weathers, K. C.), pp. 95-118. Springer, New York.
Ferraz, G., Nichols, J. D., Hines, J. E., Stouffer, P. C., Bierregaard, R. O. Jr. and Lovejoy, T. E. 2007. A large-scale deforestation experiment: effects of patch area

and isolation on Amazon birds. Science 315: 238-241.
Fischer, J. and Lindenmayer, D. B. 2006. Beyond fragmentation: the continuum model for fauna research and conservation in human-modified landscapes. Oikos 112: 473-480.
Fischer, J. and Lindenmayer, D. B. 2007. Landscape modification and habitat fragmentation: a synthesis. Global Ecol. Biogeogr. 16: 265-280.
Fischer, J., Lindenmayer, D. B. and Manning, A. D. 2006. Biodiversity, ecosystem function, and resilience: ten guiding principles for commodity production landscapes. Front. Ecol. Environ. 4: 80-86.
Gillies, C. S. and St. Clair, C. C. 2008. Riparian corridors enhance movement of a forest specialist bird in fragmented tropical forest. Proc. Natl. Acad. Sci. USA 105: 19774-1779.
Gobeil, J.-F. and Villard, M.-A. 2002. Permeability of three boreal forest landscape types to bird movements as determined from experimental translocations. Oikos 98: 447-458.
Haas, C. A. 1995. Dispersal and use of corridors by birds in wooded patches on an agricultural landscape. Conserv. Biol. 9: 845-854.
Haila, Y. 2002. A conceptual genealogy of fragmentation research: from island biogeography to landscape ecology. Ecol. Appl. 12: 321-334.
Hanski, I. 1994. A practical model of metapopulation dynamics. J. Anim. Ecol. 63: 151-162.
Hanski, I. 1999. Metapopulation ecology. 313pp. Oxford University Press, Oxford.
Hanski, I. K. and Haila, Y. 1988. Singing territories and home ranges of breeding Chaffinces: visual observation vs. radio-tracking. Ornis Fenn. 65: 97-103.
Hanski, I. and Ovaskainen, O. 2000. The metapopulation capacity of a fragmented landscape. Nature 404: 755-758.
Hanski, I. and Simberloff, D. 1997. The metapopulation approach, its history, conceptual domain, and application to conservation. *In* "Metapopulation biology: ecology, genetics, and evolution" (eds. Hanski, I. A. and Gilpin, M. E.), pp. 5-26. Academic Press, San Diego.
Haynes, K. J. and Cronin, J. T. 2003. Matrix composition affects the spatial ecology of a prairie planthopper. Ecology 84: 2856-2866.
Hinsley, S. A., Bellamy, P. E. and Moss, D. 1995. Sparrowhawk *Accipiter nisus* predation and feeding site selection by tits. Ibis 137: 418-428.
Kadoya, T. 2009. Assessing functional connectivity using empirical data. Pop. Ecol., 51: 5-15.
加藤和弘. 2005. 都市のみどりと鳥. 122pp. 朝倉書店.
Kupfer, J. A., Malanson, G. P. and Franklin, S. B. 2006. Not seeing the ocean for the islands: the mediating influence of matrix-based processes on forest fragmentation effects. Global Ecol. Biogeogr. 15: 8-20.
Leibold, M. A., Holyoak, M., Mouquet, N., Amarasekare, P., Chase, J. M., Hoopes, M. F., Holt, R. D., Shurin, J. B., Law, R., Tilman, D., Loreau, M. and Gonzalez, A. 2004. The metacommunity concept: a framework for multi-scale community ecology. Ecol. Lett. 7: 601-613.
Levey, D. J., Bolker, B. M., Tewksbury, J. J., Sargent, S. and Haddad, N. M. 2005. Effects of landscape corridors on seed dispersal by birds. Science 309: 146-148.
MacArthur, R. H. and Wilson, E. O. 1967. The theory of island biogeography. 203pp. Princeton University Press, Princeton.

Machtans, C. S., Villard, M.-A. and Hannon, S. J. 1996. Use of riparian strips as movement corridors by forest birds. Conserv. Biol. 10: 1366-1379.

Moilanen, A. and Hanski, I. 2006. Connectivity and metapopulation dynamics in highly fragmented landscapes. *In* "Connectivity conservation" (eds. Crooks, K. R. and Sanjayan, M.), pp. 44-71. Cambridge University Press, Cambridge.

Moore, K. A. and Elmendorf, S. C. 2006. Propagule vs. niche limitation: untangling the mechanisms behind plant species' distributions. Ecol. Lett. 9: 797-804.

森本豪・加藤和弘. 2005. 緑道による都市公園の連結が越冬期の鳥類分布に与える影響. ランドスケープ研究 68：589-592.

Morimoto, T., Katoh, K., Yamaura, Y. and Watanabe, S. 2006. Can surrounding land cover influence the avifauna in urban/suburban woodlands in Japan? Landsc. Urban Plann. 75: 143-154.

Nathan, R. and Muller-Landau, H. C. 2000. Spatial patterns of seed dispersal, their determinants and consequences for recruitment. Trends Ecol. Evol. 15: 278-285.

Norton, M. R., Hannon, S. J. and Schmiegelow, F. K. A. 2000. Fragments are not islands: patch vs. landscape perspectives on songbird presence and abundance in a harvested boreal forest. Ecography 23: 209-222.

Ohno, Y. and Ishida, A. 1997. Differences in bird species diversities between a natural mixed forest and a coniferous plantation. J. For. Res. 2: 153-158.

岡崎樹里・加藤和弘. 2004. 都市緑地の孤立化が鳥類相の退行に与える影響. 環境情報科学論文集 18：439-444.

岡崎樹里・加藤和弘. 2005. 都市緑地の孤立化が繁殖期の鳥類相に与える影響. 環境情報科学論文集 19：353-358.

Ovaskainen, O., Luoto, M., Ikonen, I., Rekola, H., Meyke, E. and Kuussaari, M. 2008a. An empirical test of a diffusion model: predicting Clouded apollo movements in a novel environment. Am. Nat. 171: 610-619.

Ovaskainen, O., Rekola, H., Meyke, E. and Arjas, E. 2008b. Bayesian methods for analyzing movements in heterogeneous landscapes from mark-recapture data. Ecology 89: 542-554.

Pulliam, H. R. and Danielson, B. J. 1991. Sources, sinks, and habitat selection: a landscape perspective on population dynamics. Am. Nat. 137: S50-S66.

Radford, J. Q., Bennett, A. F. and Cheers, G. J. 2005. Landscape-level thresholds of habitat cover for woodland-dependent birds. Biol. Conserv. 124: 317-337.

Revilla, E., Wiegand, T., Palomares, F., Ferreras, P. and Delibes, M. 2004. Effects of matrix heterogeneity on animal dispersal: from individual behavior to metapopulation-level parameters. Am. Nat. 164: 130-153.

Ricketts, T. H. 2001. The matrix matters: effective isolation in fragmented landscapes. Am. Nat. 158: 87-99.

Robichaud, I., Villard, M.-A. and Machtans, C. S. 2002. Effects of forest regeneration on songbird movements in a managed forest landscape of Alberta, Canada. Landsc. Ecol. 17: 247-262.

Schmiegelow, F. K. A., Machtans, C. S. and Hannon, S. J. 1997. Are boreal birds resilient to forest fragmentation? An experimental study of short-term community responses. Ecology 78: 1914-1932.

Şekercioğlu, Ç. H., Loarie, S. R., Brenes, F. O., Ehrlich, P. R. and Daily, G. C. 2007. Persistence of forest birds in the Costa Rican agricultural countryside. Conserv. Biol. 21: 482-494.

Stamps, J. A. 2001. Habitat selection by dispersers: integrating proximate and ultimate approaches. *In* "Dispersal" (eds. Clobert, J., Danchin, E., Dhondt, A. A. and Nichols, J. D.), pp. 230-242. Oxford University Press, Oxford.

Stamps, J. A., Krishnan, V. V. and Reid, M. L. 2005. Search costs and habitat selection by dispersers. Ecology 86: 510-518.

Stouffer, P. C. and Bierregaard, R. O. Jr. 1995. Use of Amazonian forest fragments by understory insectivorous birds. Ecology 76: 2429-2445.

Sutherland, W. J. 1996. Predicting the consequences of habitat loss for migratory populations. Proc. Roy. Soc. Lond. B 263: 1325-1327.

Szaro, R. C. and Jakle, M. D. 1985. Avian use of a desert riparian island and its adjacent scrub habitat. Condor 87: 511-519.

Tischendorf, L. and Fahrig, L. 2000. On the usage of measurement of landscape connectivity. Oikos 90: 7-19.

Tomasevic, J. A. and Estades, C. F. 2008. Effects of the structure of pine plantations on their "softness" as barriers for ground-dwelling forest birds in south-central Chile. For. Ecol. Manage. 255: 810-816.

Tubelis, D. P., Lindenmayer, D. B. and Cowling, A. 2004. Novel patch-matrix interactions: patch width influences matrix use by birds. Oikos 107: 634-644.

Tyler, J. A. and Hargrove, W. W. 1997. Predicting spatial distribution of foragers over large resource landscapes: a modeling analysis of the Ideal Free Distribution. Oikos 79: 376-386.

鵜川健也・加藤和弘. 2007. 都市の鳥類群集に影響する要因に関する研究の現状と課題. ランドスケープ研究 71：299-308.

Vos, C. C., Verboom, J., Opdam, P. F. M. and Ter Braak, C. J. F. 2001. Toward ecologically scaled landscape indices. Am. Nat. 183: 24-41.

Wiegand, T., Revilla, E. and Moloney, K. A. 2005. Effects of habitat loss and fragmentation on population dynamics. Conserv. Biol. 19: 108-121.

Winfree, R., Dushoff, J., Crone, E. E., Schultz, C. B., Budny, R. V., Williams, N. M. and Kremen, C. 2005. Testing simple indices of habitat proximity. Am. Nat. 165: 707-717.

山浦悠一. 2004. 生物多様性の保全に配慮した森林管理に向けて―ランドスケープエコロジーと階層性理論. 日林誌 86：287-297.

山浦悠一. 2007. 広葉樹林の分断化が鳥類に及ぼす影響の緩和―人工林マトリックス管理の提案. 日林誌 89：416-430.

山浦悠一・由井正敏. 2008. 生物多様性の保全―人工林マトリックスの管理の提案―. 森林技術 790：8-12.

Yamaura, Y., Katoh, K., Fujita, G. and Higuchi, H. 2005. The effect of landscape contexts on wintering bird communities in rural Japan. For. Ecol. Manage. 216: 187-200.

Yamaura, Y., Katoh, K. and Takahashi, T. 2006. Reversing habitat loss: deciduous habitat fragmentation matters to birds in a larch plantation matrix. Ecography 29: 827-834.

Yamaura, Y., Tojo, H., Hirata, Y. and Ozaki, K. 2007. Landscape effects in bird assemblages differ between plantations and broadleaved forests in a rural landscape in central Japan. J. For. Res. 12: 298-305.

Yamaura, Y., Amano, T. and Katoh, K. 2008a. Ecological traits determine the affinity of birds to a larch plantation matrix, in montane Nagano, central Japan. Ecol. Res. 23: 317-327.

Yamaura, Y, Katoh, K. and Takahashi, T. 2008b. Effects of stand, landscape, and spatial variables on bird communities in larch plantations and deciduous forests in

central Japan. Can. J. For. Res. 38: 1223-1243.
由井正敏. 1988. 森に棲む野鳥の生態学. 237pp. 創文.
由井正敏・鈴木祥悟. 1987. 森林性鳥類の群集構造解析 IV. 繁殖期の林相別生息密度, 種数及び多様性. 山階鳥研報 19：13-27.
Zollner, P. A. and Lima, S. L. 2005. Behavioral tradeoffs when dispersing across a patchy landscape. Oikos 108: 219-230.

[鳥の階層的生息地選択と分布決定プロセス]

Ainley, D. G., Ford, R. G., Brown, E. D., Suryan, R. M. and Irons, D. B. 2003. Prey resources, competition, and geographic structure of kittiwake colonies in Prince William Sound. Ecology 84: 709-723.
Brown, C. R. and Brown, M. B. 1996. Coloniality in Cliff Swallow: the effect of group size on social behavior. 566pp. The University of Chicago Press, Chicago.
Clark, P. and Evans, F. C. 1954. Distance to the nearest neighbor as a measure of spatial relationships in populations. Ecology 35: 445-453.
Cody, M. L. (ed.). 1985. Habitat selection in birds. 558pp. Academic Press. Orlando.
Colbert, J., Danchin, E., Dhondt, D. A., Nichols, J, D. (eds.). 2001. Dispersal. 452pp. Oxford University Press, Oxford.
Cushman, S. A. and McGarigal, K. 2002. Hierarchical, multi-scale decomposition of species-environment relationships. Landscape Ecology 17: 1090-1105.
Fortin, M. J. and Dale, M. R. T. 2005. Spatial Analysis. 365pp. Cambridge University Press, Cambridge.
Fujita, G. and Higuchi, H. 2005. A large-scale clumping pattern in breeding barn swallows. Ornithol. Sci. 4: 95-99.
Gelman, A., Carlin, J. B. and Rubin, D. B. 2003. Bayesian data analysis (2nd ed.). 668 pp. Chapman & Hall, New York.
Gießelmann, U.C., Wiegand, T., Meyer, J., Vogel, M. and Brandl, R. 2008. Spatial distribution of communal nests in a colonial breeding bird: benefit without costs? Aust. Ecol. 33: 607-613.
Hingrat, Y., Jalme, M. J., Chalah, T., Orhant, N. and Lacroix, F. 2008. Environmental and social constraints on breeding site selection. Does the exploded-lek and hotspot model apply to the Houbara bustard *Chlamydotis undulata undlata*? J. Avian Biol. 39: 393-404.
Johnson, D. H. 1980. The comparison of usage and availability measurements for evaluating resource preference. Ecology 61: 65-71.
環境省. 2004a. 鳥類繁殖分布調査報告書. 342pp. 環境省.
環境省. 2004b. 特定鳥獣保護管理技術マニュアル(カワウ). 151pp. 環境省.
Knick, S. T., Rotenberry, J. T. and Leu, M. 2008. Habitat, topographical components structuring shrubsteppe bird communities. Ecography 31: 389-400.
Kotliar, N. B. and Wiens, J. A. 1990. Multiple scales of patchiness and patch structure: a hierarchical framework for the study of heterogeneity. Oikos 59: 253-260.
Lewis, S., Sherratt, T. N., Hamer, K. C. and Wanless, S. 2001. Evidence of intra-specific competition for food in a pelagic seabird. Nature 412: 816-819.
Maclean, G. L. 1973. The sociable weaver, part 5: food, feeding and general behavior. Ostrich 44: 254-61.
Morisita, M. 1959. Measuring of the dispersion and analysis of distribution patterns. Mem. Fac. Sci. Kyushu Univ. Ser. E. Biol. 2: 215-235.
日本野鳥の会神奈川支部. 2007. 神奈川の鳥 2001-05. 196pp. 日本野鳥の会神奈川支部.

Pinaud, D. and Weimerskirch, H. 2007. At-sea distribution and scale-dependent foraging behaviour of petrels and albatrosses: a comparative study. J. Anim. Ecol. 76: 9-19.

Repley, B. D. 1976. The second-order analysis of stationary point processes. J. Appl. Probab. 13: 255-266.

Royle, J. A., Kery, M., Gautier, R. and Schmid, H. 2007. Hierarchical spatial models of abundance and occurrence from impefect survey data. Ecol. Monogrhaphs 77: 465-481.

Sample, D. W. and Mossman, M. J. 1997. Managing habitat for grassland birds: a guide for Wisconsin. 154pp. Wisconsing Department of Natural Resources, Wisconsin.

Sæther, B. E., Lillegård, M., Grotan, V., Drever, M. C., Engen, S., Nudds, T. D. and Podruzny, K. M. 2008. Geographical gradients in the population dynamics of North American prairie ducks. J. Anim. Ecol. 77: 869-882.

Stephens, D. W., Brown, J. S. and Ydenberg, R. C. 2007. Foraging: behavior and ecology. 608pp. The University of Chicago Press, Chicago.

Thogmartin, W. E. and Knutson, M. G. 2007. Scaling local species-habitat relations to the larger landscape with a hierarchical spatial count model. Landscape Ecol. 22: 61-75.

Turner, M., Gardner, R. H. and O'Neill, R. V. 2001. Landscape ecology in theory and practice: pattern and process. 316pp. Springer-Verlag, New York.

Turner, A. and Rose, C. 1989. A handbook to the swallows and martins of the world. 258pp. Christopher Helm, London.

[広域における生息環境評価と保護区の設定]

Askins, R. A. and Philbrick, M. J. 1987. Effects of changes in regional forest abundance on the decline and recovery of a forest bird community. Wilson Bull 99: 7-21.

Boone, R. B. and Krohn, W. B. 2000. Predicting broad-scale occurrence of vertebrates in pathy landscapes. Landscape Ecol. 15: 63-74.

Burley, F. 1988. Monitoring biological diversity for setting priorities in conservation. In "Biodiversity" (eds. Wilson, E.), pp. 227-230. National Academy Press. Washington, DC.

Fielding, A. H. and Bell, J. F. 1997. A review of methods for the assessment of prediction errors in conservation presence/absence models. Environ. Conserv. 24: 38-49.

Fitzgibbon, C. D. 1997. Small mammals in farm woodlands: the effects of habitat, isolation and surrounding land-use patterns. J. Appl. Ecol. 34: 530-539.

Flather, C. H. and Sauer, J. R. 1996. Using landscape ecology to test hypotheses about large-scale abundance patterns in migratory birds. Ecology 77: 28-35.

Forman, R. T. T. 1995. Land Mosaics: the ecology of landscape and regions. 656pp. Cambridge University Press, Cambridge.

Guisan A. and Zimmermann, N. E. 2000. Predictive habitat distribution models in ecology. Ecol. Model. 135: 147-186.

Gutzwiller, K. J. and Anderson, S. H. 1987. Multiscale associations between cavity-nesting birds and features of Wyoming streamside woodlands. Condor 89: 534-548.

Gutzwiller, K. J. (ed.). 2001. Applying landscape ecology in biological conservation. 552pp. Springer-Verlag New York, Inc, New York, USA.

Haines-Young, R. and Chopping, M. 1996. Quantifying landscape structure: a review of landscape indices and their application to forested landscapes. Prog. Phys. Geogr.

20(4): 418-445.

Hatfield, R. G. and Lebuhn, G. 2007. Patch and landscape factors shape community assemblage of bumble bees, *Bombus* spp. (Hymenoptera: Apidae), in montane meadows. Biol. Conserv. 139. 150-158.

Hinsley, S. A., Bellamy, P. E., Newton, I. and Sparks, T. H. 1995. Habitat and landscape factors influencing the presence of individual breeding bird species in woodland fragments. J. Avian Biol. 26: 94-104.

Howell, C. A., Latta, S. C., Donovan, T. M., Porneluzi, P. A., Parks, G. R. and Faaborg, J. 2000. Landscape effects mediate breeding bird abundance in Midwestern forests. Landscape Ecol. 15: 547-562.

Jennings, M. 2000. Gap analysis: concepts, methods, and recent results. Landscape Eco. 15: 5-20.

金子正美. 1997. GIS による北海道の自然公園の解析. ワイルドライフフォーラム 2(4)：119-125.

Knick, S. T. and Rotenberry, J. T. 1995. Landscape characteristics of fragmented shrub-steppe habitats and breeding passerine birds. Conserv. Biol. 9: 1059-1071.

クマタカ生態研究グループ 2000. クマタカ・その保護管理の考え方. 62pp. クマタカ生態研究グループ.

Machtans, C. S., Villard, M. A. and Hannon, S. J. 1996. Use of riparian buffer strips as movement corridors by forest birds. Conserv. Biol. 10: 1366-1379.

McGarigal, K. J. and McComb, W. C. 1995. Relationships between landscape structure and breeding birds in the Oregon coast range. Ecol. Monogr. 65: 235-260.

Murakamia, M., Hiraoa, T., Iwamoto, J. and Oguma, H. 2008. Effects of windthrow disturbance on a forest bird community depend on spatial scale. Basic Appl. Ecol. 9: 762-770.

Opdam, P., Rijsdijk, G. and Hustings, F. 1985. Bird communities in small woods in an agricultural landscape: effects of area and isolation. Biol. Conserv. 34: 333-352.

Radford, J. Q., Bennett, A. F. and Cheers, G. J. 2005. Landscape-level thresholds of habitat cover for woodland-dependent birds. Biol. Conserv. 124: 317-337.

Rushton, S. P., Lurz, P. W. W., Fuller, R. and Garson, P. J. 1997. Modelling the distribution of the red and grey squirrel at the landscape scale: a combined GIS and population dynamics approach. J. Appl. Ecol. 34: 1137-1154.

埼玉県. 2000. クマタカとの共生を目指して─埼玉県オオタカ等保護指針・クマタカ編. 埼玉県環境生活部自然保護課.

Scott, J. M., Davis, F., Csuti, B., Noss, R., Butterfield, B., Groves, C., Anderson, H., Caicco, F., D'Erchia, F., Edwards Jr. T. C., Ulliman, J. and Wright, R. G. 1993. Gap analysis: a geographic approach to protection of biodiversity. Wildlife Monogr. 123: 1-41.

Skidmore, A. K., Gauld, A. and Walker, P. 1996. Classification of kangaroo habitat distribution using three GIS models. Int. J. Geogr. Inf. Syst. 10: 441-454.

Steinitz, C.・Cote, P.・Ervin, S.・Bintord, M.・Edward, T. 1999. 地理情報システムによる生物多様性と景観プランニング：カリフォルニア州キャンプ・ペンドルトン地域の選択的将来(矢野桂司・中谷友樹翻訳). 181pp. 地人書房.

Sutcliffe, O. and Thomas, C. D. 1996. Open corridors appear to facilitate dispersal by ringlet butterflies (Aphantopus hyperantus) between woodland clearings. Conserv. Biol. 10: 1359-1365.

鈴木透・金子正美・前川光司. 2001. ランドスケープレベルにおける潜在的なハビタットを予測するためのモデリング手法：北海道に生息するクマタカ(*Spizaetus nipalensis*)に

よるケーススタディ．国際景観生態学会日本支部会報 6：53-56.
Tucker, K., Rushton, S. P., Sanderson, R. A., Martin, E. B. and Blaiklock, J. 1997. Modeling bird distributions-a combined GIS and Baysian rule-based approach. Landscape Ecol. 12: 77-93.
Turner, M. G., 1989. Landscape ecology: the effect of pattern on process. Annu. Re. Ecol. Syst. 20: 171-197.
Turner, M. G., Gardner, R. H. G. and O'Neill, R. V. 2001. Landscape ecology in theory and practice. 401pp. Springerr-Verlag, New York Ink. New York, USA.
Villard, M. A., Merriam, G. and Maurer, B. A. 1995. Dynamics in subdivided populations of neotropical migratory birds in a temperate fragmented forest. Ecology 76: 27-40.
Wiens, J. A., 1989. The ecology of bird communities. vol. 2. Processes and variations. 328pp. Cambridge University Press, Cambridge.
Wiens, J. A. 1997. The emerging role of patchiness in conservation biology. In "The ecological basis of conservation" (eds. S. T. A. Pikett, Ostfeld, R. S., Shachak, M. and Likens G. E.), pp. 93-107. Chapman & Hall, New York.
Wiens, J. A., Rotenberry, J. T. and Van Horne, B. 1987. Habitat occupancy patterns of North American shrubsteppe birds: the effects of spatial scale. Oikos 48: 132-147.
Wilcox, B. A. 1980. Insular ecology and conservation. In "Conservation biology: an evolutionary-ecological perspective" (eds. Soule, M. E. and Wilcox, B. A.), pp. 95-117. Sinauer Associates. Sunderland, MA.
Wilcox, B. A. and Murphy, D. D. 1985. Conservation strategy: the effects of fragmentation on extinction. Am. Nat. 125: 879-887.

[広域長期モニタリングに基づく鳥類分布の時間的空間的変化]

天野一葉. 2006. 干潟を利用する渡り鳥の現状. 地球環境 11：215-226.
天野達也. 2007. 結局のところ，減ってるのはどんな鳥？―減っている鳥の性質を見極める. バードリサーチニュース 4(6)：4.
Amano, T. and Yamaura, Y. 2007. Ecological and life-history traits related to range contractions among breeding birds in Japan. Biol. Conserv. 137: 271-282.
Brittingham, M. C. and Temple, S. A. 1983. Have cowbirds caused forest songbirds to decline? BioScience 33: 31-35.
Donald, P. F. 2004. The Skylark. 256pp. T. & A. D. Poyser, London.
Eidson, M., Komar, M., Sorhage, F., Nelson, R., Talbot, T., Mostashari, F., McLean, R. and the West Nile VirusAvian Mortality Surveillance Group. 2001. Crow deaths as a sentinel surveillance system for West Nile Virus in the Northeastern United States, 1999. Emerg. Infect. Dis. 7: 615-620.
Gauthreaux, S. A. Jr. and Belser, C. G. 2003. Radar ornithology and biological conservation. Auk 120: 266-277.
樋口広芳・村井英紀・花輪伸一・浜屋さとり. 1988. ガンカモ類における生息地の特徴と生息数との関係. Strix 7：193-202.
環境省生物多様性センター. 2004a. 種の多様性調査鳥類繁殖分布調査報告書. 環境省生物多様性センター. http://www.biodic.go.jp/reports2/6th/6_bird_species/index.html
環境省生物多様性センター. 2004b. 平成 15 年度自然環境保全基礎調査種の多様性調査鳥類生息分布調査分析手法検討等業務報告書. 93pp. 環境省生物多様性センター.
環境省自然環境局. 2003. 第 34 回ガンカモ科鳥類の生息調査報告書. 389pp. 環境省自然環境局.
米田重玄・上木泰男. 2002. 環境庁織田山一級ステーションにおける標識調査―1973 年か

ら 1996 年における定量的モニタリング結果. 山階鳥研報 34：96-111.
Leshem, Y. 2006. Migrating birds know no boundaries. The quarterly Newsletter of BirdLife in Asia 5(4): 4-5.
Link, W. A. and Sauer, J. R. 2007. Seasonal components of avian population change: joint analysis of two large-scale monitoring programs. Ecology 88: 49-55.
牧野洋平・三田長久・岩崎祐介・カムケオシーパチャン. 2008. 雑音の平均値を用いた長時間音声からの野鳥の鳴き声の抜出. 電子情報通信学会 2008 年総合全国大会予稿　D-14-19 2008-3-20.
Miller-Rushing, A. J., Lloyd-Evans, T. L., Primack, R. B. and Satzinger, P. 2008. Bird migration times, climate change, and changing population sizes. Glob. Chang. Biol. 14: 1959-1972.
村濱史郎・那須義次・松室裕之. 2007. 自動温度記録計を用いたフクロウの繁殖状況の推定. Bird Research 3：T 13-T 19.
Newton, I. 1998. Population limitation in birds. 597pp. Academic Press, San Diego.
野村浩子. 2006. レーダーを用いた鳥類調査の活用―米国空軍のバードストライク対策. バードリサーチニュース 3(2)：2.
高橋幸司・三田長久・牧野洋平・岩崎祐介・カムケオシーパチャン. 2008. 野鳥の音声データによる自動種識別システム. 電子情報通信学会 2008 年総合全国大会予稿　D-14-20 2008-3-20.
Ter Braak, C. J. F., Van Strien, A. J., Meijer, R. and Verstrael, T. J. 1994. Analysis of monitoring data with many missing values: which method? In "Bird Numbers 1992. Distribution, monitoring and ecological aspects. Proceedings of the 12th International Conference of IBCC and EOAC, Noordwijkerhout, The Netherlands" (eds. Hagemeijer, E. J. M. and Verstrael, T. J), pp. 663-673. Statistics Netherlands, Voorburg/Heerlen & SOVON, Beek-Ubbergen.
植田睦之. 2007. ハクチョウ類やカモ類の越冬数に積雪や気温がおよぼす影響. Bird Research 3：A 11-A 18.
植田睦之・平野敏明. 2005. 分布図で見る鳥の変化. 野鳥（692）：4-11.
植田睦之・関伸一・小池重人. 2007a. 温度ロガーを用いた巣箱に営巣する小型鳥類の繁殖状況の自動調査の試み. Bird Research 3：T 3-T 11.
植田睦之・水田拓・村濱史郎. 2007b. 総括：温度ロガーを使った鳥類の繁殖状況調査のすすめ. Bird Research 3：T 29-T 32.
植田睦之・島田泰夫, 有澤雄三, 樋口広芳. 2008. 気象観測機器ウィンドプロファイラによる鳥の渡りの把握と渡りに影響する気象要因. 日本鳥学会 2008 年度大会要旨集.
van Gasteren, H., Holleman, I., Bouten, W., van Loon, E. and Shamoun Baranes, J. 2008. Extracting bird migration information from C band Doppler weather radar. Ibis 150: 674-686.
Vandenbosch, R. 2000. Effects of ENSO and PDO events on seabird populations as revealed by Christmas bird count data. Waterbirds 23: 416-422.
山道真人. 2007. 市民参加型の長期的な調査から階層ベイズを用いてわかること. バードリサーチニュース 4(12)：2.
山本浩伸・大畑孝二・桑原和之. 2002. 片野鴨池で越冬するマガモの採食範囲―片野鴨池に飛来するカモ類の減少を抑制するための試みII. Strix 20：13-22.
Yom-Tov, Y., Yom-Tov, S., Wright, J., Thorne, C. J. R. and du Feu, R. 2006. Recent changes in body weight and wing length among some British passerine birds. Oikos 112: 91-101.

[衛星追跡と渡り経路選択の解明]
ARGOS. 2008. ARGOS User's Manual. 50pp. CLS/Service Argos, Maryland.
Asia-Pacific Migratory Waterbird Conservation Committee. 2001. Asia-Pacific Migratory Waterbird Conservation Strategy: 2001-2005. 67pp. Wetlands International - Asia Pacific, Kuala Lumpur.
Birdlife International. 2000. Threatened Birds of the World. 864pp. Lynx Editions and Birdlife International, Barcelona and Cambridge.
BirdLife International. 2008. Birdlife statement on avian influenza. URL: http://www. Birdlife. org/action/science/species/avian_flu/index. html
Chen, H., Smith, G. J. D., Li, K. S., Wang, J., Fan, X. H., Rayner, J. M., Vijaykrishna, D., Zhang, J. X., Zhang, L. J., Guo, C. T., Cheung, C. L., Xu, K. M., Duan, L., Huang, K., Qin, K., Leung, Y. H. C., Wu, W. L., Lu, H. R., Chen, Y., Xia, N. S., Naipospos, T. S. P., Yuen, K. Y., Hassan, S. S., Bahri, S., Nguyen, T. D., Webster, R. G., Peiris, J. S. M., and Guan, Y. 2006. Establishment of multiple sublineages of H5N1 influenza virus in Asia: implications for pandemic control. PNAS 103: 2845-2850.
China Population and Environment Society. 2000. The Atlas of Population Environment and Sustainable Development of China. 251pp. Science Press, Beijing and New York.
Farmer, A. H. and Wiens, J. A. 1999. Models and reality: time-energy trade-offs in pectoral sandpiper (*Calidris melanotos*) migration. Ecology 80: 2566-2580.
Gill, R. E. Jr., Tibbitts, T. L., Douglas, D. C., Handel, C. M., Mulcahy, D. M., Gottschalck, J. C., Warnock, N., McCaffery, B. J., Battley, P. F., and Piersma, T. 2009. Extreme endurance flights by landbirds crossing the Pacific Ocean: ecological corridor rather than barrier? Proc. R. Soc. B. 276: 447-457.
Green, A. J., Figuerola, J., and Sãnchez, M. I. 2002. Implications of waterbird ecology for the dispersal of aquatic organisms. Acta Oecol. 23: 177-189.
樋口広芳. 2001. 鳥の渡りと朝鮮半島の非武装地帯. 科学 71：224-231.
樋口広芳. 2005. 鳥たちの旅―渡り鳥の衛星追跡. 251pp. 日本放送出版協会.
樋口広芳. 2007. ハチクマって変な鳥！渡りもその他の生態も. 私たちの自然 529：5-7.
Higuchi, H., Nagendran, N., Darman, Y., Masayuki, T., Andronov, V., Parilov, M., Shimazaki, H. and Morishita, E. 2000. Migration and habitat use of Oriental White Storks from satellite tracking studies. Global Environ. Res. 4: 169-182.
Higuchi, H., Pierre, J. P., Krever, V., Andronov, V., Fujita, G., Ozaki, K., Goroshko, O., Ueta, M., Smirensky, S. and Mita, N. 2004. Using a remote technology in conservation: satellite tracking White-naped Cranes in Russia and Asia. Cons. Biol. 18: 136-147.
Higuchi, H., Shiu, H-J., Nakamura, H., Uematsu, A., Kuno, K., Saeki, M., Hotta, M., Tokita, K-I., Moriya, E., Morishita, E. and Tamura, M. 2005. Migration of honey-buzzards *Pernis apivorus* based on satellite tracking. Ornithol. Sci. 4: 109-115.
Li, K. S., Guan, Y., Wang, J., Smith, G. J. D., Xu, K. M., Duan, L., Rahardjo, A. P., Puthavathana, P., Buranathai, C., Nguyen, T. D., Estoepangestie, A. T. S., Chaisingh, A., Auewarakul, P., Long, H. T., Hanh, N. T. H., Webby, R. J., Poon, L. L. M., Chen, H., Shortridge, K. F., Yuen, K. Y., Webster, R. G. and Peiris, J. S. M. 2004. Genesis of a highly pathogenic and potentially pandemic H5N1 influenza virus in eastern Asia. Nature 430: 209-213.
National Wetland Conservation Action Plan for China. 2000. National Wetland Conservation Action Plan for China. 118pp. State Forestry Administration, Beijing.
Olsen, B., Munster, V. J., Wallensten, A., Waldenstöm, J., Osterhaus, A. D. M. E. and

Fouchier, R. A. M. 2006. Global patterns of influenza A virus in wild animals. Science 312: 384-388.

Rappole, J. H., Derrickson, S. R. and Hubálek, Z. 2000. Migratory birds and spread of West Nile virus in the western hemisphere. Emerg. Infect. Dis. 6: 319-328.

Shimazaki, H., Tamura, M., Darman, Y., Andronov, V., Parilov, M. P., Nagendran, M. and Higuchi, H. 2004a. Network analysis of potential migration routes for Oriental White Storks (*Ciconia boyciana*). Ecol. Res. 19: 683-698.

Shimazaki, H., Tamura, M. and Higuchi, H. 2004b. Migration routes and important stopover sites of endangered oriental white storks (*Ciconia boyciana*), as revealed by satellite tracking. Mem. NIPR 58: 162-178.

Smirenski, S. M. 1991. Oriental White Stork action plan in the USSR. *In* "Biology and Conservation of Oriental White Stork *Ciconia Boyciana*" (eds. Coulter, M. C., Wang, Q. and Luthin, C. S.), pp. 165-177. Savannah River Ecology Laboratory. South Carolina.

Wang, Q. 1991. Wintering ecology of Oriental White Storks in the lower reaches of the Changjiang River, central China. *In* "Biology and Conservation of Oriental White Stork *Ciconia Boyciana*" (eds. Coulter, M. C., Wang, Q. and Luthin, C. S.), pp. 99-105. Savannah River Ecology Laboratory, South Carolina.

Yamaguchi, N., Hiraoka, E., Fujita, M., Hijikata, N., Ueta, M., Takagi, K., Konno, S., Okuyama, M., Watanabe, Y., Osa, Y., Morishita, E., Tokita, K-I., Umada, K., Fujita, G. and Higuchi, H. 2008a. Spring migration routes of mallards (*Anas platyrhunchos*) that winter in Japan, determined from satellite telemetry. Zool. Sci. 25: 875-881.

Yamaguchi, N., Tokita, K-I., Uematsu, A., Kuno, K., Saeki, M., Hiraoka, E., Uchida, K., Hotta, M., Nakayama, F., Takahashi, M., Nakamura, H. and Higuchi, H. 2008b. The large-scale detoured migration route and the shifting pattern of migration in Oriental honey-buzzards breeding in Japan. J. Zool. 276: 54-62.

[地球温暖化と鳥類の生活]

Ahola, M., Laaksonen, T., Sippola, K., Eeva, T., Rainio, K. and Lehikoinen, E. 2004. Variation in climate warming along the migration route uncouples arrival and breeding dates. GCB 10: 1610-1617.

Anthes, N. 2004. Long-distance migration timing of *Tringa* sandpipers adjusted to recent climate change. Bird Study 51: 203-211.

Barbraud, C. and Weimerskirch, H. 2001. Emperor penguins and climate change. Nature 411: 183-186.

Beaumont, L. J., McAllan, I. A. W. and Hughes, L. 2006. A matter of timing: changes in the first date of arrival and last date of departure of Australian migratory birds. GCB 12: 1339-1354.

Bolger, D. T., Patten, M. A. and Bostock, D. C. 2005. Avian reproductive failure in response to an extreme climatic event. Oecologia 142: 398-406.

Both, C., Artemyev, A. V., Blaauw, B., Cowie, R. J., Dekhuijzen, A. J., Eeva, T., Enemar, A., Gustafsson, L., Ivankina, E. V., Jaervinen, A., Metcalfe, N. B., Nyholm, N. E. I., Potti, J., Ravussin, P.-A., Sanz, J. J., Silverin, B., Slater, F. M., Sokolov, L. V., Toeroek, J., Winkel, W., Wright, J., Zang, H. and Visser, M. E. 2004. Large-scale geographical variation confirms that climate change causes birds to lay earlier. Proc. R. Soc. Lond. B. 271: 1657-1662.

Both, C., Bijlsma, R. G. and Visser, M. E. 2005a. Climatic effects on spring migration and breeding in a long-distance migrant, the pied flycatcher *Ficedula hypoleuca*. J.

Avian Biol. 36: 368-373.
Both, C., Piersma, T. and Roodbergen, S. P. 2005b. Climatic change explains much of the 20th century advance in laying date of Northern Lapwing *Vanellus vanellus* in The Netherlands. Ardea 93: 79-88.
Both, C., Bouwhuis, S., Lessells, C. M. and Visser, M. W. 2006a. Climate change and population declines in a long-distance migratory bird. Nature 441: 81-83.
Both C, Sanz J. J., Artemyev A. V., Blaauw B., Cowie R. J., Dekhuizen A. J., Enemar A., Järvinen A., Nyholm N. E. I., Potti J, Ravussin P. A., Silverin B., Slater F. M., Sokolov L. V., Visser M. E., Winkel W., Wright J., Zang H. 2006b. Pied flycatchers travelling from Africa to breed in Europe: differential effects of winter and migration conditions on breeding date. Ardea 4: 511-525.
Brazil, M. A. 1991. The Birds of Japan. 466pp. A & C Black, London.
Brown, J. L., Li, S-H. and Bhagabati, N. 1999. Long-term trend toward earlier breeding in an American bird: a response to global warming? Proc. Natl. Acad. Sci. USA 96: 5565-5569.
Climate Risk. 2006. Birds Species and climate change: The Global Status Report. 74pp. Climate Risk Pty. Ltd., London.
Cramp, S. (ed.). 1993. Handbook of the birds of Europe, the Middle East and North Africa. vol. 7. 577pp. Oxford University Press, London.
Crick, H. Q. P., Dudley, C., Glue, D. E. and Thomson, D. L. 1997. UK birds are laying eggs earlier. Nature 386: 526.
Crick, H. Q. P. and Sparks, T. H. 1999. Climate change related to egg-laying trends. Nature 399: 423-424.
DEFRA (Department of Environment, Food and Rural Affairs). 2005. Climate change and migratory species. A report by the British Trust for Ornithology. 304pp. Norfolk.
Feare, C. and Craig, A. 1999. Starlings and mynas. 285pp. Princeton University Press. Princeton, NJ.
Foster, J. L., Robinson, D. A., Hall, D. K. and Estilow, T. 2006. Satellite observations of the date of snowmelt at 70° north latitude: Western snow conference, April 17-20, 2006. 11pp. Las Cruces. New Mexico.
浜頓別町クッチャロ湖水鳥観察館. 2008. 白鳥飛来情報(2003-2007). 浜頓別町 HP.
樋口広芳. 2005. 鳥たちの旅—渡り鳥の衛星追跡. 251pp. 日本放送出版協会.
樋口広芳. 2008a. 地球温暖化と生物多様性の危機. 科学 78：460-468.
樋口広芳. 2008b. 地球温暖化と野鳥. 野鳥 719：4-15.
Higuchi, H., Sato, F., Matsui, S., Soma, M. and Kanmuri, N. 1991. Satellite tracking of the migration routes of Whistling Swans *Cyguus columbianus*. J. Yamashina Institute for Ornithology 23: 6-12.
樋口広芳・鈴木君子. 2008. 対談「地球温暖化　私たちにできること」. 野鳥 719：16-21.
Hussell, D. J. T. 2003. Climate change, spring temperatures, and timing of breeding tree swallows (*Tachycineta bicolor*) in Southern Ontario. Auk 120: 607-618.
IPCC. 2007. Climate change 2007: the physical science basis. Contribution of working group I to the fourth assessment report of the intergovernmental panel on climate change (eds. Solomon, S. D., Qin, D., Manning, M., Chen, Z., Marquis, M., Averyt, K. B., Tignor, M. and Miller, H. L.). 996pp. Cambridge University Press, Cambridge.
環境省. 1975-2008. ガンカモ科の鳥類の調査報告書 第6〜39回.
Kato, A., Watanabe, K. and Naito, Y. 2004. Population changes of Adélie and emperor penguins along the Prince Olav Coast and on the Riiser-Larsen Peninsula. Polar

Biosci. 17, 117-122.
気象庁. 2008. 気象統計情報. 気象庁 HP.
小池重人. 1988. コムクドリの繁殖生態. Strix 7：113-148.
Koike, S., Fujita, G. and Higuchi, H. 2006. Climate change and the phenology of sympatric birds, insects, and plants in Japan. Global Environ. Res. 10: 167-174.
Koike, S. and Higuchi, H. 2002. Long-term trends in the egg-laying date and clutch size of Red-cheeked Starlings *Sturnia philippensis*. Ibis 144: 150-152.
Lehikoinen, E., Sparks, T. H. and Zalakevicius, M. 2004. Arrival and departure dates. Birds and Climate Change: 1-32. Academic Press, London.
McCleery, R. H. and Perrins, C. M. 1998. ...temperature and egg laying trends. Nature 391: 30-31.
Miller-Rushing, A. J., Lloyd-Evans, T. L., Primack, R. B. and Satzinger, P. 2008. Bird migration times, climate change, and changing population sizes. GCB 14: 1959-1972.
Mills, A. M. 2005. Changes in the timing of spring and autumn migration in North American migrant passerines during a period of global warming. GCB 147: 259-269.
宮古野鳥の会. 2000. 宮古群島の鳥類目録. 宮古野鳥 20 周年記念誌. 21pp.
Murphy-Klassen, H. M. and Heather, M. 2005. Long-term trends in spring arrival dates of migrant birds at Delta Marsh, Manitoba in relation to climate change. Auk 122: 1130-1148.
日本鳥類目録編集委員会. 2000. 日本鳥類目録(改訂第 6 版). 345pp. 日本鳥学会.
Rees, E. C. and Belousova, A. V. 2006. Long-term study of Bewick's Swans *Cygnus columbianus bewickii* nesting in the Nenetskiy State Nature Reserve, Russia: preliminary. Waterbirds around the world. 155-156.
Sanz, J. J., Potti, J., Moreno, J., Merino, S. and Frias, O. 2003. Climate change and fitness components of a migratory bird breeding in the Mediterranean region. GCB 9: 461-472.
Stone, R. S., Douglas, D. C., Belchansky, G. I., Drobot, S. D. and Harris, J. 2005. Cause and effect of variations in western Arctic snow and sea ice cover. 8.3, Proc. Am. Meteorol. Soc. 8 th Conf. on Polar Oceanogr. and Meteorol., San Diego, CA.
TuTiempo. net. 2008. World Weather. TuTiempo. net HP.
Tøttrup, A. P., Thorup, K. and Rahbek, C. 2006. Patterns of change in timing of spring migration in North European songbird populations. J. Avian Biol. 37: 84-92.
Veit, R. R., Pyle, P. and McGowan, J. A. 1996. Ocean warming and long-term change in pelagic bird abundance within the California current system. Mar. Ecol. Prog. Ser. 139: 11-18.
Visser, M. E., Holleman, L. J. M. and Gienapp, P. 2006. Shifts in caterpillar biomass phenology due to climate change and its impact on the breeding biology of an insectivorous bird. Oecologia 147: 164-172.
Winkel, W. and Hudde, H. 1997. Long-term trends in reproductive traits of tits (*Parus major*, *P. caeruleus*) and Pied Flycatchers *Ficedula hypoleuca*. J. Avian Biol. 28: 187-190.

索　引

【カ行】

【サ行】

【タ行】

【マ行】

執筆者紹介

天野　一葉（あまの　ひとは）
　1972年生まれ
　九州大学大学院比較社会文化研究科博士課程修了
　滋賀県立琵琶湖博物館特別研究員　博士（理学）
　第 6 章執筆

植田　睦之（うえた　むつゆき）
　1970年生まれ
　東京農業大学農学部卒業
　NPO 法人バードリサーチ代表
　第11章執筆

江田　真毅（えだ　まさき）
　1975年生まれ
　東京大学大学院農学生命科学研究科博士課程修了
　鳥取大学医学部助教　博士（農学）
　第 4 章執筆

加藤　和弘（かとう　かずひろ）
　1963年生まれ
　東京大学大学院総合文化研究科博士課程修了
　東京大学大学院農学生命科学研究科附属緑地植物実験所准教授　学術博士
　第 8 章執筆

金子　正美（かねこ　まさみ）
　1957年生まれ
　北海道大学大学院環境科学研究科博士課程修了
　酪農学園大学環境システム学部教授
　第10章執筆

黒沢　令子（くろさわ　れいこ）
　別　記

小池　重人（こいけ　しげと）
　1951年生まれ
　宇都宮大学教育学部卒業
　新潟県立新潟養護学校教諭
　第13章執筆

島﨑　彦人（しまざき　ひろと）
　1971年生まれ
　長岡技術科学大学工学研究科修士課程修了
　国立環境研究所 NIES ポスドクフェロー
　第12章執筆

鈴木　　透（すずき　とおる）
1975年生まれ
北海道大学大学院農学研究科博士課程修了
酪農学園大学環境システム学部助教　博士（農学）
第10章執筆

高須　夫悟（たかす　ふうご）
1967年生まれ
京都大学大学院理学研究科博士課程中退
奈良女子大学理学部教授　博士（理学）
第５章執筆

西海　　功（にしうみ　いさお）
1967年生まれ
大阪市立大学大学院理学研究科博士課程中退
国立科学博物館研究主幹　博士（理学）
第２章執筆

長谷川　理（はせがわ　おさむ）
1972年生まれ
北海道大学大学院地球環境科学研究科博士課程修了
エコ・ネットワーク研究員　博士（地球環境科学）
第３章執筆

樋口　広芳（ひぐち　ひろよし）
別　記

藤田　　剛（ふじた　ごう）
1963年生まれ
東京大学大学院農学生命科学研究科博士課程中退
東京大学大学院農学生命科学研究科助教　博士（農学）
第９章執筆

百瀬　　浩（ももせ　ひろし）
1956年生まれ
京都大学大学院理学研究科博士課程修了
中央農業総合研究センター鳥獣害研究サブチーム長　博士（理学）
第７章執筆

山浦　悠一（やまうら　ゆういち）
1976年生まれ
東京大学大学院農学生命科学研究科博士課程修了
森林総合研究所森林昆虫研究領域日本学術振興会特別研究員　博士（農学）
第８章執筆

山口　典之（やまぐち　のりゆき）
1972年生まれ
九州大学大学院理学府博士課程修了
東京大学大学院農学生命科学研究科特任助教　博士（理学）
第12章執筆

樋口　広芳（ひぐち　ひろよし）
1948年生まれ
東京大学大学院農学系研究科博士課程修了
東京大学大学院農学生命科学研究科教授　農学博士
第1，12，13章執筆
主　著　飛べない鳥の謎—鳥の生態と進化をめぐる15章（1996，平凡社自然叢書），保全生物学（編著，1996，東京大学出版会），これからの鳥類学（共編，2002，裳華房），鳥類学辞典（共編，2004，昭和堂），鳥たちの旅—渡り鳥の衛星追跡（2005，NHKブックス）など

黒沢　令子（くろさわ　れいこ）
1954年生まれ
北海道大学大学院地球環境科学研究科博士課程修了
NPO法人バードリサーチ研究員　博士（地球環境科学）
第1章執筆
主訳書　よみがえった野鳥の楽園—英国ミンズミア物語（1995，平凡社），フィンチの嘴—ガラパゴスで起きている種の変貌（樋口広芳と共訳，2001，ハヤカワノンフィクション文庫），鳥たちに明日はあるか—景観生態学に学ぶ自然保護（2003，文一総合出版），鳥の起源と進化（2004，平凡社）など

鳥の自然史——空間分布をめぐって
2009年10月10日　第1刷発行

編著者　樋口　広芳・黒沢　令子
発行者　吉田克己

発行所　北海道大学出版会
札幌市北区北9条西8丁目　北海道大学構内（〒060-0809）
Tel. 011(747)2308・Fax. 011(736)8605・http://www.hup.gr.jp/

アイワード

ISBN978-4-8329-8191-1